普通高等教育数据科学与

超级计算机原理与实践

吴　迪　卢宇彤　陈志广　胡　淼　黄　聃　编著

科 学 出 版 社

北　京

内 容 简 介

本书是一本涵盖超级计算机原理与实践的综合性教材。书中第一部分主要介绍超级计算机的基础知识，以及超级计算机的硬件和体系结构；第二部分介绍超级计算机的系统软件，包括超级计算机的调度系统、并行文件系统；第三部分主要介绍面向超级计算机的并行编程，包括并行编程基础、传统并行编程、异构并行编程等；第四部分提供一系列典型并行应用案例并进行应用软件介绍，包括科学计算、工程计算、人工智能等领域的应用实例，以及基础软件库和应用开发框架。本书以计算机系统思维能力培养为主线，帮助读者全面了解超级计算机的体系结构和性能，掌握面向超级计算机的编程方法，熟悉超级计算机的应用开发。

本书可作为普通高等学校计算机相关专业高年级本科生、研究生的教材，也可供相关领域专业人员（如研发工程师或系统架构师）等参考使用。

图书在版编目（CIP）数据

超级计算机原理与实践/吴迪等编著. —北京：科学出版社，2024.6
普通高等教育数据科学与大数据技术系列教材
ISBN 978-7-03-078002-7

I.①超… II.①吴… III.①超级计算机-高等学校-教材 IV.①TP338

中国国家版本馆 CIP 数据核字（2024）第 016468 号

责任编辑：于海云 滕 云 / 责任校对：王 瑞
责任印制：师艳茹 / 封面设计：马晓敏

科学出版社 出版
北京东黄城根北街 16 号
邮政编码: 100717
http://www.sciencep.com

中煤（北京）印务有限公司印刷
科学出版社发行 各地新华书店经销

*

2024 年 6 月第 一 版 开本：787×1092 1/16
2024 年 6 月第一次印刷 印张：13 1/2
字数：336 000

定价：59.00 元

(如有印装质量问题，我社负责调换)

前　言

在当前计算机技术高速发展的背景下，超级计算机已经成为科学计算、工程计算以及人工智能等领域中不可或缺的工具。党的二十大报告指出："我们要坚持教育优先发展、科技自立自强、人才引领驱动，加快建设教育强国、科技强国、人才强国，坚持为党育人、为国育才，全面提高人才自主培养质量，着力造就拔尖创新人才，聚天下英才而用之。"本书以科技创新驱动教育发展，为我国超级计算机相关领域培养人才，助力我国高水平科技自立自强。本书通过深入浅出的方式，系统地介绍超级计算机的基础知识、原理与组成、编程与使用等方面的内容，帮助读者全面了解超级计算机的知识框架。同时，本书还将理论教学与实践教学相结合，通过丰富的实验内容和实践案例，帮助读者掌握超级计算机的原理和应用。

本书的主要内容分为以下四部分：第一部分主要介绍超级计算机的基础知识，包括超级计算机的定义、性能指标、发展历程、应用领域等方面，并且详细地介绍超级计算机的硬件和体系结构，帮助读者全面了解超级计算机的结构和性能。第二部分介绍超级计算机的系统软件，包括超级计算机的调度系统、并行文件系统。通过这些内容的学习，读者可以对超级计算机的系统软件有一个全面的了解，为后续学习奠定基础。第三部分主要介绍面向超级计算机的并行编程，包括并行编程基础、传统并行编程、异构并行编程等。通过这些编程实践内容，读者可以深入了解面向超级计算机的编程方法，提高实践能力。第四部分提供一系列典型并行应用案例并进行应用软件介绍，包括科学计算、工程计算、人工智能等领域的应用实例，以及超算基础软件库和应用开发框架，帮助读者将理论知识转化为实际应用，全方面地了解超级计算机的应用开发。

本书包括以下主要特点。①学习目标聚焦于超算理论与实践能力培养。本书在内容设计上注重理论与实践相结合，既涵盖超级计算机基础知识、基准评测方面的内容，又介绍超级计算机的体系结构、存储系统以及互连网络系统等方面的原理与组成。此外，本书还涉及并行编程基础、并行编程实践、超级计算机的基本操作以及超级计算机上的应用软件使用等实践内容，使读者能够在实践中将所学的理论知识转化为实际应用，提高超算理论与实践能力。②根据递进式地培养超算人才创新思路，满足不同层次读者的需求。针对不同的读者群体，本书提供了不同的学习内容。对于初学者，本书提供了基础知识和实践案例，帮助读者了解超级计算机的基本概念和操作方法；对于进阶学习者，本书提供了更深入的理论和实践内容，使他们能够深入了解超级计算机的体系结构、存储系统和互连网络系统等方面的原理和组成；对于专业人士，本书提供了实际应用的案例和经验分享，使他们能够在实践中提高技能水平。通过这种递进式的学习方式，读者可以根据自己的需求和实际情况选择适合自己的学习内容，提高学习效果和学习质量。

书中部分重点知识的拓展内容配有视频讲解，读者可以扫描相关的二维码进行学习。

本书由吴迪、卢宇彤、陈志广、胡淼、黄聃共同编写。其中，第 1 章由吴迪、卢宇彤、胡淼编写，第 2 章由胡淼编写，第 3、4 章由陈志广、卢宇彤编写，第 5 ~ 7 章由吴迪编写，第 8、9 章由黄聃编写，全书由吴迪、胡淼统稿。在本书的编写过程中，肖侬教授、杜云飞教授提出了很多宝贵建议，刘学正、张弦智、杨文卓、包峻涛、郭倍彰、李洋、王博、张洪宾等研究生绘制了本书图片，并协助收集资料，在此一并表示感谢。

本书可作为普通高等学校相关专业高年级本科生、研究生的教材，或者用作相关领域专业人员的参考资料。通过本书的学习，读者不仅可以全面了解超级计算机的原理，还可以在实践中提高自己的技能水平，为今后从事超级计算机领域的工作奠定坚实的基础。在本书的编写过程中，因作者时间及精力有限，书中可能仍存在疏漏之处，诚挚欢迎广大读者和各界人士批评指正并提出宝贵的建议。

作　者

2023 年 11 月于中山大学

目　　录

第一部分　超级计算机的基础知识

第二部分 超级计算机的系统软件

第三部分 面向超级计算机的并行编程

第四部分 典型并行应用案例与应用软件介绍

第一部分 超级计算机的基础知识

第 1 章 超级计算机入门

本章首先介绍超级计算机（简称超算，又称高性能计算机）的定义与基本概念，接下来基于超级计算机的主要性能指标介绍超级计算机的基准评测集，最后介绍超级计算机的发展历程与应用领域。通过本章的学习，读者能够对超级计算机有一个基本层面的认知。

1.1 超级计算机简介

“超级计算”（Supercomputing）一词于 1929 年在《纽约世界报》中首次使用，表示 IBM 公司为哥伦比亚大学制造的大型定制制表机（Tabulator）。超级计算机（Supercomputer）指能够执行一般个人计算机无法执行的高速运算的计算机，规格与性能比个人计算机强大许多。现有的超级计算机的运算速度大都可以达到每秒一万亿次以上。超级计算机可以帮助人们进行数据分析和解决问题，否则这可能既费钱又费时。此外，超级计算机还可以运行人工智能（Artificial Intelligence，AI）程序，尤其是在处理 AI 程序所需的高工作负载时表现出较强的能力，这是笔记本电脑或台式机无法处理的。例如，ChatGPT 所使用的 GPT-3 模型的神经网络是在超过 45 TB 的文本上进行训练的，数据量相当于整个维基百科英文版的 160 倍，单次 GPT-3 模型训练成本约为 35000 卡 · 天，相当于 35000 块英伟达 A100 图形处理单元（Graphics Processing Unit，GPU）卡运行 1 天。因此，GPT-3 模型一般需要超算级别服务器来进行大规模的训练计算，通常这类计算以大量矩阵计算和求解为主。一般而言，超级计算机的处理能力是目前最快的笔记本电脑或台式机的一百万倍以上。

通常，超级计算机应用于需要大规模算力的应用程序中，因而性能是超级计算机设计的主要考虑因素。本节将对超级计算机的基本概念进行介绍，主要包括加速比和效率。另外，还将介绍两种典型的加速比模型，分别是适用于固定负载的阿姆达尔定律（Amdahl's Law）和适用于可扩展问题的古斯塔夫森定律（Gustafson's Law）。

1. 加速比和效率

加速比（Speedup）的定义为一个应用程序在串行状态下完成任务的时间 T_s 与在并行状态下完成相同任务的时间 T_p 的比值，可以作为应用程序并行化带来的性能提升效果的衡量指标。因此，加速比的计算方法如下：

$$S = \frac{T_s}{T_p}$$

在理想状态下，假设并行程序能够做到各个子任务在 p 个核上的平均分配，并且并行化的引入不会带来额外的开销。在这种情况下，当串行程序的运行时间为 T_s 时，相对应的并行程序的运行时间为 T_s/p。此时，应用程序的完成时间与系统的核数具有明显的线性关系，称该系统具有线性加速比 S_{Linear}，应用加速比的计算公式可得

$$S_{\text{Linear}} = \frac{T_s}{T_p} = \frac{T_s}{\frac{T_s}{p}} = p$$

上式表明了理想状态下使用 p 核并行程序得到的加速比与核数相同，但是这种情况在现实中是难以实现的，这是因为在实现并行化的同时不可避免地引入了其他开销。其中，一个不可忽视的因素是通信开销。例如，当应用程序在不同的核上执行不同的子任务时，它们之间可能需要进行通信或者数据交换，从而带来通信上的开销。又如，一个并行程序往往不是完全并行化的，程序中通常都有临界区的存在，临界区内的代码需要调用互斥机制以保证同一时间只有一个进程在执行相关代码。此外，进程之间协作所导致的额外开销也往往随着进程数的增加而增加。因此，具有线性加速比特征的并行程序是难以找到的。

前面已经引入加速比的概念，用于衡量并行化给程序带来的性能上的提升效果，接下来将使用效率（Efficiency）E 来衡量单个参与计算的处理器在程序运行过程中的利用程度。效率的计算方法如下：

$$E = \frac{S}{p} = \frac{T_s/T_p}{p} = \frac{T_s}{p \cdot T_p}$$

一般情况下，E 的取值为 $0 \sim 1$。当加速比刚好为 p 时，也就是并行程序具有线性加速比的时候，E 刚好为 1。

2. Amdahl 定律

Amdahl 定律是适用于固定负载情况下的加速比模型，它的基本出发点如下。

（1）在科学计算领域，很多问题由于规模较大而无法满足计算时间的要求，即问题求解的时间开销是个关键因素，而问题的规模也就是负载是固定不变的。因此，在计算负载固定的情况下，通过增加处理器核数来达到计算时间的要求。

（2）由于计算负载是固定不变的，因此通过增加参与计算的处理器核数能够提高程序的执行速度，从而达到加速的目的。

1967 年，吉恩 · 阿姆达尔（Gene Amdahl）提出了计算负载固定条件下的加速公式，他是美国计算机科学家，也是 IBM360 系列机的主要设计者。Amdahl 定律基于这样一个事实：无论增加多少可利用的核，应用程序的并行化带来的加速比都是受限的，除非这个程序能够被完全并行化。但是在一般情况下，大部分可并行化的应用程序都会存在只允许串行的部分，这也印证了 Amdahl 定律的适用范围是足够广的，并因此成为计算机系统设计的重要定量原理之一。

为方便讨论，假设 p 为处理器核数，W 为问题规模（也是问题的计算量、计算负载或者工作负载），W_p 为应用程序的并行部分（也称为“并行负载”），W_s 为应用程序的串行部分（也称为“串行负载”），则 $W = W_p + W_s$。进一步，f_s 为应用程序中串行部分的占比，即 $f_s = W_s/W$；对应地，应用程序中的并行部分占比为 $f_p = 1 - f_s$。T_s 为串行部分的执行时间，T_p 为并行部分的执行时间，S 为加速比，W_o 为并行程序的额外开销。

Amdahl 定律的表示形式如下：

$$S=\frac{W_s+W_p}{W_s+\dfrac{W_p}{p}+W_o}=\frac{W}{f_sW+\dfrac{W(1-f_s)}{p}+W_o}=\frac{p}{1+f_s(p-1)+W_op/W}$$

当额外开销 W_o 忽略不计时，Amdahl 定律可表示为

$$S=\frac{p}{1+f_s(p-1)}$$

当 $p\to\infty$ 时，可以得到

$$S=\frac{1}{f_s}$$

也就是说，在 Amdahl 定律下，随着处理器核数的无限增加，超级计算机系统所能达到的加速比并不能无限增大，而是逐步收敛到 $1/f_s$。

图 1-1 给出了在串行部分占比 $f_s=10\%$的情况下，加速比关于处理器核数的变化曲线。但实际上，当超级计算机系统中的处理器核数达到一定数量时，程序并行化程度的提高对运行效率的提升往往会被过度并行化带来的额外开销所抵消，此时加速比反而会因为处理器核数的增加而降低。再次使用 Amdahl 定律解释这一现象，此时额外开销 W_o 不可忽略，当 $p\to\infty$ 时，可以得到

$$S=\frac{1}{f_s+W_o/W}$$

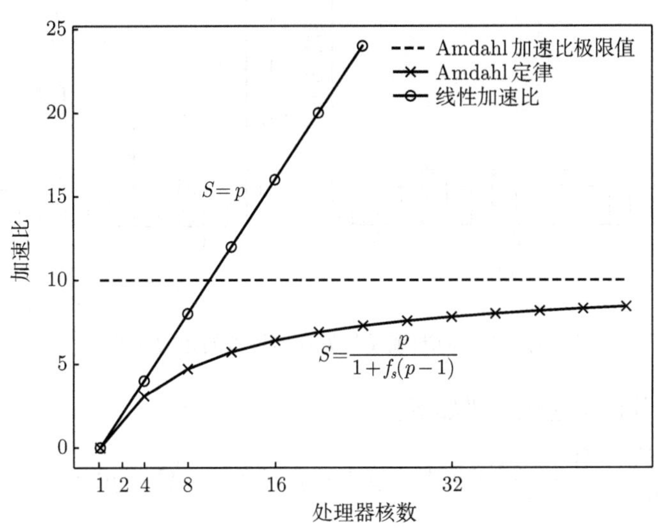

图 1-1　加速比关于处理器核数的变化曲线

由上式可以看到，此时加速比与串行部分的占比和并行化带来的额外开销成反比。

通过对 Amdahl 定律进行分析，得到了一个让人气馁的结论：在不考虑并行程序的其他额外开销的情况下，应用程序的加速比最多只能达到 $1/f_s$。例如，当应用程序存在 10%

的串行部分时，加速比最好的结果也只是 10。但是，需要指出 Amdahl 定律所考虑的场景是当处理器核数增加的时候，问题规模保持不变，并且在串行部分的占比一定的情况下，加速比无法突破某一具体数值。

3. Gustafson 定律

1987 年，美国计算机科学家约翰 · L. 古斯塔夫森（John L. Gustafson）和他的团队在 1024 个处理器的超立方体上针对三种不同的应用程序获得了令人印象深刻的加速系数，这一结果是基于运行时间保持相对恒定假设得到的。1988 年，基于该观测，古斯塔夫森和他的同事提出了 Gustafson 定律。与 Amdahl 定律不同的是，Gustafson 定律考虑了一个更加实际的场景：在实际应用中，利用增加的处理器核数来处理规模更大的问题显得更加有实际意义。另外，对于很多大型的计算应用，其精度要求较高，为了在保持计算时间不变的前提下提高精度，也同样需要加大计算量，因而同样需要通过增加处理器核数的方式提高并行化程度。

图 1-2 分别展示了 Amdahl 定律和 Gustafson 定律的问题规模与处理器核数的相关曲线。图 1-2(a) 显示：Amdahl 定律假设实际工作负载保持不变，当采用多处理器核的并行模式时，相较于串行模式增加了并行程序运行时的额外开销 W_o。图 1-2(b) 显示：Gustafson 定律假设任务计算时间是固定不变的，为了提高精度，必须加大计算量，即可以得到放大问题规模的加速比公式。

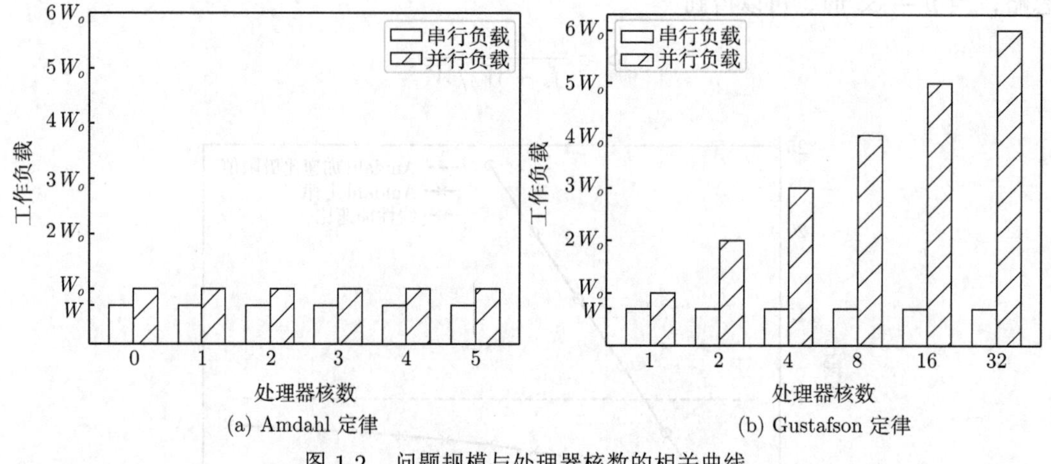

(a) Amdahl 定律　　(b) Gustafson 定律

图 1-2　问题规模与处理器核数的相关曲线

Gustafson 定律的加速比公式如下：

$$S=\frac{W_s+pW_p}{W_s+p\dfrac{W_p}{p}}=\frac{W_s+pW_p}{W_s+W_p}=f_s+p(1-f_s)=p+f_s(1-p)=p-f_s(p-1) \tag{1-1}$$

从式(1-1)可以看到，当处理器核数 p 足够大时，加速比 S 与 p 几乎成线性关系，并且直线的斜率是 $1-f_s$，这意味着当用户的应用程序中串行部分占比较低时，随着处理器核数的增加，加速比仍然能成比例地增长。因此，Gustafson 定律从负载可扩展的角度分析加速比模型，给设计并行计算系统的人们带来了希望。

图 1-3 给出了当处理器核数 $p=100$ 时，Amdahl 定律与 Gustafson 定律加速比的比较情况。从图中可以看出，在 Gustafson 定律中，串行部分占比 f_s 不再是限制加速比的瓶颈，当应用程序的问题规模较大时，并行计算系统仍然可以通过使用更多的处理器数来达到更加理想的加速效果。

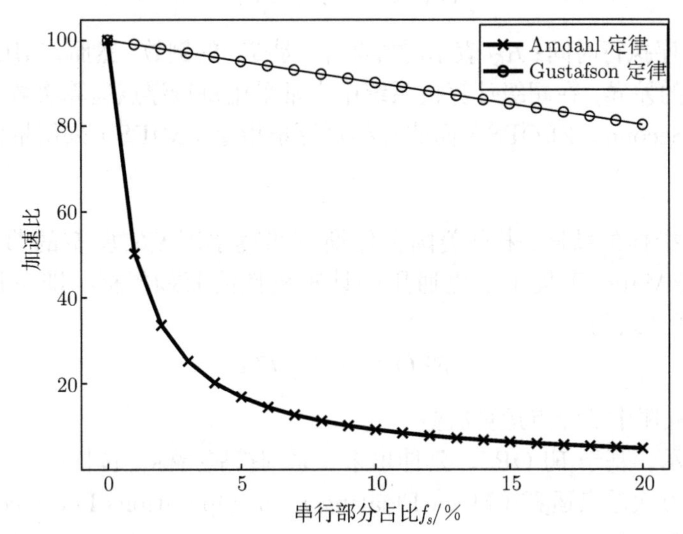

图 1-3　处理器核数为 100 时，Amdahl 定律和 Gustafson 定律加速比的比较

同样，当考虑并行程序的额外开销 W_o 的时候，就得到了一般化的 Gustafson 定律表达形式：

$$S=\frac{f_s+p(1-f_s)}{1+\frac{W_o}{W}} \tag{1-2}$$

一般地，额外开销 W_o 是 p 的函数，为了使 Gustafson 定律能够接近线性加速比，式 (1-2) 要求 W_o 应当随着 p 的增大而减小，但这实际上是难以实现的。

1.2　超级计算机的性能指标

本节将给出超级计算机的性能指标，包括基本性能指标、可扩展性、峰值性能与持续性能，以及其他性能指标。

1.2.1　基本性能指标

1. 单 CPU 性能

机器的时钟周期为 T_C，程序中指令总条数为 I_N，执行每条指令所需的平均时钟周期数为 CPI，则一个程序在 CPU 上运行的时间 T_{CPU} 为

$$T_{\text{CPU}}=I_N\times\text{CPI}\times T_C \tag{1-3}$$

2. MIPS

为了简化对于不同计算机的横向比较，一个常用的计算机性能评价指标是每秒百万条指令（Million Instructions Per Second，MIPS），其定义如下：

$$\text{MIPS} = I_N/(T_E \times 10^6) = R_C/(\text{CPI} \times 10^6) \tag{1-4}$$

其中，T_E 表示程序执行时间；R_C 表示时钟频率，是 T_C 的倒数。然而，MIPS 指标忽略了不同指令系统之间的差异，在超级计算机系统中常常采用每秒浮点运算次数（Floating-Point Operations Per Second，FLOPS）而非每秒百万条指令（MIPS）来衡量性能。

3. FLOPS

由于 MIPS 指标的缺陷，来自美国劳伦斯利弗莫尔国家实验室的弗兰克·H. 麦克马洪（Frank H. McMahon）提出了更通用的计算机性能瓶颈指标，即每秒浮点运算次数（FLOPS），计算公式为

$$\text{FLOPS} = I_{\text{FN}}/T_E \tag{1-5}$$

其中，I_{FN} 表示程序中的浮点运算次数。

为了方便表示，基于 FLOPS，延伸出来一系列扩展指标，包括：

（1）每秒百万次浮点运算（Mega Floating-Point Operations Per Second，MFLOPS/megaFLOPS/MFlop/s）。

（2）每秒十亿次浮点运算（Giga Floating-Point Operations Per Second，GFLOPS/gigaFLOPS/GFlop/s）。

（3）每秒万亿次浮点运算（Tera Floating-Point Operations Per Second，TFLOPS/teraFLOPS/TFlop/s）。

（4）每秒千万亿次浮点运算（Peta Floating-Point Operations Per Second，PFLOPS/petaFLOPS/PFlop/s）。

（5）每秒百亿亿次浮点运算（Exa Floating-Point Operations Per Second，EFLOPS/exaFLOPS/EFlop/s）。

1.2.2 可扩展性

关于并行计算机性能的评估，1.1 节使用了加速比的概念来表达应用程序的并行化所带来的性能上的提升效果。影响加速比的主要因素包括问题的规模、串行部分的比例以及并行化带来的额外开销（通信、竞争、等待）等。除了加速比之外，可扩展性（Scalability）也是评价一个并行计算系统的重要指标。可扩展性表示在特定的应用程序负载下，并行计算机性能随着处理器核数的增加而按照一定比例提升的能力。因此，可扩展性可以用来评估特定的并行程序及计算系统充分利用增加的处理器的能力。

对于一个特定的问题以及并行计算系统，当处理器数量增加的时候，一方面，较大的问题规模可提供较高的并行化程度，从而加速计算；另一方面，并行化程度的提升也将导致额外开销的增加。只有当额外开销的增加速度慢于有效计算的增加时并行化程度的提升才有利于加速计算。因此，对于特定的问题以及并行计算系统，增加处理器核数所带来的性能提升总是受限的，而可扩展性正是用来衡量对增加的处理器核数的有效利用能力的。

需要注意的是，本节对可扩展性的讨论是围绕“特定的问题”以及“特定的并行计算系统”两个主体展开的，无法脱离其中任何一个主体单独考虑可扩展性，所以讨论并行算法的可扩展性，实际上是指讨论该算法在某一特定的计算机体系结构上的可扩展性；类似地，讨论某一计算机体系结构的可扩展性，也是指讨论该结构上的某一并行算法的可扩展性。

可扩展性研究的主要目的如下。

（1）探索算法和并行架构的组合。确定解决某类问题使用的并行算法和并行架构的组合，更有利于利用大量的硬件资源。

（2）预测算法性能。根据某个算法在特定架构下的小规模处理器上的性能，预测该算法移植到较大规模的处理器上之后的运行性能。

（3）计算最大加速比。在固定的问题规模下，确定利用的处理器数量及能获得的最大加速比。

（4）指导算法改进和并行架构设计。根据拓展性指标，指导开发、研究人员改进并行算法或者系统架构，以提高处理器的利用效率。

可扩展性可以分为强可扩展的（Strongly Scalable）和弱可扩展的（Weakly Scalable）。其中，强可扩展的表示在不增加问题规模的情况下，增加处理器的核数时，并行计算系统可以保持固定的效率。相对地，弱可扩展的是在增加处理器数量的同时，问题的规模也需要成比例地增大，这样才能保持效率的不变。

1.2.3 峰值性能与持续性能

对于计算机而言，它的性能可以表示对其运行的正确性、可靠性或者工作能力等方面的评估。但是，这种评估只有在具有明确的衡量指标的情况下，才具有可量化性和可比较性。具体的指标包括计算机单位时间内执行的元操作数、任务从排队到运行的响应时间，以及计算资源的利用率等。下面将介绍峰值性能（Peak Performance）和持续性能（Sustained Performance）两种超级计算机的性能指标。

1. 峰值性能

峰值性能表示理论上超级计算机在其硬件资源的支持下能够获得的最大性能值。峰值性能主要通过理论手段获取，又称为理论峰值性能。理论浮点峰值性能是指理论上计算机能达到的每秒浮点运算最大次数，它由 CPU 的主频、CPU 在每个时钟周期内执行浮点运算的次数和高性能计算系统中的 CPU 总核数共同决定。理论峰值性能 R_{peak} 的计算方式如下：

$$R_{\text{peak}} = f \times \text{fpc} \times n \tag{1-6}$$

其中，f 表示 CPU 的主频；fpc 表示 CPU 在每个时钟周期内执行浮点运算的次数；n 表示高性能计算系统中的 CPU 总核数。理论上的峰值性能是通过计算在机器的循环时间内可以完成的浮点加法和乘法的数量来确定的。例如，1.5 GHz 的英特尔安腾 2（Intel Itanium 2）每周期可以完成 4 次浮点运算，理论峰值性能为 6 GFLOPS。

通常情况下，超级计算机的峰值性能测量单位为每秒浮点运算次数。但是，FLOPS 也并非测量峰值性能的唯一单位。除此之外，同样可以使用整数运算、存储器访问等操作衡量峰值性能，这是根据实际需要所确定的。

2. 持续性能

计算机的性能是一个复杂的问题，是许多相互关联的因素的函数。这些因素包括应用程序、算法、问题的大小、高级语言、实现、用于优化程序的人力水平、编译器的优化能力、操作系统、计算机的体系结构和硬件特性。理论峰值性能公式适用于通用的硬件体系结构，但忽略了内存架构及带宽、I/O 性能、缓存一致性等因素的影响，从而无法真正反映高性能计算系统的真实峰值性能。

实际上，理论峰值性能在一定程度上能够反映处理器的性能，但并不能代表计算机的实际运算能力。为此许多组织试图用一些标准的程序来测试计算机的运算速度，其中线性系统软件包（Linear System Package，LINPACK）以使用简单、适用性强等特点被广泛地用于评价计算机的实际峰值运算能力。虽然这些指标并不反映给定系统的全部性能，但可以作为对系统理论峰值性能的一个修正，该指标称为“持续性能”。

持续性能是指超级计算机在实际应用场景（运行特定应用程序）中所表现出的性能。和峰值性能类似，持续性能以计算机在应用程序运行时间内的平均元操作数为单位，如浮点运算。

持续性能是在特定应用场景下进行超级计算机评测所得的平均性能，因此通常认为该指标更适合用于反映该计算系统的真实性能。为了对不同的超级计算机进行有意义的对比，需要让不同的超级计算机运行特定的、等效的应用程序，而基准评测集正是为此而诞生的。在高性能计算领域，持续性能一般是指在超级计算机上运行实际应用时的性能，与应用相关。持续性能指标 $R_{\max}$ 公式表达如下：

$$R_{\max} = C/t \tag{1-7}$$

其中，C 表示对应基准评测集的浮点运算次数；t 表示超级计算机运行完基准评测集所花费的时间。持续性能这一指标确定了在某台机器上，某一规模的问题在一定时间内的最高实测性能，其高低与理论峰值性能无关。

1.2.4　其他性能指标

除了上述性能指标，重要的性能指标还包括可靠性、利用率、能耗、I/O 性能、易用性和可编程性等。可靠性通常指硬件和软件故障率，采用检查点（Checkpoint）机制，可以保证系统因为某些原因（如异常退出）而出现故障时，能够将状态恢复到故障之前的某一状态，保证系统状态的一致性。利用率的常用度量为持续性能与理论峰值性能的比值。关于能耗，其与处理器主频与功率相关，为了降低能耗，冷却系统的设计至关重要。I/O 性能随着超算应用运行规模不断增长和处理模式日趋复杂，给超算存储系统提出了严峻的挑战。易用性和可编程性则涉及系统的生产。

基于这些性能指标，接下来介绍超级计算机领域常用的基准评测集。

1.3　超级计算机的基准评测集

基准（Benchmark）评测集是一组标准的测试程序，提供一组控制测试条件，并给出测试步骤的规则说明（测试平台环境、输入数据、输出结果和性能指标等）。接下来，将介绍几类典型的超级计算机基准评测集，包括计算性能评测集（LINPACK、HPCG、Graph500）、I/O 性能评测集（IOR、MDtest、IO500）、网络性能评测集以及应用评测集。

1.3.1　计算性能评测集

1. LINPACK

评测目的：通过求解稠密的线性代数方程组，估计系统的浮点运算能力。

评测集概述：作为被广泛使用的性能衡量标准之一，LINPACK 基准评测集衡量的是“最佳”计算性能，并且几乎所有相关系统的性能数据都可用。LINPACK 基准评测集是由杰克·唐加拉（Jack Dongarra）首次引入到超级计算机性能评测中的。LINPACK 基准评测集是衡量计算机浮点执行率的指标。LINPACK 基准评测集通过利用高斯消元法求解 N 元一次稠密线性代数方程组得到的测试结果来评价超级计算机的浮点性能。国际上一般使用 LINPACK 作为衡量超级计算机的计算性能的评测集。世界超级计算 500 强排行榜（TOP500）即按 LINPACK 基准评测集的测试结果进行排名，允许用户缩放问题的大小并优化软件，以实现给定机器的最佳性能。

LINPACK 基准评测集是 LINPACK 软件项目的产物，其最初的目的是让软件包的用户了解解决某些矩阵问题需要的时间。LINPACK 是 FORTRAN 子程序的集合，用于求解各种线性方程组。LINPACK 中的软件基于数值线性代数的分解方法，其总体思路如下：给定一个涉及矩阵的问题，将矩阵分解为简单、结构良好的矩阵的乘积，这些矩阵可以很容易地处理以解决原始问题。该包能够处理许多不同类型的矩阵和数据类，并提供一系列选项。

LINPACK 本身是建立在基础线性代数子程序（Basic Linear Algebra Subprograms，BLAS）包之上的，BLAS 是用于执行基本向量和矩阵运算的高质量“构建块”例程，分为三个等级（Level）。Level 1 BLAS 做向量-向量运算，Level 2 BLAS 做矩阵-向量运算，Level 3 BLAS 做矩阵-矩阵运算。由于 BLAS 高效、可移植且广泛可用，因此它通常用于开发高质量的线性代数软件包，如 LINPACK 和 LAPACK（Linear Algebra Package）。

LINPACK 基准评测报告作为附录首次出现在 1979 年的《LINPACK 用户指南》中。该附录中 LINPACK 用于求解规模为 100 阶的矩阵问题，因此用户可以估计解决矩阵问题所需的时间。LINPACK 基准评测集自《LINPACK 用户指南》于 1979 年发布以来不断发展。LINPACK 基准评测报告①中包含三个基准评测集，分别是 LINPACK100、LINPACK1000 和 HPL（High Performance LINPACK，高度并行计算基准评测集），具体介绍分别如下。

1）LINPACK100

LINPACK100 使用 FORTRAN 中的 LINPACK 软件求解规模为 100 阶的稠密线性代数方程组。为了运行该程序，需要提供一个称为 SECOND 的计时函数，记录已经使用 CPU 的时间。运行该程序的基本规则是不能对 FORTRAN 代码进行任何更改，甚至不允许更改注释，只允许采用编译优化选项进行优化。

2）LINPACK1000

LINPACK1000 要求求解规模为 1000 阶的线性代数方程组，若达到指定的精度要求，则可以在不改变计算量的前提下做算法和代码上的优化。运行该程序的基本规则要宽松一

① Performance of Various Computers Using Standard Linear Equations Software, Jack Dongarra, Computer Science Technical Report Number CS - 89 - 85。

些，可以指定希望求解的任何线性方程，用任何语言实现。必须满足的一个基本要求是提供一个解决方案，并且该解决方案返回一个达到规定精度的结果。

3）HPL

HPL 是早期 LINPACK 基准评测集的一个扩展，其对数组大小没有限制，要求解的问题的规模可以改变，除基本算法（计算量）不可改变外，可以采用其他任何优化算法。前两种评测集运行规模较小，已不是很适合现代计算机的发展，因此现在使用较多的基准评测集为 HPL，而且阶次 N 也是 LINPACK 基准评测集必须指明的参数。HPL 常用于在分布式内存计算机上以双精度（64 位）算法求解（随机）密集线性系统。因此，它可以被视为高性能计算 LINPACK 基准评测集的可移植实现版本。HPL 基准评测集常用作 TOP500 报告，该基准评测集尽可能地衡量机器在求解方程组时的最佳性能。HPL 可以选择问题规模和软件以达到最佳性能。

HPL 使用的内存量本质上是系数矩阵的大小。例如，系统由 4 个节点组成，每个节点有 256 MB 的内存，总计 1 GB，即 128 M 双精度（8 字节）元素。需要为操作系统和其他内容留出一些内存，因此 10000 的问题规模较为适合。根据经验，问题规模宜设置为总内存的 80%左右。如果选择的问题规模太大，则会发生交换，性能会下降。

评测原理：对于 HPL 而言，基本算法是以 LU 分解的方法为基础，求解大规模的稠密线性方程组。通过选局部列主元的方法对 $N \times (N+1)$ 的 $|A\ b|$ 系数矩阵进行 LU 分解。由于下三角矩阵 L 因子所做的变换在分解的过程中也逐步应用到 b 上，所以最后方程组的求解就可以转化为将上三角矩阵 U 作为系数矩阵的方程组 $Ux = y$ 的求解。为了保证算法的可扩展性，数据以循环块的方式分布到 $P \times Q$ 的二维网格中。$N \times (N+1)$ 的系数矩阵首先在逻辑上被分成一个个 $N_B \times N_B$ 的数据块，然后循环分配到 $P \times Q$ 进程网格中进行处理。

HPL 使用表示块大小的 N_B 作为最小计算粒度以及进行数据分布的处理器映射单位。从数据分布的角度来看，N_B 越小，负载均衡性能越好。然而，从计算的角度来看，N_B 太小可能会在很大程度上限制计算性能，因为在内存层次结构的最高级别几乎不会发生数据重用，消息的数量也会增加。高效的矩阵乘法例程通常在内部被阻塞。块因子的小倍数可能是 HPL 的良好块大小。最重要的是，良好块大小几乎总是在 $[32, \cdots, 256]$ 间隔。良好块大小的最佳值取决于系统的计算/通信性能比。此外，问题的规模也很重要。举例来说，根据经验发现 44 是就性能而言的良好块大小，而 88 或 132 对于较大的问题规模可能会给出较好的结果。

对于 HPL，使用什么网格比（$P \times Q$）取决于拥有的物理互连网络。通常情况下，P 和 Q 应该大致相等，且 Q 略大于 P，如 2×2、2×4、2×5、3×4、4×4、4×6、5×6、4×8 等。如果在一个简单的以太网上运行，则只要有一根互连网络线就可以交换所有消息。在这样的网络上，HPL 的性能和可扩展性将受到很大限制，这种情形下可能的最佳选择包括 1×4、1×8、2×4 等。

HPL 属于典型的计算密集型场景，矩阵类型可以是双精度，也可以是单精度，用于 TOP500 排名时，矩阵类型是双精度。2022 年 11 月 TOP500 排行榜中，美国橡树岭国家实验室（ORNL）的 Frontier 机器的 HPL 得分为 1.102 EFLOPS，Frontier 超级计算机的

HPL 分数几乎是第二名（日本神户理研计算科学中心的 Fugaku 超级计算机）的三倍。最重要的是，Frontier 在 HPL-MxP 基准评测中获得了 7.94 EFLOPS 的分数，该基准衡量混合精度计算的性能。Frontier 基于 HPE Cray EX235a 架构，并依赖 AMD EPYC 64C 2GHz 处理器。该系统有 8730112 个内核，能效等级为 52.23 GFLOPS/W。

LINPACK 基准评测报告中记录的结果除了主要受到处理器的影响之外，还受到系统负载、时钟精度、编译器选项、编译器版本、缓存大小、内存带宽、内存容量等因素的影响。

2. HPCG

评测目的：通过求解稀疏线性代数问题，使计算和数据访问模式更紧密地匹配不同的和广泛使用的重要应用程序集，探索应用程序中工作复杂的计算和数据访问模式。

评测集概述：随着高性能计算的发展，HPL 基准评测集的测试数值与计算系统实际的性能存在较大的偏差，主要原因是 HPL 包含大量稠密矩阵计算，具有良好的数据局部性，容易开发并行性和局部性，然而大部分实际应用场景并不具备这种特性。在这种情况下，高度共轭梯度（High Performance Conjugate Gradient，HPCG）基准项目旨在为超级计算机的排名创建一个新的度量标准。HPCG 基准是高性能 LINPACK（HPL）基准的补充，目前用于排名 TOP500 排行榜中的计算机。HPL 的计算和数据访问模式仍然是一些重要的可扩展应用程序的代表，但不是全部。HPCG 基准评测集的工作负载主要集中在稀疏线性方程组，并且由于矩阵中存在大量的零元素，所以矩阵中每行的非零元素存储在相邻的存储位置中。HPCG 基准评测集涉及的内核主要有稀疏矩阵乘法、向量更新、全局点积评估、局部对称高斯-塞德尔（Gauss-Seidel）平滑以及多重网格预处理等。

HPCG 覆盖了常用的计算和通信模式，与 HPL 类似，允许使用多种优化方法来调优，包括新的稀疏矩阵格式等。其矩阵的稀疏性导致了 HPCG 较 HPL 有更多的内存访问。对于问题规模为 n 的应用程序，HPCG 将执行 $O(n)$ 次浮点运算，同时还需要 $O(n)$ 次内存访问。

评测原理：HPCG 的工作负载主要集中在求解稀疏线性代数方程组，其解决方法是采用共轭梯度的 Krylov 子空间求解器，该方法是求解稀疏线性方程组的常用方法之一。对于 Krylov 子空间求解器，计算时间主要集中在稀疏矩阵乘法，从而使 HPCG 稀疏矩阵乘法的内核性能与很多用户应用的性能非常相关。在 HPCG 中，稀疏矩阵中的非零元素存储在每行的连续位置中，则该评测集的矩阵乘法表示形式如下：

$$x_i = \sum_{j=0}^{n_i} A_{ij} b_j \tag{1-8}$$

其中，n_i 表示稀疏矩阵 A 中第 i 行的非零元素个数，HPCG 基准评测集中的稀疏矩阵乘法内核在分布式内存中求解，并且需要在存储器之间交换所需的 b_j 值。HPCG 中的高斯-塞德尔平滑是线性方程组的迭代求解方法，具有类似于稀疏矩阵乘法的存储器访问特性。

HPCG 使用双精度（64 位）浮点值执行固定数量的多重网格预处理（使用对称高斯-赛德尔平滑器）共轭梯度迭代。HPCG 是一个加权 GFLOPS 值，它由在共轭梯度迭代阶段执行的操作随时间变化而组成。为了计算运行时间，需要将问题构建和任何改进性能修改的开销时间除以 500 次迭代（摊销权重），并将其添加到运行时间中。

整数数组具有全局和局部作用域（全局索引在整个分布式内存系统中是唯一的，局部索引在内存映像中是唯一的）。全局/局部索引的整数数据具有三种模式：

（1）32/32 ——全局整数和局部整数都是 32 位的。

（2）64/32 ——全局整数为 64 位的，局部整数为 32 位的。

（3）64/64 ——全局整数和局部整数都是 64 位的。

如果索引范围超过 2^{31}（大于 20 亿），或者索引范围小于 2^{31}，则需要这些不同的模式来解决规模足够大的问题，或者节省存储成本。

HPCG 是一个完整的独立代码，以统一的形式衡量基本操作的性能，包括：

（1）稀疏矩阵乘法。

（2）向量更新。

（3）局部对称高斯-塞德尔平滑器。

（4）稀疏三角形解算（作为高斯-塞德尔平滑器的一部分）。

（5）由多重网格预处理共轭梯度算法驱动，该算法在一组嵌套的粗网格上训练关键核。

HPCG 是一个 C++ 程序，支持 MPI 和 OpenMP。HPCG 可在新 BSD 许可（Berkeley Software Distribution License）协议下下载。

HPCG 基准与目前用于排名 TOP500 排行榜中的计算机的经典高性能 LINPACK 基准（HPL）有很大不同。HPCG 基准测试生成并使用稀疏数据结构，其计算与数据移动比率非常低，尤其是与 HPL 相比。对于给定的问题规模 N，HPL 执行与 $N \times N \times N$ 成比例的浮点运算，同时执行与 $N \times N$ 成比例的内存读取和写入。这意味着，如果问题规模加倍，浮点运算的数量将增加 8 倍，而内存操作的数量只会增加 4 倍。HPL 的这一特性意味着 HPL 往往代表一种非常乐观的性能预测，只能由少数真正的科学应用程序匹配。HPCG 的浮点运算速率与 N 成正比，内存访问速率也与 N 成正比。此属性意味着，与 HPL 不同，HPCG 性能受内存带宽的强烈影响。

3. Graph500

评测目的：通过数据密集型应用，估算系统的每秒有效遍历边数以进行图遍历，进而评估超算系统处理非规则数据的能力。

评测集概述：Graph500 是另一个对 LINPACK 基准评测集的补充，主要包含了图论相关的经典算法，包括广度优先搜索（Breadth First Search，BFS）算法、单源最短路径（Single Source Shortest Path，SSSP）算法等，用于测试超算系统对非规则数据的处理能力。Graph500 在大图上实现了广度优先搜索算法，其并行实现方式，包括 MPI 和 OpenMP。它包括了图生成器和广度优先搜索实现，输出的性能指标是每秒遍历边数（Traversed Edges Per Second，TEPS）。另外，Graph500 基准评测集将问题规模分为 6 类，分别对应等级 $10 \sim 15$，越高的等级代表问题的规模越大。

评测原理：Graph500 基准评测集主要应用广度优先搜索，从指定的根开始，查找所有可到达的顶点，并检查 64 个不同的根。搜索完毕之后，验证生成的搜索树以确保它对于给定根是正确的树。

Graph500 基准评测集包括一个可扩展的数据生成器，它生成包含每条边的起始顶点和结束顶点的边元组。第一个内核以所有后续内核可用的格式构造一个无向图，不允许对特定内核进行后续修改。第二个内核执行图的广度优先搜索。第三个内核在图上执行多个单源最短路径计算。

该基准评测集执行以下步骤。

（1）生成边列表。从边列表（内核 1）构造一个图。随机抽取 64 个度数至少为 1 的唯一搜索键，不计算自循环。

（2）对于每个搜索键，计算父数组（内核 2），验证父数组是否是给定搜索树的正确 BFS 搜索树。

（3）对于每个搜索键，计算父数组和距离数组（内核 3）。验证父数组/距离数组是否是正确的 SSSP 搜索树，并具有给定搜索树的最短路径。

（4）计算并输出性能信息。只有标记为定时的部分才包含在性能信息中。请注意，内核 2 和内核 3 在不同的循环中运行，而不是连续离开相同的初始顶点。内核 2 和内核 3 可以在不同尺度的图上运行，这些图由内核 1 单独运行生成。

每个类的输入参数设置在表 1-1 中给出（其中，边数因子均为 16）。

表 1-1　Graph500 中不同问题级别、规模、节点数以及内存要求对应表

级别	规模	BFS(64 位/边)/TB	BFS(48 位/边)/TB	SSSP(48 位 +32 位/边)/TB
玩具	26	0.017	0.013	0.022
迷你	29	0.137	0.103	0.172
小型	32	1.100	0.825	1.374
中型	36	17.592	13.194	21.990
大型	39	140.738	105.553	175.921
巨型	42	1125.900	844.425	1407.375

1）内核 1 ——图构造

第一个内核可以将边缘列表转换为用于其余内核的任何数据结构（保存在内部或外部存储器中）。例如，内核 1 可以从元组列表构造一个（稀疏）图，每个元组包含边的顶点标识符，以及表示分配给边的数据的权重。该图可以以任何方式表示，但它不能被后续内核修改或在后续内核之间修改，可以在数据结构中保留空间用于标记或锁定。一次只会运行一个内核副本，该内核对任何此类标记或锁定空间具有独占访问权，并允许（仅）修改该空间。稀疏图有多种内存表示，包括但不限于稀疏矩阵和多级链表。

2）内核 2 ——广度优先搜索

图的广度优先搜索（BFS）算法从单个源顶点开始，分阶段查找并标记其邻居，然后查找并标记其邻居的邻居，以此类推。BFS 算法是许多图算法的基本算法。测试方法为指定 BFS 算法的输入和输出，并对计算施加一些约束，但是，不限制 BFS 算法本身的选择，只要它产生正确的 BFS 树作为输出即可。

该基准评测集的内存访问模式与数据相关，平均预取深度较小。与简单的并发链表遍历基准评测集一样，其性能反映了某一架构在执行并发线程时的吞吐量，每个线程都具有低内存并发性和高内存引用密度。与简单的并发链表遍历基准评测集不同，当大量内存引用指向同一位置时，该基准评测集还测量了对热点的恢复能力；每个线程的执行路径都取决于其他线程在由于异步处理而带来副作用时的效率。测量同步性能不是这里的主要目标。需要注意的是，不能同时从多个搜索键进行搜索；不能在该内核的不同调用之间传递任何信息；内核可能会返回一个深度数组以用于验证。

BFS 算法说明当级别 k 的顶点正在发现级别 $k+1$ 的顶点时，允许出现良性竞争条件。具体来说，不需要同步来确保第一个访问者必须成为父级，同时锁定后续访问者，只要最后发现的 BFS 树是正确的，就认为该算法是正确的。

3）内核 3 ——单源最短路径

单源最短路径（SSSP）算法计算找到从给定起始顶点到图中每个其他顶点的最短距离。测试方法为指定 SSSP 算法的输入和输出，并对计算施加一些约束，但是，不限制 SSSP 算法本身的选择，只要产生正确的 SSSP 距离数组和父数组作为输出即可。这是一个单独的内核，不能使用内核 2（BFS）计算的数据。

该内核通过每个顶点的额外测试和数据访问扩展了整体基准评测集。许多但不是所有的 SSSP 算法都与 BFS 算法相似，并且存在类似的热点和重复内存引用问题。需要注意的是，不能同时从多个初始顶点进行搜索，且不能在该内核的不同调用之间传递任何信息。

SSSP 算法也允许出现良性竞争条件。具体来说，不要求第一个访问者必须阻止后续访问者占用父槽，只要最后 SSSP 距离向量和父树是正确的，该算法就被认为是正确的。

4）验证

验证过程中很难通过与标准参考结果的精确比较来验证此基准的全面运行结果。在全面情况下，数据集非常庞大，其具体细节取决于使用的伪随机数生成器和 BFS 或 SSSP 算法。因此，基准实现的验证使用结果的软检查，即不是通过精确的数值比较或严格的条件检查来进行，而是采用一种更宽松的基于结果的验证方法。

在适合的被评估机器的最大数据集上运行这些算法。然而，出于调试目的，可能需要在小数据集上运行，并且可能需要根据串行结果，甚至根据可执行规范的结果来验证并行结果。可执行规范是一种验证并行结果的方法，它通过将并行结果与直接从元组列表计算的结果进行比较来验证其正确性。这种方法可以帮助发现并行算法中的错误和不一致，并确保并行结果与串行结果一致。

BFS（内核 2）的验证过程类似于基准评测 1.2 版中的验证过程。SSSP 验证程序（内核 3）构建搜索树来代替距离数组，然后运行 SSSP 验证例程。

每次搜索后，运行（但不计时）一个函数，确保发现的父树和距离向量正确，并确保以下几项。

（1）BFS/SSSP 树是一棵树并且不包含循环。

（2）每个树边连接的顶点：① 在 BFS 树中，它们的级别最多相差一个，或者两者都不在 BFS 树中；② 在 SSSP 树中，它们的距离最多相差边的权重，或者不在 SSSP 树中。

（3）输入列表中的每条边都有顶点：① BFS 级别最多相差一个或两者都不在 BFS 树中；② SSSP 距离最多相差边的权重或不在 SSSP 树中。

（4）BFS/SSSP 树跨越整个连接组件的顶点。

（5）节点及其 BFS/SSSP 父节点由原始图的边连接。

评测指标：为了比较 Graph500“搜索”在各种架构、编程模型以及编程语言和框架中的性能，采用了新的性能指标，称为每秒遍历边数（TEPS）。可以通过内核 2 和内核 3 的基准评测集来测量 TEPS。定义变量 m 为图中遍历组件内无向边的数量，变量 $T_{\mathrm{K2}}(n)$ 为内核计算的测量执行时间，则可以定义每秒遍历边数为

$$\mathrm{TEPS}(n) = m/T_{\mathrm{K2}}(n) \tag{1-9}$$

按照重要性的顺序，Graph500 基准评测集的主要目标有：

（1）公平遵守基准规范的意图。

（2）给定机器的最大问题大小。

（3）给定问题大小的最短执行时间。

次要目标包括：

（1）最小的代码量（不包括验证码）。

（2）最少的开发时间。

（3）最大的可维护性。

（4）最大的可扩展性。

Graph500 使用每秒遍历边数来衡量计算能力，并且每年更新两次 Graph500 排行榜。

1.3.2 I/O 性能评测集

随着并行计算系统的改进，以及可扩展性和绝对性能的相应提高，一个新的瓶颈在实际应用中变得明显，即计算结果从文件中读取和写入的速度，也就是说，I/O 性能成为高性能计算系统的重要评估指标。

I/O 性能主要通过并行计算系统每秒读写（I/O）操作的次数来评测，即 I/O Per Second（IOPS）。机械硬盘的连续读写性很好，但随机读写性能很差。这是因为磁头移动至正确的磁道上需要时间，随机读写时，磁头不停地移动，时间都花在了磁头寻道上，所以性能不高。在存储小文件（如图片）、联机事务处理（Online Transaction Processing，OLTP）数据库应用时，随机读写性能（IOPS）是最重要指标，用于衡量随机访问的性能。另外，I/O 性能的另一个衡量指标是存储带宽，其含义是单位时间内最大的 I/O 流量，最大流量往往是采用大的 I/O 块和带宽获得的。

1. IOR

评测目的：测量在不同大小的文件、I/O 事务和并发性下顺序读写文件的性能。

评测集概述：IOR（Interleaved or Random）是一种常用的文件系统基准评测集，可用于使用各种接口和访问模式来测试并行存储系统的性能。其通常以源代码（简称源码）形式分发，需要在目标平台上进行编译。另外，IOR 同时支持传统的可移植操作系统接口（Portable Operating System Interface，POSIX）和高级的并行 I/O 接口，包括 MPI I/O、HDF5 和 PlNetCDF。

评测原理：IOR 基准评测集中由连续的段组成测试文件，如图 1-4 所示；所有段在共享此文件的处理器之间平均分配，每个单位大小称为块；每个块被进一步分为传输单元，传输单元直接对应于 I/O 事务的大小，即每个 I/O 函数调用从处理器的内存传输到文件的数据量。程序执行时，首先等级为 0 的进程获取第一个块，等级为 1 的进程获取第二个块，以此类推。

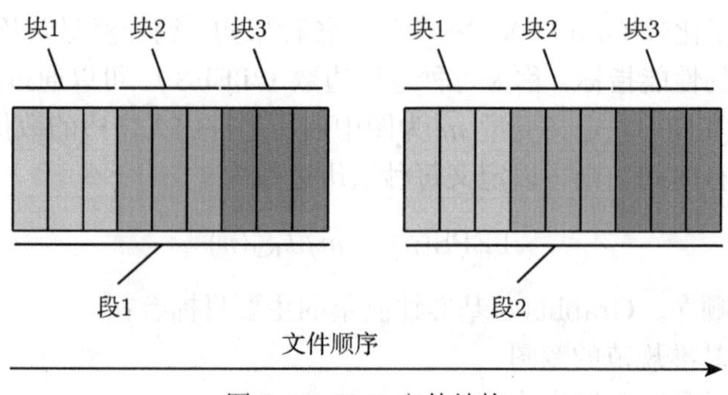

图 1-4　IOR 文件结构

2. MDtest

近年来，随着一些高性能科学计算应用需要生成大量的临时文件以及如容灾备份、文件共享服务等应用模式的普及，文件系统的元数据性能受到越来越多的重视，因此元数据性能也是衡量超级计算机的重要指标。

MDtest 程序基于 MPI，旨在评测文件系统的元数据性能，可以在任何 POSIX 兼容的文件系统上运行。该程序通过在计算机集群中的计算节点上并行创建、统计和删除目录树和文件树来评测计算机 I/O 性能。其中，文件系统功能的关键指标是元数据性能，其通常与并行文件系统工作负载紧密相关。MDtest 评测的指标是用每秒操作数（OP/s）表示的完成速率。MDtest 评测执行需要完整配置的文件系统，其能够创建任何指定深度的文件目录结构，同时能够基于引导创建混合工作负载（包括 file-only 测试）。使用者也可以根据需要对各个客户端创建的线程数目、线程所要创建的文件及目录的数目进行设置。

3. IO500

IO500 是高性能计算领域针对存储系统性能最权威的全球性排行榜之一，其中 10 节点排行榜将基准性能测试限制为 10 个节点，评估在这一规模下存储系统可达到的性能极限。10 节点排行榜由于更接近实际并行程序可能达到的规模，更能反映存储系统可为实际程序提供的 I/O 性能，参考价值更高。

IO500 由一组精心设计的 12 个测试程序组成，其中包括用于写入和读取带宽的 IOR，用于文件打开、创建、删除和统计的 MDtest，以及用于执行清除或归档的查找操作，测试分为“困难”和“简单”两个等级。“困难”等级测试代表了所面临的与 I/O 相关的主要难题，是存储系统可能遇到的最棘手的问题。IO500 包括“带宽”和“元数据”两个基准评测项目，将两个项目的总分进行几何平均后，得出最终分数。

IO500 基准评测允许根据提交者的请求改进列表元数据。IO500 基准评测发布了所有收到的提交的历史列表和历史列表中的多个过滤列表。IO500 基准评测的主要列表是排名列表，其中仅显示完整列表内选择加入的提交，并且仅显示每个存储系统的最佳提交列表。

IO500 基准评测有两个排名列表：在任意数量的客户端节点上运行的提交的 IO500 列表和仅在正好十个客户端节点上运行的提交的 10 节点挑战列表。

IO500 基准评测生成以下列表。

（1）历史列表：曾经收到的所有提交。

（2）完整列表：当前有效的历史列表的子集。

（3）IO500 列表：标记为包含在 IO500 排名列表中的完整列表的子集，每个存储系统仅显示一个得分最高的结果。

（4）10 节点挑战列表：完整列表中的子集恰好在 10 个节点上运行并标记为包含在 10 节点挑战列表中，每个存储系统仅显示一个得分最高的结果。

请注意，排名列表仅显示每个存储系统的最佳提交结果，因此如果存储系统有多次提交，则只有总分最高的一次结果会显示在排名列表中。所有提交的内容都将出现在完整列表和历史列表中。但是，在半年一次的 BOF（Birds of a Feather）会议上，IO500 基准组织评测根据最高带宽和元数据分数颁发 IO500 带宽和 IO500 元数据奖。在某些情况下，最高的带宽和元数据分数出现在没有最高总分且仅在完整列表中可见的提交上。

IO500 基准涵盖各种工作负载，并计算分数以进行比较，典型工作负载如下。

（1）IOEasy：具有优化 I/O 模式的应用程序。

（2）IOHard：需要随机工作负载的应用程序。

（3）MDEasy：元数据/小对象。

（4）MDHard：共享目录中的小文件（3901 字节）。

（5）查找：根据模式查找相关对象。

1.3.3 网络性能评测集

随着大型并行计算系统的发展，大量的计算节点需要通过带宽受限并且具有客观延迟的互连网络进行通信。因此，除了计算系统的计算、I/O 性能之外，网络性能也是一个值得关注的指标。

HPCC

评测目的：通过测量进程间通信的延迟，评估系统的网络性能。

评测集概述：HPCC（HPC Chanllenge Benchmark）由 DARPA 的 HPCS 项目所发布，由几个著名的计算内核组成，其中就包含了用于 TOP500 评价指标的 HPL 基准评测集。HPCC 包含了 7 个基准评测集，包括用于测量求解线性方程组的浮点运算性能的 HPL、用于测量执行双精度实矩阵乘法的浮点运算性能的 DGEMM 、用于测量可持续的内存带宽（以 GB/s 为单位）和简单向量核的相应计算速率的 STREAM 以及基于有效带宽（Effective Bandwidth，b_eff）的用于测量多个同时通信模式的延迟和带宽的 b_eff。

HPCC 基准评测集的主要报告结果包括：

（1）最大延迟。

（2）随机环中并行通信的平均延迟。

（3）最小带宽。

（4）自然有序环中每个进程的带宽。

（5）随机排列环中每个进程的平均带宽。

评测原理：HPCC 基准评测集测量两种不同的通信模式，分别是单进程对通信模式和并行的环中全进程通信模式。对于第一种模式，在一对进程上使用 ping-pong 通信，使用了几个不同的进程对，并报告了所有进程对的最大延迟和最小带宽。对于第二种模式，所有进程都安排在一个环形拓扑结构中，每个进程并行地发送和接收来自其左侧和右侧邻居的消息。在这种类型的并行通信中，每个进程的带宽定义为消息数据总量除以进程数和所有进程通信所需的最大时间。

1.3.4 应用评测集

尽管基准评测集在超级计算领域发挥着重要的作用，广泛用于衡量计算系统在计算、I/O、网络等层面的性能表现，但是，这些基准评测集在反映实际应用程序行为的准确性上仍然存在着一定的不足。其中，一个主要的原因就是这些基准评测集过于简单，并且往往只用于测量计算机某方面的性能。

1. 小型应用程序

为了弥补基准评测集在反映超级计算机在实际应用场景下表现不足的缺陷，人们开始使用小型应用程序（Miniapplication）作为相关补充。

小型应用程序是实际应用程序的较小版本，它们来自大量不同的学科领域。小型应用程序可以完成许多高性能计算基准评测集所难以完成的工作，并且非常适合进行拓展研究。

由 Michael A. Heroux 等提出的 Mantevo 套件就包含了来自各个领域的大量的小型应用程序，主要包括以下几个领域。

（1）MiniAMR：用于探索自适应网络细化和动态执行的小型应用程序。

（2）MiniFE：有限元代码的小型应用程序。

（3）MiniMD：基于分子动力学工作负载的小型应用程序。

（4）Cloverleaf：求解可压缩欧拉方程的小型应用程序。

（5）TeaLeaf：求解线性热传导方程的小型应用程序。

通过使用小型应用程序评测并行计算机的性能，大部分大型、相关的应用项目都能根据性能评测报告，进一步研究和提高应用程序的性能。

2. 戈登·贝尔奖

除了小型应用程序，高性能计算领域也非常重视对高性能计算的应用水平的评估。全球高性能计算 TOP500 着眼于高速计算硬件性能，与其不同的是，戈登·贝尔奖（Gordon Bell Prize）更注重高性能计算应用水平。

戈登·贝尔奖设立于 1987 年，由美国计算机协会（ACM）于每年 11 月颁发，旨在奖励时代前沿的并行计算研究成果，特别是高性能计算创新应用的杰出成就，被誉为“超级计算应用领域的诺贝尔奖”。该奖项的目的是跟踪并行计算的最新应用进展，特别强调奖励在科学、工程和大规模数据分析应用中应用高性能计算的创新。对于在可扩展性和解决重要科学和工程问题的时间方面的最高性能或特殊成就，可颁发该奖项。高性能和并行计算领域的先驱 Gordon Bell 提供了 10000 美元的奖金支持。2016 年 11 月 17 日在美国盐湖城举行的全球超级计算大会上，由中国科学院软件研究所研究员杨超等领衔的应用成果“千万核可扩展全球大气动力学全隐式模拟”获得了戈登·贝尔奖，这是我国第一次获得该奖项。

1.4　超级计算机的发展历程

科学计算需求的日益提升，促使超级计算机的快速发展与演进。超级计算机的发展历程大致可以分成四个阶段："初生"时代、"克雷"时代、"多核"时代、"异构"时代。

1.4.1　"初生"时代

世界上第一台真正意义上的超级计算机诞生于 1964 年，是由美国计算机科学家西摩·克雷（Seymour Cray）和他的同事（Jim Thornton、Dean Roush 以及 30 余位其他工程师）一起设计的。由于其是通过位于明尼苏达州明尼阿波利斯的美国控制数据公司（Control Data Corporation，CDC）制造并推向市场的，所以命名为 CDC 6600。

克雷从锗转向采用平面工艺制造的硅晶体管，其没有台面硅晶体管的缺点，速度更快，但光速限制迫使设计变得非常紧凑，因此存在严重的过热问题。通过引入 Dean Roush 设计的制冷系统解决了该问题。CDC 6600 的 CPU 时钟主频为 10 MHz，峰值性能达到 3 MFLOPS，其性能大约是业界先前的纪录保持者 IBM 7030 Stretch 计算机的三倍。1964 ~ 1969 年，CDC 6600 一直保持世界排名第一的位置，并以每台近 900 万美元的价格出售。

CDC 6600 只有一个 CPU（中央处理器），但有 10 个外围处理器，每个处理器都管理输入和输出并保持 CPU 队列是满的。与其他计算机相比，该计算机使用了更多处理器，运行速度至少快 10 倍。作为第一台超级计算机，CDC 6600 大约有 4 个文件柜那么大。CPU 包含 10 个并行处理器，每个处理器负责不同的任务，如浮点除法、浮点加法和布尔逻辑。CDC 6600 通过将工作交给外围处理器来提高运行速度，释放 CPU 来处理实际数据。CDC 6600 采用了一系列新技术，包括液冷技术、硅晶体管技术、精简指令集技术等。用于该机器的 FORTRAN 编译器由明尼苏达大学的 Liddiard 和 Mundstock 开发，CDC 6600 可以在标准数学运算中维持 500 KFLOPS 的运算速度。

后来，克雷设计完成了 CDC 7600，其成为当时世界上最快的计算机。在 36 MHz 主频下，CDC 7600 的时钟频率是 CDC 6600 的 3.6 倍，但由于其技术创新，运行速度明显加快。虽然只售出了大约 50 台 CDC 7600 计算机，但算不上失败。

1.4.2　"克雷"时代

作为超算之父的西摩·克雷，于 1972 年离开 CDC 公司，创立了克雷研究（Cray Research）公司，即克雷公司前身。1975 年，克雷公司发布了超级计算机 Cray-1，Cray-1 的推出在高性能计算的发展史上具有里程碑的意义，并成为历史上最成功的超级计算机之一。Cray-1 的时钟频率达到 80 MHz，峰值性能为 136 MFLOPS，被部署到美国洛斯·阿拉莫斯国家实验室，用于核武器的研究。

Cray-1 引入了许多创新，如链接技术，其允许标量和向量寄存器生成可以立即使用的中间结果，而无须额外的内存引用，从而避免降低计算速度。Cray X-MP 于 1982 年由美籍华人计算机科学家陈世卿（Steve Chen）设计。X-MP 上的三个浮点流水线可以同时运行。到 1983 年，克雷研究和 CDC 两家公司已成为超级计算机市场的领军者。

Cray-1 超级计算机创造了多个首次，包括首次使用集成电路对 CPU 芯片进行封装、首次使用基于向量的处理器架构，以及首次使用链式结构来大幅减少 CPU 和内存的数据交换频率。

1985 年发布的 Cray-2 是一款四处理器液冷计算机，其完全浸没在电子氟化液（Fluorinert）罐中，运行时会冒泡。其运算速度达到了 1.9 GFLOPS，成为当时世界上最快的超级计算机，也是第一个突破 GFLOPS 障碍的超级计算机。Cray-2 采用了一种全新的设计，其不再使用链接，但大量使用流水线。不应低估超级计算机的软件开发成本。早期，克雷研究的软件开发成本与硬件开发成本持平，后期 Cray 操作系统逐渐转向基于 UNIX 的 UNICOS。

同样由 Steve Chen 设计的 Cray Y-MP 作为 X-MP 的改进版本于 1988 年发布，其拥有八个 167 MHz 的向量处理器，每个处理器的峰值性能为 333 MFLOPS。20 世纪 80 年代后期，克雷在 Cray-3 上使用砷化镓半导体的实验没有成功。西摩 · 克雷于 90 年代初开始研究大规模并行计算机，但其在 1996 年的一场车祸中去世，当时尚未完成该研究。然而，Cray Research 确实生产了这样的计算机。

在 20 世纪 80 年代中后期开创超级计算前沿的 Cray-2 计算机只有 8 个处理器。在 90 年代，拥有数千个处理器的超级计算机开始出现。

1.4.3 "多核"时代

20 世纪 80 年代中后期，自从 Cray-2 开创了高性能计算的一个全新发展方向—— "多核并行" 之后，大量拥有数千个处理器的高性能计算机如雨后春笋般快速出现。

除了美国之外，在 20 世纪 80 年代末，国际超算领域又多出了一位重量级选手——日本。其中，日本电气株式会社（NEC）公司于 1989 年发布了 SX-3/44R 高性能计算机，该计算机以 23.2 GFLOPS 的计算速度获得世界第一。在世界超级计算机 TOP500 排行榜诞生的前两年（1993 年和 1994 年），日本富士通公司研发的 "数值风洞"（Numerical Wind Tunnel）超级计算机都位列榜首，其使用了 166 个向量处理器，每个处理器的峰值性能达 1.7 GFLOPS，持续性能达到 124.0 GFLOPS，理论峰值性能达到 235.8 GFLOPS。其后，日本日立公司构建了一个具有 2048 个处理器的高性能计算机 SR2201，其具有 600 GFLOPS 的峰值浮点运算性能，并于 1996 年荣登 TOP500 榜首。

与此同时，另一个传奇公司——英特尔（Intel）也加入到高性能计算机领域的竞争当中。英特尔公司在微机领域一直处于霸主地位，但在超级计算机领域的表现不佳，直到 Paragon 系列超级计算机的出现才改变了这一现状。1993 年英特尔公司推出了 Paragon 系列超级计算机，该计算机可以配置 1000 ~ 4000 个英特尔 i860 处理器，并通过高速二维网格连接所有处理器。此外，Paragon 还第一次使用多指令流多数据流技术，不同指令的执行可以通过多个控制器异步地控制多个处理器，从而达到空间级别的并行。基于 Paragon 系列，英特尔公司在 1997 年推出了 ASCI Red 系列高性能计算机，该系列高性能计算机首次突破了 T 级计算大关。

到 20 世纪末，ASCI Red 系列高性能计算机一直是超级计算机领域的佼佼者。ASCI Red/9152 是第一台基于美国加速战略计算计划（Accelerated Strategic Computing Initiative，ASCI）设计的超级计算机。此外，ASCI Red/9152 也是首个基于网格的大规模并行系统，共具有 9000 多个计算节点和 12 TB 以上的磁盘存储容量，实际运算速度为 1.338 TFLOPS。1999 年，英特尔公司推出了 ASCI 系列的升级版 ASCI Red/9632，其以 2.38 TFLOPS 运行速度成为当年世界排名第一的超级计算机。

1.4.4　“异构”时代

超级计算机的研制在 21 世纪头十年取得了重大进展，实现了千万亿次计算。

2002 年，日本 NEC 公司发布了为日本海洋地球科技和技术局（JAMSTEC）建造的“地球模拟器”（Earth Simulator）超级计算机，该计算机拥有 35.86 TFLOPS 浮点运算性能，并借此重新夺回了 TOP500 的桂冠。“地球模拟器”使用 640 个节点，每个节点有 8 个专有向量处理器。

但不久之后，该计算机就被美国 IBM 公司发布的蓝色基因（Blue Gene）系列超级计算机超越，蓝色基因系列超级计算机也连续 4 年占据 TOP500 榜首。蓝色基因系列超级计算机架构在 21 世纪初期得到广泛使用，TOP500 排行榜上的 27 台计算机使用了该架构。蓝色基因系列超级计算机的技术路线有些不同，它以处理器速度换取低功耗，以便在风冷温度下可以使用更多的处理器。其使用超过 60000 个处理器，每个机架有 2048 个处理器，并通过三维环面将它们连接起来。

2011 年 7 月，日本“京”超级计算机（K Computer）成为世界上最快的计算机，其使用了 6 万多个 SPARC64 VIIIfx 处理器。K 计算机比“地球模拟器”快 60 多倍，而“地球模拟器”在占据 TOP500 榜首 7 年后排名世界第 68，这既表明了超级计算机性能的快速增长，也表明了超级计算技术的快速迭代。到 2014 年，“地球模拟器”超级计算机已经退出排行榜，到 2018 年，K 计算机已经跌出前 10 名。2018 年，Summit 超级计算机以 200 PFLOPS 的速度成为世界上最强大的超级计算机。2020 年，能够达到 442 PFLOPS 的富岳（Fugaku）超级计算机再次夺得榜首。美国花费 6 亿美元研发的 Frontier 超级计算机的设计计算性能为 1.5 EFLOPS，在 2022 年达到完全负载工作状态，实测计算性能为 1.102 EFLOPS。

1.4.5　国产超级计算机的发展历程

我国超级计算机虽然起步较晚，但在较短的时间内就进入了超级计算机领域的前列，甚至处于领头地位，多次在 TOP500 排名中荣登榜首。2003 年 6 月，国产超级计算机在 TOP500 排行榜中排名第 51，2003 年 11 月排名第 14，2004 年 6 月排名第 10，2005 年排名第 5，最终在 2010 年凭借“天河一号”超级计算机登顶 TOP500 榜首。

我国超级计算机的研制源于服务“两弹一星”等国家重大战略项目，从 20 世纪 50 年代开始，我国开始研制专门的超级计算机。1958 年 9 月 8 日，中国第一台电子管专用数字计算机 901 机研制成功，由中国人民解放军军事工程学院（又称哈尔滨军事工程学院，现国防科技大学）慈云桂教授[①]带领团队进行研制。以 901 机为代表的我国第一代专用数字计算机基于电子管技术。

1983 年 12 月 22 日，国防科技大学慈云桂教授牵头的科研团队，成功研制了“银河 I 号”巨型计算机，运算速度达每秒 1 亿次。“银河 I 号”的成功研制，标志着中国打破西方国家封锁，成为能够独立研发亿次超级计算机的国家，从此我国真正地迈入了超算的行列。

进入 21 世纪，我国的高性能计算产业也随着世界高性能计算技术的突破而快速发展。以“天河”、“曙光”和“神威”系列为代表的国产超级计算机不断迭代更新，于 2004 年、

① 慈云桂 (1917—1990)，中国科学院院士，中国计算机界老前辈中的举旗人，主持研制成功我国首台亿次级巨型计算机“银河 I 号”。

2008 年和 2009 年分别突破十万亿次、百万亿次和千万亿次计算大关，与世界领先技术的差距不断缩小。

2004 年，由中国科学院计算技术研究所、曙光公司、上海超级计算中心三方共同研发制造的“曙光 4000A”超级计算机实现了 10 TFLOPS 的运算速度，成为我国第一个跨入十万亿级计算的超级计算机，也标志着我国成为继美国和日本之后第三个拥有独立设计十万亿级高性能计算机的国家。“曙光 4000A”计算机也是我国第一个进入 TOP500 前十的超级计算机。

2009 年 9 月，国防科技大学成功研制了我国首台千万亿次超级计算机——“天河一号”，其部署在国家超级计算天津中心。“天河一号”的峰值性能为 1.2 PFLOPS，且 LINPACK 实测性能为 563.1 TFLOPS，使中国成为世界上第二个（继美国之后）能够研制千万亿次超级计算机的国家。至此，我国顶尖超级计算机离登顶只有一步之遥。

2010 年 11 月 16 日是我国超级计算机发展史中一个值得铭记的时刻，全球超级计算机 TOP500 排行榜在美国新奥尔良市揭晓，升级后的“天河一号”二期系统（“天河-1A”）以每秒 4700 万亿次的峰值性能、每秒 2566 万亿次的 LINPACK 实测值持续性能，超越美国橡树岭国家实验室的“美洲虎”超级计算机，成为当时世界上最快的超级计算机。这是我国自主研发的超级计算机首次登顶超级计算机 TOP500 排行榜，标志着我国国产超级计算机正式进入世界一流梯队。

2013 年底，国防科技大学研制的“天河二号”超级计算机正式验收并部署到国家超级计算广州中心，自 2013 年 6 月 ~ 2016 年 6 月，“天河二号”连续 6 次排名世界上最快的超级计算机，理论峰值性能达 54.9 PFLOPS，实测峰值性能达 33.86 PFLOPS。

2016 年 6 月 20 日，“神威 · 太湖之光”超级计算机在 LINPACK 计算性能测试中以 93 PFLOPS 的评测结果超越“天河二号”，成为当时世界上最快的超级计算机。“神威 · 太湖之光”超级计算机采用国产申威众核处理器，全系统有 4 万个节点，1000 万个核心，峰值性能为每秒 12.5 亿亿次，LINPACK 实测峰值性能为每秒 9.3 亿亿次，能效比为 6GFLOPS/W，装备在国家超级计算无锡中心。“神威 · 太湖之光”也是中国首度自行设计并使用国产核心芯片登上 TOP500 第一名的超级计算机。“神威 · 太湖之光”一直保持世界领先的计算性能，直到 2018 年 6 月被美国的 Summit 超级计算机所超越。

1.5 超级计算机的应用领域

超级计算机的一些典型应用如下。

（1）科学研究：科学家使用超级计算机来分析太阳系、卫星和其他核研究领域。

（2）数据挖掘：大公司经常使用专门的计算机从数据存储仓库或云系统中提取有用的信息。例如，中国人寿保险股份有限公司使用超级计算机来降低精算风险。

（3）天气预报：超级计算机的预测能力可以帮助气候学家预测某地区降雨或降雪的可能性。它还可以预测飓风和旋风发生的可能性及其实际路径。

（4）军事和国防：超级计算机为军事和国防部门提供了对核爆炸和武器弹道进行虚拟测试的能力。

（5）烟雾控制系统：许多科学家和气候学家在实验室中使用超级计算机来预测特定地区的雾和其他污染物的水平。

（6）娱乐业：电影业使用超级计算机来制作动画。此外，在线游戏公司广泛使用超级计算机来开发动画游戏。

1.6　本章小结

超级计算机的应用，是为了应对大规模的实际问题或者加速问题的求解，也就是加速计算的过程。所以在进一步研究高性能计算之前，1.1 节主要介绍了并行计算领域的相关基础概念，包括并行计算机的两个重要的性能指标：加速比和效率。另外，1.1 节也详细介绍了两条加速比性能定律，分别是应用于固定负载的 Amdahl 定律和应用于可扩展问题的 Gustafson 定律。1.2 节介绍了超级计算机的性能指标，包括基本性能指标、可扩展性、峰值性能与持续性能，以及其他性能指标。1.3 节介绍了基准评测集的性能测试，包括计算性能评测集（LINPACK、HPCG、Graph500）、I/O 性能评测集（IOR、MDtest、IO500）、网络性能评测集，同时也介绍了基于小型应用程序进行性能评测的方式。1.4 节介绍了超级计算机的发展历程，其发展历程大致可以分成四个阶段："初生"时代、"克雷"时代、"多核"时代、"异构"时代。1.5 节简要介绍了超级计算机的应用领域。

课后习题

1. 如何计算得到 FLOPS?
2. 将超级计算机与其他计算机区分开来的主要条件是什么?
3. 描述被认为是第一台真正的超级计算机的计算机。谁开发了它?
4. TOP500 排名的依据是什么?
5. 简述超级计算机国内外的发展史。
6. 假设一个程序在串行模式下的运行时间为 10min，进行并行化之后的运行时间为 5min，则该并行程序的加速比是多少? 假如该程序经过了 3 核处理器的并行化，则效率又是多少?
7. 并行程序理想状态下的加速比称为什么? 限制这种理想状态的因素有哪些?
8. 简述 Amdahl 定律。
9. 简述 Gustafson 定律，其与 Amdahl 定律的区别与联系是什么?
10. 假设程序的 10%是无法并行化的，如果可以在一个处理器上 10min 执行完毕该程序，根据 Amdahl 定律，10 个处理器能够在多长时间内执行完毕该程序? 理想状态下可以获得的最大加速比是多少?
11. 根据 Gustafson 定律，条件如上题所示，10 个处理器能够在多长时间内执行完毕?
12. 请解释：一个可以获得线性加速比的程序是强可扩展的吗?
13. 有两台超级计算机，一台具有 1000 个 CPU，所有 CPU 以 2.9 GHz 的时钟频率并行运行，有 80%的时间可用；另一台具有 10000 个 CPU，并且每个 CPU 的时钟频率为 2.7 GHz，有 95%的时间可用。两台超级计算机中哪台性能比较好?
14. 基准评测集的作用是什么、其主要用于测量超级计算机的哪些性能?

第 2 章　超级计算机硬件与体系结构

本章将讲述超级计算机的硬件与体系结构。超级计算机的硬件组成和普通计算机的硬件组成基本相同，但在性能和规模方面却有差异。作为国产超算的代表之一，“天河”系列超级计算机是由国防科技大学研制的，包括“天河一号”（TianHe-1A，简写 TH-1A，见图 2-1）和“天河二号”（TianHe-2A，简写 TH-2A，见图 2-2）等型号。本章首先以“天河”系列超级计算机为代表介绍超级计算机的硬件组成，之后介绍超级计算机的体系结构。

图 2-1　“天河一号”超级计算机

图 2-2　“天河二号”超级计算机

2.1　超级计算机硬件

从硬件组成（图 2-3）上看，“天河”系列超级计算机的硬件由五个子系统组成：计算阵列、服务阵列、互连通信子系统、存储阵列、监控诊断子系统。

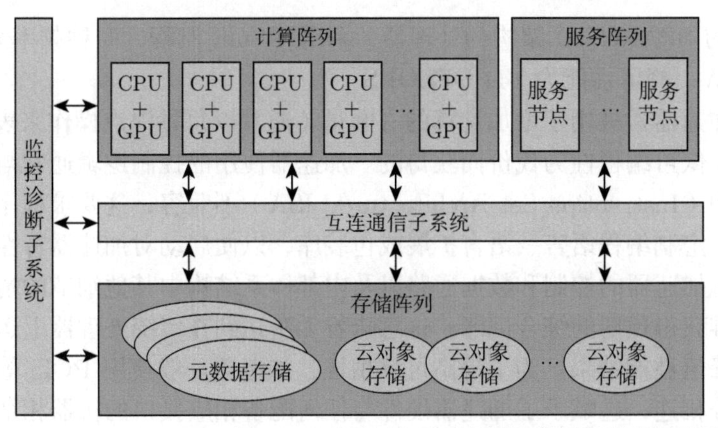

超级计算机的硬件组成

图 2-3　“天河”系列超级计算机的硬件组成图

2.1.1　计算阵列

一般来说，超级计算机的运算速度平均每秒 1000 万次以上，而计算阵列是决定计算机运算速度最重要的硬件之一。“天河”系列超级计算机是一个融合 CPU 和 GPU 计算节点的异构计算机系统。

“天河一号”超级计算机由 7168 个计算节点组成。每个计算机节点配置有两个 Intel CPU 和一个 NVIDIA GPU。CPU 为 Xeon X5670（2.93 GHz，六核），GPU 为 Tesla M2050（1.15 GHz，14 核/448 CUDA 核）。每个计算节点具有 655.64 GFLOPS 峰值性能（CPU 具有 140.64 GFLOPS，GPU 具有 515 GFLOPS）和 32 GB 总内存。每个 NVIDIA Tesla M2050 GPU 的峰值双精度性能为 515 GFLOPS。M2050 GPU 集成了 3 GB GDDR5 内存，位宽为 384 位，峰值带宽为 148 GB/s。所有寄存器文件、缓存和特定内存都支持纠错码（Error Correction Code，ECC），提高了 GPU 计算的可靠性。计算节点中 CPU 的职责是运行操作系统、管理系统资源和执行通用计算。GPU 主要执行大规模并行计算。通过 CPU 和 GPU 的协作，计算节点可以有效地加速许多典型的并行应用（如稀疏矩阵计算）。

“天河一号”超级计算机的一大关键技术突破在于三个 VLSI 芯片：飞腾-1000（FT-1000）CPU[①]、高基数网络路由芯片（Network Routing Chip，NRC）和高速网络接口芯片（Network Interface Chip，NIC）。FT-1000 芯片采用 65 nm CMOS 制造和 FCBGA 封装。它的基板包含 0.35 亿个晶体管和 1517 个引脚。NRC 和 NIC 均采用 90 nm CMOS 制造和阵列倒装芯片封装。NRC 的基板包含 0.46 亿个晶体管和 2577 个引脚，而 NIC 的基板包含 1.5 亿个晶体管和 657 个引脚。

“天河二号”拥有约 17920 个计算节点，每节点配备两个 12 核的 Xeon E5 系列中央处理器、三个 57 核的 Xeon Phi 协处理器（运算加速卡），累计 35840 个 Xeon E5 主处理器和 53760 个 Xeon Phi 协处理器，共 349.44 万个计算核心。中央处理器为时钟频率是 2.2 GHz 的 Xeon E5-2692 V212 核处理器，其基于英特尔 Ivy Bridge 微架构（Ivy Bridge-EX 核），采用 22 nm 制程，峰值性能为 0.2112 TFLOPS。“天河二号”计算节点前端处理器为

① “天河一号”使用了 2048 个飞腾处理器（完整规格，八核 64 线程，主频 1 GHz）。

4096 个 FT-1500 16 核的 SPARC V9 架构的处理器，采用 40 nm 制程，时钟频率为 1.8 GHz，热设计功耗为 65W，峰值性能为 144 GFLOPS。

在高性能计算中，加速器常被用于增加计算的吞吐量（通常以每秒浮点操作来表示），但是吞吐量的提升是以降低可编程性为代价而获得的。加速器使用的控制逻辑通常与现有的处理器指令集体系结构（Instruction Set Architecture，ISA）不兼容，这要求程序员花时间掌握由供应商提供的定制编程语言、语言扩展或包装库，以便启动对加速器特性的访问。通常而言，在不了解加速器的控制和数据通路以及内部体系结构中其他细节的情况下使用加速器，那么就很难获得预期的综合性能。这意味着无法达到在传统处理器上运行相同应用程序时所期望的峰值性能结果。为了提高可移植性，加速器一般使用 PCIe 等行业标准接口与系统其余部分相连，这赋予了加速器硬件与任何配备相应接口的机器相结合的能力。

在运算加速上，“天河二号”使用基于英特尔集成众核架构的 Xeon Phi 31S1P 协处理器，运行时钟频率为 1.1GHz，每个协处理器使用 61 个核心中的 57 个（使用全部 61 个核心会存在运算周期协调问题），每个核心通过特殊的超线程技术能运作 4 个线程，峰值性能为 1.003 TFLOPS。

2.1.2 存储阵列

“天河”系列超级计算机的存储阵列采用了层次式混合共享存储架构，实现了大容量、高带宽、低延迟的共享存储功能。

“天河一号”超级计算机的 I/O 存储系统使用 Lustre 文件系统，拥有 6 个 I/O 管理节点和 128 个 I/O 存储节点。系统的总内存为 262 TB，磁盘容量为 2 PB。

“天河二号”超级计算机的每个节点拥有 64 GB 内存，而每个 Xeon Phi 协处理器板载 8 GB 内存，故每个节点共有 88 GB 内存，整体总计内存为 1.408 PB。外存为 12.4 PB 容量的硬盘阵列。

2.1.3 服务阵列

“天河”系列超级计算机服务阵列采用了商用服务器，属于大容量胖节点。

“天河一号”系统共有 140 个机架，包括 112 个计算机架、8 个服务机架、6 个通信机架和 14 个 I/O 机架。整个系统占地 700 m^2。TH-1A 包括 7168 个计算节点和 1024 个服务节点。每个计算节点配置有两个 Intel CPU 和一个 NVIDIA GPU。每个计算节点的功率效率为 785.7 MFLOPS/W。每个服务节点有两个 FT-1000 CPU。系统总共有 23552 个微处理器，其中包括 14336 个 Intel Xeon X5670 CPU、2048 个 FT-1000 CPU 和 7168 个 NVIDIA M2050 GPU。系统满载时的功耗为 4.04 MW，功率效率约为 635.1 MFLOPS/W。

“天河一号”编译器系统支持 C、C++、FORTRAN 和 CUDA 语言，以及 MPI 和 OpenMP 并行程序模型。为了有效地开发混合系统上的应用程序，TH-1A 引入了并行异构编程框架，以抽象 GPU 和 CPU 上的编程模型。并行应用程序开发环境提供了一个基于组件的网络开发平台，用于网络编程、编译、调试和提交作业。除了 TH-1A 提供的工具外，用户还可以将不同的工具动态集成到该平台中，如 Intel Vtune 和 TotalView。

“天河二号”共有 125 个机柜，每个机柜容纳 4 个机架，共计 500 个机架。每个机架容纳 16 块主板，每个主板设置有两个计算节点。“天河二号”拥有约 17920 个计算节点，每个节点配备两个 Xeon E5 系列 12 核的中央处理器、三个 Xeon Phi 57 核的协处理器（运算加速卡），总内存容量约 1.4 PB，全局存储总容量约 12.4 PB。

“天河二号”操作系统采用麒麟操作系统、基于资源管理用单一 Linux 公用程序（Simple Linux Utility for Resource Management，Slurm）的全局资源管理。Ubuntu OpenStack 运行在 256 个高性能节点上，而且在之后将会增长至超过 6400 个节点。OpenStack 和 Ubuntu 的编制工具 Juju 都将运行在“天河二号”上，使“天河二号”的合作伙伴和联盟机构能够快速部署和管理高性能云环境。

2.1.4　互连通信子系统

互连网络是大规模并行处理系统的核心。“天河”系列超级计算机互连通信子系统使用了自主定制的高速互连网络，拓扑结构使用了层级式胖树结构，可高效地进行均衡扩展。互连网络支持基于硬件实现的自动消息交换机制的群组通信，如多播和广播。

“天河一号”超级计算机互连网络的拓扑结构是层级式胖树结构，如图 2-4 所示。胖树通信网络由高基数网络路由芯片（Network Routing Chip，NRC）和高速网络接口芯片（Network Interface Chip，NIC）构成。NRC 和 NIC 均由国防科技大学设计。互连网络的双向带宽为 160 Gbit/s，延迟为 1.57 μs。

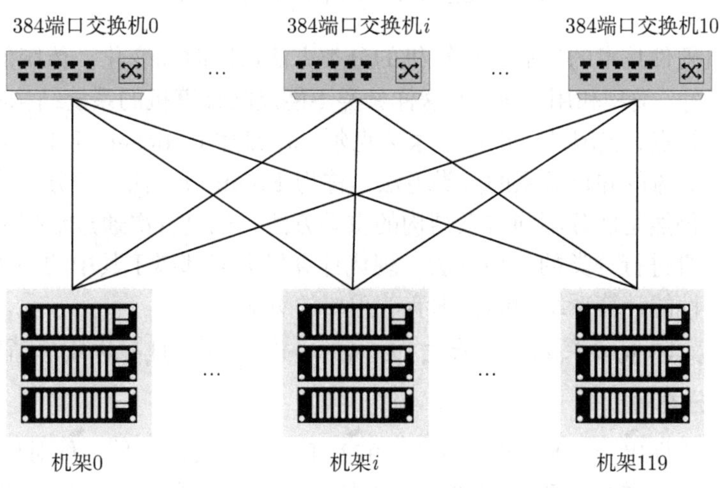

图 2-4　“天河一号”超级计算机互连网络的拓扑结构

第一层由 480 个开关板组成。在每个机架中，每 16 个节点通过机架中的交换机板相互连接。节点的主板通过背板与开关板连接。配电盘上的通信使用电力传输。第二层包含 11 个 384 端口交换机，与四通道小尺寸可插拔（Quad Small Form-factor Pluggable，QSFP）接口光纤连接。每个 384 端口交换机中有 12 个叶交换机板和 12 个根交换机板。高密度背板以正交各向异性方式进行连接。机架中的交换机板通过光纤连接到 384 端口交换机。

为了满足内核模块或用户进程（如并行应用程序、全局并行文件系统和资源管理系统）之间的高性能通信要求，“天河一号”实现了 GLEX（Galaxy Express）通信系统。GLEX 使用用户级通信技术。基于 NIC 虚拟端口，GLEX 封装了 NIC 的通信接口，并提供了用户空间和内核空间编程接口，可以满足其他软件模块的功能和性能要求。GLEX 由用于管理 NIC 和提供内核编程接口的内核模块、用于支持 TCP/IP 协议的网络驱动程序模块、用于提供用户空间编程接口的用户级通信库、用于优化群组通信的库以及用于系统管理和维护的管理工具组成。基于 NRC 和 NIC 支持的容错性，GLEX 实现了简化的通信协议，在用户空间和数据缓冲区之间提供零复制 RDMA 传输。通过在 CPU 中使用虚拟内存保护和内存映射，GLEX 允许多个进程在用户空间中同时安全地进行通信，并绕过操作系统内核和通信路径中的数据副本的干扰。

“天河二号”使用光电混合传输技术（Optoelectronics Hybrid Transport Technology），点到点带宽可达 224 Gbit/s。使用自制的 TH Express-2 主干拓扑结构网络连接，利用 13 个大型路由器通过 576 个连接端口以光电传输介质与各个运算节点互连，使用 90nm 制程，单个控制器的数据吞吐量为 2.56 Tbit/s，以 PCI-E 2.0 接口连接，数据传送速率为 6.36 Gbit/s。

2.1.5 监控诊断子系统

“天河”系列超级计算机的监控诊断子系统实现了对整体系统的实时安全监测和诊断调试功能，可以实时监控硬件与操作系统的健康状态、功耗与温度等信息，实时监视、控制、诊断和调试整个超级计算机系统。

2.2 超级计算机体系结构

由于计算机硬件技术的发展，计算机的分类方法需随时间变化。传统的计算机分类方法通常是依据尺寸、类型和用途等，但这样分类不能反映计算机的系统结构特征。为了克服原有分类方法的缺点，美国计算机科学家迈克尔 · J. 弗林（Michael J. Flynn）提出了一种基于数据流和指令流的并行关系的分类方法，称为 Flynn 分类法。该分类法尽管已经有几十年的历史，但仍然是区分不同体系结构的重要方法，也是首次通过数据并行和任务并行两个概念对计算机进行分类的一种方法，现代计算机大多都属于其中的一类。掌握 Flynn 分类法对理解高性能计算系统中的技术有着重要的意义。

本节将介绍 Flynn 分类法以及基于 Flynn 分类法的超级计算机体系结构类型。

2.2.1 Flynn 分类法

Flynn 分类法

Flynn 分类法提出于 1966 年，并于 1972 年略被扩展，这是一种对处理器中可用的并行操作的一般形式进行分类的方法。它阐明了计算机处理系统在硬件支持中或应用程序中可用的并行性类型。Flynn 分类法隐含的假设指令集准确地代表了机器的微架构。Flynn 分类法针对的是并行计算机体系结构形式，按指令流和数据流的多倍性进行划分。指令流（Instruction Stream）是指由计算机执行的指令序列，即一系列将数据送入处理单元进行计算的命令；数据流（Data Stream）是指由指令流处理的数据元素序列，包括输入数据和中间结果等；而多倍性（Multiple）是指在系统性能瓶颈部件上处于同一执行阶段的指令或数据的最大可能数量。

在指令级，并行性意味着可以在一个程序中同时执行多个操作。在循环级，连续循环迭代是并行执行的理想候选者，前提是后续循环迭代之间没有数据依赖性。过程级可用的并行性取决于程序中使用的算法。多个独立的程序显然可以并行执行。人们已经构建了不同的指令集（或指令集体系结构）来利用这种并行性。

Flynn 分类法使用流概念对指令集体系结构进行分类。流只是一系列对象或操作，既有指令流，也有数据流，以下四种简单的组合描述了最熟悉的并行架构。

（1）单指令流单数据流（Single-Instruction Stream Single-Data Stream，SISD）：传统的冯·诺依曼单处理器，包括流水线、超标量和 VLIW 处理器。

（2）单指令流多数据流（Single-Instruction Stream Multiple-Data Stream，SIMD）：包括阵列计算机和向量计算机。

（3）多指令流单数据流（Multiple-Instruction Stream Single-Data Stream，MISD）：存在一定争议，有人认为这种类型的计算机至今都未出现，也有人认为有一些类似的例子，如共享内存的多处理器系统和计算机中的流水线结构。

（4）多指令流多数据流（Multiple-Instruction Stream Multiple-Data Stream，MIMD）：包括传统的多处理机（多核和多线程）以及多计算机系统。

下面将详细讲解这四种不同的体系结构类型。

2.2.2　典型超级计算机体系结构分类

1. 单指令流单数据流

单指令流单数据流指每个指令部件每次仅执行一条指令，而且在将数据送入处理单元时只为操作部件提供一组操作数。SISD 体系结构采用典型的串行指令执行方式，在每个时钟周期内执行一条指令，不强调指令的并行和数据的并行，主要被早期的计算机所采用，如 IBM PC、Intel 8086/8088 微处理器等。图 2-5 展示了 SISD 计算机的基本工作流程。

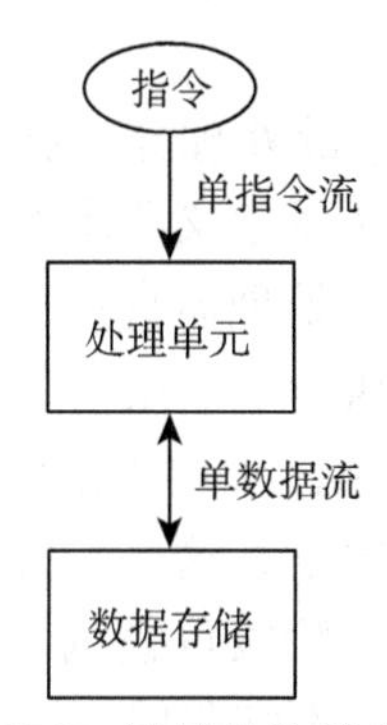

图 2-5　SISD 计算机的基本工作流程

SISD 类处理器架构包括最常用的工作站类型计算机。在执行期间，SISD 处理器在每个时钟周期内从指令流中执行一个或多个操作。严格地说，指令流由一系列指令字组成，一个或多个操作包含在一个指令字中。指令字表示指令的机器字，代表程序员可见并由处理器执行的最小执行包。

当指令字中只有一个操作时，简称为单操作指令。当一条指令包含单一操作时，标量处理器和超标量处理器在每个时钟周期内执行一条或多条指令。另外，当一条指令包含多个操作时，VLIW 处理器在每个时钟周期内执行一个指令字。

SISD 处理器中可实现的并行度的数量和类型有四个主要决定因素。

（1）在可持续的基础上可以并发执行的操作数。

（2）执行操作的调度。这可以在编译时静态地完成，或者在执行时动态地完成，或者同时在两个层面完成。

（3）相对于原始程序顺序，操作可以是有序的，也可以是无序的。

（4）处理器处理异常的方式——精确、不精确或两者的组合。在异常（或中断）发生时，通常精确的异常处理程序将完成当前指令的处理并立即处理异常。不精确的处理程序可能已经完成了导致异常的指令之后的指令，并且简单地发出异常已经发生的信号，留给操作系统来进行管理恢复。大多数 SISD 处理器能够实现精确的异常处理方式，尽管一些高性能架构允许不精确的浮点异常处理方式。

1）标量处理器

标量处理器是一种简单的处理器类型，在每个时钟周期内最多处理一条指令，并且在每个时钟周期内最多执行一个操作。这些处理器按顺序处理来自指令流的指令。只有当前指令的执行完成并且其结果已被存储时，处理器才会执行下一条指令。指令的语义决定了必须执行的一系列操作才能产生所需的结果（取指令、译码、数据或寄存器访问、操作执行和结果存储）。这些操作可以重叠，但结果必须以指定的顺序执行。这种顺序执行行为描述了顺序执行模型，要求每条指令按顺序执行完。

在顺序执行模型中，如果满足以下条件，则执行是指令精确的（Instruction Precise）：

（1）当前指令（或操作）之前的所有指令（或操作）均已执行，且结果均已提交。

（2）当前指令（或操作）之后的所有指令（或操作）均未执行或未提交任何结果。

（3）当前指令（或操作）处于任意执行状态，可能已完成，也可能未完成，或已提交其结果。

对于每条指令只有一个操作的标量处理器，指令精确执行和操作精确（Operation Precise）执行是等价的。顺序执行的传统定义要求始终具有指令精确的执行行为，模仿非流水线顺序处理器的执行。大多数标量处理器直接实现顺序执行模型，在当前所有指令执行完成并且其结果已提交之前，不会执行下一条指令。

流水线（Pipeline）基于同时执行指令的不同阶段（取指令、解码、执行等），每个时钟周期内最多解码一条指令。理想情况下，这些阶段在不同的操作之间是独立的，并且可以重叠；如果无法做到不同操作在同一阶段重叠执行，处理器会停止进程以强制执行依赖关系。因此，多个操作可以在其执行的不同阶段与多个操作同时处理。

对于简单的流水线机器，由于存在结构冒险，在任何给定时间，每个阶段只发生一个操作。因此，一个操作正在获取，一个操作正在被译码，一个操作正在访问操作数，一个操作正在执行，一个操作正在存储结果。流水线最严格的形式，有时称为静态流水线，要求处理器遍历流水线的所有级或阶段，无论特定指令是否需要。动态流水线允许根据指令的要求绕过流水线的一个或多个阶段，称为转发（Forwarding）或旁路（Bypassing）。

动态流水线处理器至少可以划分为两种基本类型。

（1）类型 1：指令按顺序解码，且操作的执行和结果的存储也必须按顺序。这种类型的动态流水线相较于静态流水线可以提供较小幅度的性能提升。顺序执行要求状态的实际变化按照指令序列中指定的顺序发生。

（2）类型 2：指令按顺序解码，但操作的执行不要求按顺序。在这种类型的动态流水线中，加载和存储指令的地址生成必须在任何后续 ALU 指令执行回写之前完成。这是由于地址生成可能会导致页缺失（Page Fault），影响后续指令的执行顺序。如果不使用特殊的保序硬件，这种类型的流水线可能会导致前面提到的不精确的异常。

2）超标量处理器

最复杂的标量动态流水线处理器也仅限于在每个时钟周期内解码一条指令。超标量处理器在一个时钟周期内解码多条指令，并使用多个功能单元和动态调度程序在每个时钟周期内执行多条指令（通常限制为 2 或 3 条，但在有些应用中可能更多）。超标量处理器的一个显著优势是在每个时钟周期内执行多条指令对用户是透明的，并提供二进制代码兼容性。与动态流水线处理器相比，超标量处理器增加了一个调度指令窗口，在每个时钟周期内从指令流中解析多条指令。虽然并行执行，这些指令的执行方式与流水线处理器中的执行方式相同。在发出一条指令并执行之前，硬件必须检查该指令与其先前指令之间的依赖关系。高性能超标量处理器通常包括保序硬件，以确保精确的异常处理。由于动态调度逻辑的复杂性，高性能超标量处理器通常在每个时钟周期内只能执行 $4 \sim 8$ 条指令。

3）VLIW 处理器

与超标量处理器类似，超长指令字（Very Long Instruction Word，VLIW）处理器在每个时钟周期内解码多条指令并使用多个功能单元。VLIW 处理器依照包含多个独立的静态调度指令字执行操作。与使用硬件支持的指令流动态分析来确定哪些操作可以并行执行的超标量处理器不同，VLIW 处理器依赖于编译器的静态分析。因此，VLIW 处理器相较于超标量处理器复杂度降低。对于可以静态有效调度的应用程序，VLIW 处理器实现提供了高性能。不幸的是，并非所有应用程序都可以有效地进行调度，因为执行不会完全按照编译器代码调度程序定义的路径进行。

在 VLIW 处理器中可能会出现以下两类执行变化影响执行行为。

（1）操作的延迟结果与编译器计划的假定延迟不同。

（2）异常或中断，其将执行路径更改为完全不同且未预料到的路径。

虽然停止处理器可以控制延迟结果，但这可能会导致显著的性能损失。最常见的执行延迟是数据缓存未命中。大多数 VLIW 处理器通过避免数据高速缓存和假设操作的最坏情况延迟来避免所有可能导致延迟的情况。然而，当没有足够的并行性来隐藏最坏情况下的操作延迟时，指令调度可能会在指令序列中产生许多未完全填充或空的操作槽，从而导致性能下降。

2. 单指令流多数据流

SIMD 计算机可以实现数据并行，对多个不同的数据流并行执行相同的数据处理操作。这类计算机主要适用于解决使用向量和矩阵等的复杂科学计算和大规模工程计算问题，大多应用于数字信号处理、图像处理等领域。SIMD 计算机根据类型又可以分为阵列计算机和向量计算机。然而，阵列计算机和向量计算机在系统实现和数据组织上都有所不同。阵列计算机由互连的处理器组成，每个处理器都有自身的本地存储空间。向量计算机由引用单个全局内存空间的单个处理器组成，并具有专门对向量进行操作的特殊功能单元。

接下来，将分别简述这两类 SIMD 计算机。

1）阵列计算机

阵列计算机的基本思想是用一个单一的控制单元提供信号来驱动多个处理单元同时运行。每个处理单元都由 CPU 或者功能增强版的计算单元和本地内存组成。所有的处理单元都由相同的控制单元发出的指令流控制。每个处理单元可以选择执行或者不执行控制器发出的指令流，处理单元之间通过互连网络连接。

阵列处理器由通过一个或多个网络连接的多个处理器组成，可能包括本地和全局元件间的通信和控制通信。处理器以同步方式执行来自控制处理器的单个广播指令。每个处理器元素都有自己的私有内存，数据以常规方式分布在元素之间，这取决于数据的实际结构以及对数据执行的计算。

由于指令是广播的，因此处理器没有本地方法可以改变指令流的流程；但是，各个处理器可以根据本地状态信息有条件地禁用指令——当指定条件发生时，这些处理器处于空闲状态。通常实施包括耦合到 SISD 通用控制处理器的阵列处理器，该处理器执行标量操作并发出广播到阵列中所有处理器的阵列操作。控制处理器执行应用程序的标量部分与外界接口，并控制执行流程，阵列处理器按照控制处理器的指示执行应用程序的阵列部分。

阵列计算机的典型代表是美国 ILLIAC-Ⅳ 阵列计算机（图 2-6），其于 1960 年代建造完成。ILLIAC-Ⅳ 阵列由 64 个处理单元（Processing Element，PE）、64 个处理单元存储器（Processing Element Memory，PEM）和存储器逻辑部件所组成。如图 2-7 所示，64 个处理部件 PE00~PE63 排列成 8×8 的方阵，任何一个 PE 只与其上、下、左、右 4 个近邻 PE 直接相连。循此规则，上同一列的 PE 两端相连成一个环，每一行最右边的 PE 与下一行最左边的 PE 相连，最下面一行最右边的 PE 则与最上面一行最左边的 PE 相连，从而构成一个闭合的螺线形状，所以称其为闭合螺线阵列。举例而言，要将 PE63 的信息传送到 PE10，最快可经过路径：PE63→PE07→PE08→PE09→PE10；0 而要将 PE09 的信息传送到 PE45，最快可经过路径：PE09→PE01→PE57→PE56→PE48→PE47→PE46→PE45。

图 2-6　ILLIAC-Ⅳ 阵列计算机

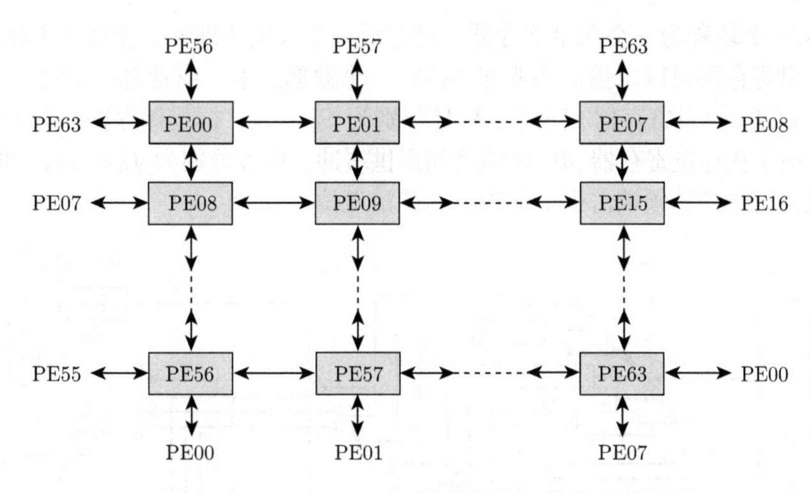

图 2-7　ILLIAC-Ⅳ 阵列计算机处理单元互连图

遗憾的是，ILLIAC-Ⅳ 阵列计算机于 1981 年停用。相较向量计算机，阵列计算机的发展没有取得较大的成功，发展前景并不明朗。

2）向量计算机

向量处理器是类似于传统 SISD 处理器的单一处理器，是指专门对向量进行处理的计算机。它主要是以流水线结构为主，以向量作为基本操作单元，操作数和结果都以向量的形式存在。向量的处理方法各不相同，主要包括横向、纵向和纵横处理方法。目前有很多不同种类的向量计算机。

向量计算机的功能单元流水线很深，时钟频率很高；尽管向量功能单元流水线具有比普通标量函数单元更长的延迟，但它们的高时钟频率和输入向量数据元素的快速传递产生较高的吞吐量，这是标量函数单元无法比拟的。早期的向量处理器直接从内存中处理向量，这种方法的主要优点是向量可以是任意长度的并且不受处理器的寄存器或资源的限制；然而，由于启动成本高、内存系统带宽有限等原因，现代向量计算机要求将向量显式加载到特殊的向量寄存器中，并从这些寄存器存储回内存，现代标量处理器出于类似原因采取了相同的过程。向量寄存器文件由几组向量寄存器组成（每组可能有 64 个寄存器）。向量计算机有几个特性可以使它们实现高性能。其中一个特性是能够在向量寄存器和主存储器之间同时加载和存储值，同时对向量寄存器文件中的值执行计算。此特性很重要，因为向量寄存器的有限长度要求将长向量进行分段处理。无法重叠内存访问和计算会造成严重的性能瓶颈。

与 SISD 计算机类似，向量计算机支持一种结果旁路形式——链接——允许在前面计算的第一个值可用时立即开始后续计算。因此，不必等待整个向量被处理，后续计算可以在很大程度上与它所依赖的先前计算重叠。顺序计算可以有效地复合，并且表现得好像它们是单个操作，总延迟等于第一个操作的延迟与流水线和其余操作的链接延迟，后续操作没有任何启动开销。

第一台向量计算机 Cray-1 由 Cray Research 公司于 1975 年推出，如图 2-8 所示。Cray-1 向量计算机的向量寄存组由 512 个 64 位的寄存器组成，分成 8 块，标号分别为

$V_0 \sim V_7$。每一个块称为一个向量寄存器，可存放一个长度（即元素个数）不超过 64 的向量。每个向量寄存器可以每拍向功能部件提供一个数据元素，或者每拍接收一个从功能部件来的结果元素。标量寄存器有 8 个，标号分别为 $S_0 \sim S_7$。标量保存寄存器（Scalar-save Registers）用于在标量寄存器和存储器之间提供缓冲，标号分别为 $T_0 \sim T_{63}$。此后 Cray-1 向量计算机在科学计算领域占据了数十年的统治地位。

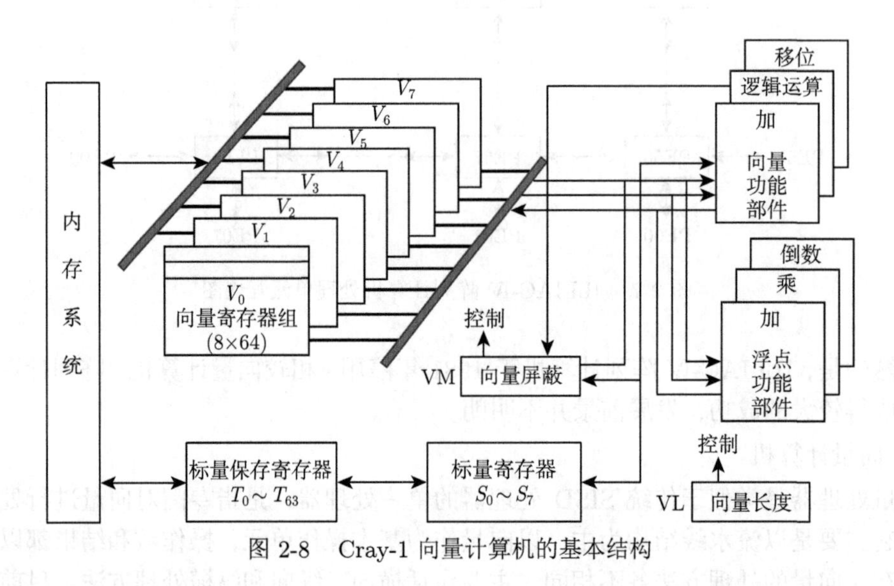

图 2-8　Cray-1 向量计算机的基本结构

3. 多指令流单数据流

多指令流单数据流是指采用多个指令流来处理一个数据流。MISD 有多个处理部件，每个处理部件都按照不同指令流的功能来对同一个数据流以及其中间结果进行不同的处理。该类型的提出是存在一定争议的，有人认为从严格意义上来说，这种类型的计算机至今都未出现，提出 MISD 毫无意义。但也有人认为出现了一些类似的例子，20 世纪 40 年代的一些最早尝试可以被视为 MISD 计算机，但实际上是可编程计算器，而不是现在使用的术语“存储程序机器”，其使用程序插板，将穿孔卡形式的数据引入多级处理器的第一级。它们采取了一系列连续的操作，其中中间结果从一个阶段转发到另一个阶段，直到在最后一个阶段将结果打入新卡中。

此外，典型的共享内存的多处理器系统也可以视作 MISD 计算机，多个处理器对同一块内存中的数据进行处理，每个处理器都有自己的指令流。

另一个例子是计算机中的流水线结构，一条指令被分解成多个流水段，每个流水段由独立的处理器部件完成。每个流水段都接收来自前一流水段的数据，对这些数据进行处理后，传递给下一个流水段。从整体上来说，也可以认为它是“一条”数据流，只是数据经历了不同的阶段。图 2-9 展示了 MISD 的基本原理。

MISD 的一个常用同义词是“流处理器”。其中一些处理器是普遍可用的，如 GPU（图形处理单元）。早期和更简单的 GPU 在选择特定阶段（光线追踪、着色等）的功能或操作方面为程序员提供了有限的灵活性。更现代的 GPGPU（通用 GPU）是真正的 MISD，在流水线的各个阶段具有更完整的操作集。实际上，许多现代 GPGPU 都包含 MISD 和

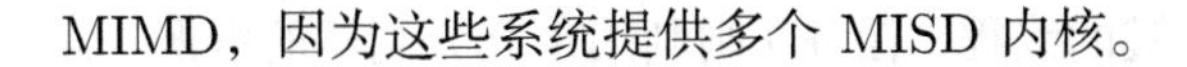
MIMD，因为这些系统提供多个 MISD 内核。

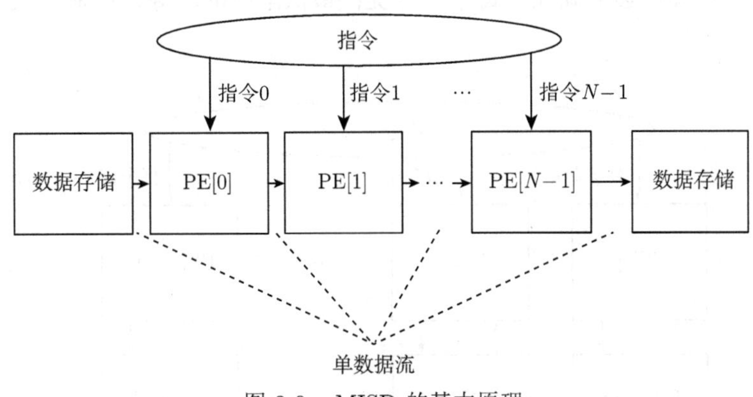

图 2-9　MISD 的基本原理

其他 MISD 风格的架构包括数据流机器。在这些机器中，源程序被转换成数据流图，其中的每个节点都是一个必需的操作。然后数据在已实现的图中流式传输。通过图的每条路径都是 MISD 实现。如果图对于特定数据序列是静态的，那么路径严格是 MISD。如果在程序执行期间调用多条路径，则每条路径都是 MISD，并且在实现中有 MIMD 实例。此类数据流机器已通过 FPGA 实现。

4. 多指令流多数据流

多指令流多数据流是指采用多个指令流处理多个数据流，处理器以共享（或独享）指令流的方式对数据进行处理。在任何时候都有多个数据处理操作在并行执行。它主要针对的是任务并行，也可以执行数据并行。MIMD 比 SIMD 更加灵活，在不同场景下的适用性更强，是应用最广泛的并行体系结构形式。目前使用的主流多核计算机均属于 MIMD 的范畴。

图 2-10 展示了 MIMD 体系结构的基本原理，在 MIMD 中，计算机使用了多个指令流来同时分别处理多个不同的数据流。每个处理器通过信息传递以及数据同步等方式独立且协同地执行以解决单个问题。尽管 MIMD 计算机不要求所有处理器都是同构的，但大多数 MIMD 计算机的处理器配置都是同构的，且大多数情形下所有处理器都相同。也存在异构 MIMD 处理器配置，即使用不同种类的处理器来执行不同种类的任务，但这些异构配置通常用于特殊用途的应用程序。

从硬件的角度来看，同构 MIMD 计算机的处理器有两种类型：多线程处理器和多核处理器，通常 MIMD 计算机的实现同时使用两者。

（1）多线程处理器。在由多线程处理器组成的 MIMD 计算机中，单个处理器被扩展为多组程序寄存器和数据寄存器。在此配置中，单独的线程或程序（指令流）占用每个寄存器集。当资源可用时，线程会继续执行。由于线程是独立的，因此它们的资源使用也是独立的。理想情况下，多线程可以更好地利用浮点单元和内存端口等资源，从而使得在每个时钟周期内可以执行更多的指令。多线程是对大型超标量实现的非常有用的补充，因为它们具有相对广泛的一组浮点和内存资源，这些资源都是非常稀缺的。可以给予关键线程（任务）优先权以确保其短时间执行，而不太关键的线程（任务）则利用未充分利用的资源。需要注意的是，这些设计必须确保为每个任务提供最低限度的服务，以避免某种类型的任务锁定。

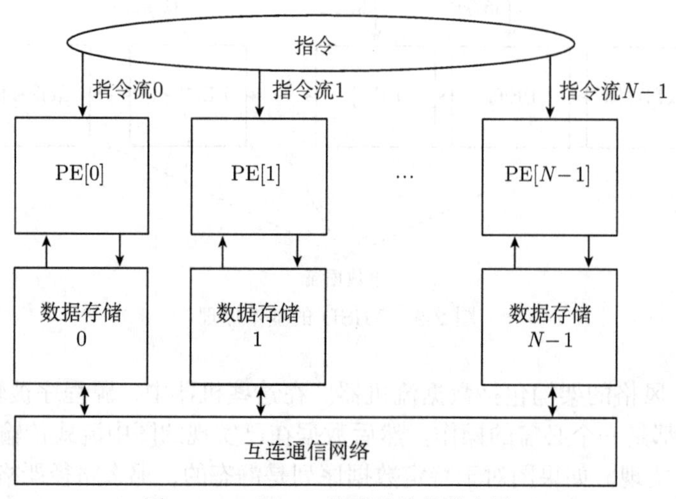

图 2-10　MIMD 体系结构的基本原理

（2）多核处理器。MIMD 计算机的另一种形式是由多个多核处理器组成的系统，其实现必须通过互连网络传递结果并协调任务控制。它们的实现比相对简单的 SIMD 阵列处理器复杂得多。多处理器中的互连网络在处理器之间传递数据并同步处理器之间的独立执行流。当处理器的内存分布在所有处理器上，并且只有本地处理器元素可以访问它时，所有数据共享都使用消息显式执行，并且所有同步都在消息系统内进行。

当处理器之间的通信通过共享内存地址空间执行时——无论全局的还是分布在处理器之间的（称为分布式共享内存以区别于分布式内存）。这可能会出现两个重要的问题：第一个是内存一致性，包括处理器内和不同处理器之间的内存一致性问题。这个问题通常通过硬件和软件技术的结合来解决。第二个是高速缓存一致性，以确保所有处理器元素在给定内存位置看到相同的值。这个问题通常只能通过硬件技术来解决。

大型 MIMD 多处理器系统的主要特征是内存地址空间的性质。根据多个处理单元之间数据交互的方式，将 MIMD 体系结构的计算机进一步划分为基于共享内存的 MIMD 计算机和基于消息传递的 MIMD 计算机两类。

1）共享内存系统

顾名思义，共享内存就是多个处理器之间通过共享同一内存空间来实现通信。具体地，所有处理器通过软件或者硬件的方式连接到一个“全局可见”的存储器，并通过访存指令实现数据交互。与之相对的是基于消息传递的数据交互，即处理器间的通信采用消息传递的机制，不需要共享内存地址。对于要共享的数据，它必须作为消息从一个处理器传递到另一个处理器。

在基于共享内存的 MIMD 计算机中，存储器是由操作系统来统一管理的，从而保证了存储一致性。基于共享内存的 MIMD 计算机相比基于消息传递的 MIMD 计算机更简单，但是当处理器数量过多时，它远不如基于消息传递的 MIMD 计算机高效。

基于共享内存的 MIMD 计算机又可以分为如下两类。

（1）集中式共享内存系统：又称为对称多处理器（Symmetrical Multi-Processing，SMP）系统，或者一致存储访问（Uniform Memory Access，UMA）系统。

（2）分布式共享内存（Distributed Shared Memory，DSM）系统：又称为非一致存储访问（Non-Uniform Memory Access，NUMA）系统。

在集中式共享内存和分布式共享内存这两种体系结构中，线程之间的通信都是通过共享内存来完成的，也就是说任何一个处理器都可以向存储器的任何一个地址发出访问。共享内存是指将所有的存储器抽象成一个统一的地址空间，该地址空间可被任何一个处理器访问。从这个角度来说，无论集中式共享内存还是分布式共享内存系统，都符合这个特征。

（1）集中式共享内存系统。最早出现的集中式共享内存系统中，处理器数量较少，通信带宽不是瓶颈，因此可以通过共享同一个集中式存储器来实现处理器之间的通信。在这种共享内存系统中，由于各个处理器可以平等地访问共享内存，因此称为对称多处理器系统，并且，这些处理器访问存储器的延迟都是相同的，所以也叫作一致存储访问系统。目前广泛使用的多核 CPU 芯片就是一种集中式共享内存系统，在多核 CPU 芯片中，每个 CPU 核都是一个独立的处理器，多个 CPU 核平等地访问共享的存储器。

集中式共享内存系统具有如下几方面的特点：

① 有一个存储器被所有处理器均匀共享；

② 所有处理器访问共享存储器的延迟相同；

③ 每个处理器可以拥有私有内存或高速缓存。

图 2-11 展示了一种带缓存和私有内存的集中式共享内存系统，其中每个芯片都有自己的私有内存，多个芯片通过共享存储器来通信。

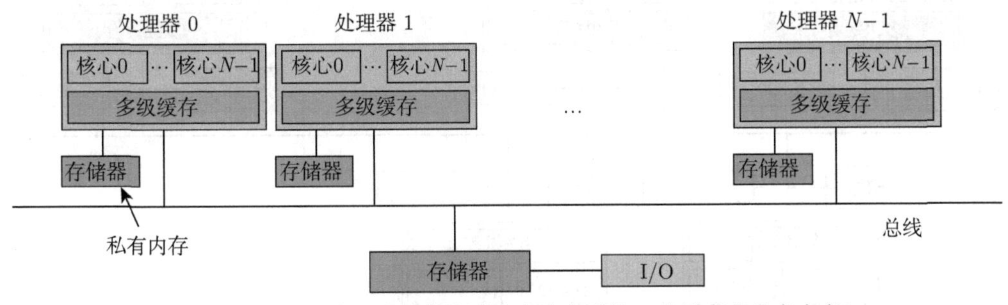

图 2-11　基于多个芯片的集中式共享内存系统（带缓存和私有内存）

（2）分布式共享内存系统。随着处理器核心逐步增多，集中式共享内存系统在可扩展性上出现了瓶颈，随之出现了分布式共享内存系统，它又称为非一致存储访问系统。在这种系统中，每个处理器都拥有自己的本地存储器，可能还有 I/O 子系统。由于物理内存是分布式的，每个处理器访问靠近它的本地存储器时延迟较低，而访问其他节点的存储器时延迟较高。其中使用缓存的分布式共享内存系统被称为 CC-NUMA（Cache Coherence-NUMA）系统，不使用缓存的分布式共享内存系统被称为 NC-NUMA（Non-Cache-NUMA）系统。

分布式共享内存系统具有如下特点：

① 所有的处理器都能访问一个单一的地址空间；

② 使用 LOAD 和 STORE 指令访问远程内存；

③ 访问远程内存比访问本地内存延迟要高；

④ NUMA 系统中的处理器可以使用高速缓存。

图 2-12 和图 2-13 展示了不使用缓存的和使用缓存的分布式共享内存系统的基本结构。共享存储器在物理上分布在不同的处理器中，但是它们都通过总线或者互连网络相连接，可以把所有这些本地存储器抽象成一个全局的存储器，并且其能够被任何处理器访问。每个处理器访问自己的存储器时速度比较快，而由于互连网络带来的额外延迟，访问其他处理器的存储器时速度会比较慢。

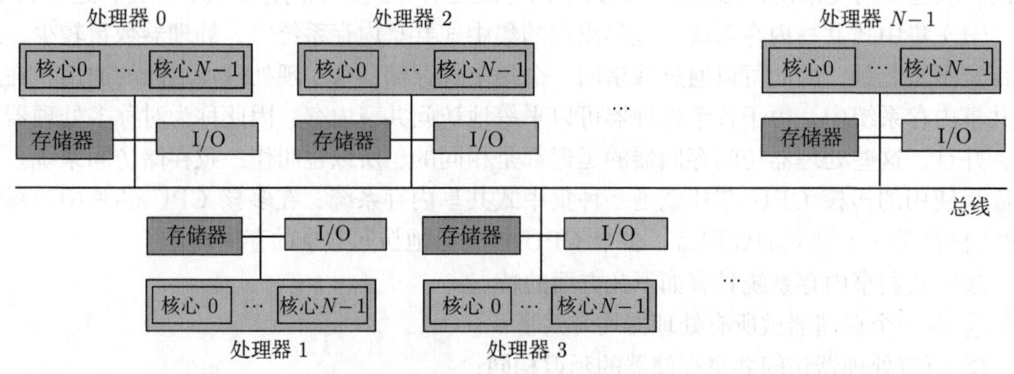

图 2-12　不使用缓存的分布式共享内存系统（NC-NUMA）

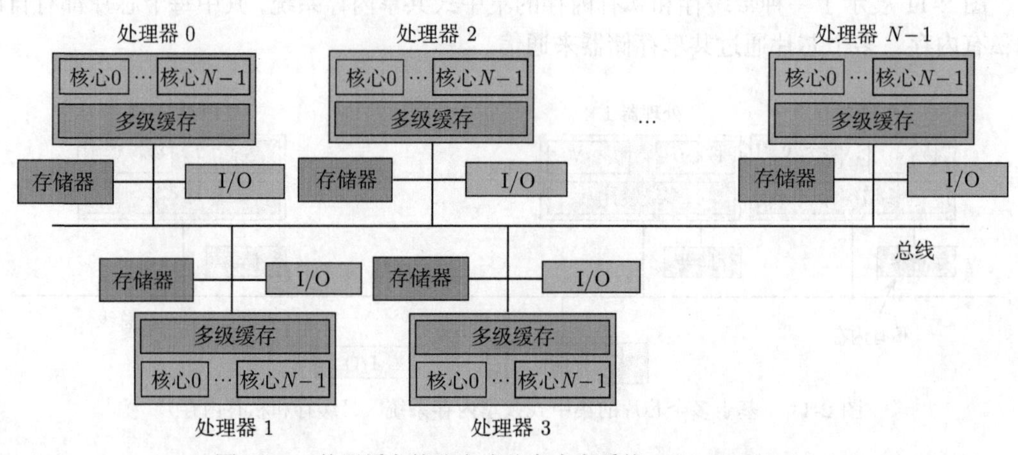

图 2-13　使用缓存的分布式共享内存系统（CC-NUMA）

利用分布式共享内存技术，可以把几十个甚至上百个 CPU 集中在一台计算机中。随着多核处理器的推广，这种结构在当前的计算机中非常普遍。然而这种技术需要在处理器之间的数据传送和同步上消耗更多的资源，因此设计的协议规则也更加复杂，需要在软件层面进行专门设计以充分提升分布式共享内存的带宽。目前大量多核多处理器系统使用了分布式存储器结构，典型的例子如华为鲲鹏处理器、多路服务器等。

2）分布式内存系统

分布式内存系统也称为基于消息传递的计算机系统（通常是 MIMD 类型）。在该体系结构下，多台计算机之间采用消息传递的方式来进行互连，每台计算机都有自己的处理器，以及附加于每个处理器的私有内存，其他计算机不能直接访问该私有内存。

基于消息传递的 MIMD 计算机可以分为以下两类：

（1）大规模并行处理（Massively Parallel Processing，MPP）系统。

（2）工作站集群（Cluster of Workstations，COW）系统。

分布式内存系统未使用共享内存系统的方法，而是基于消息传递机制实现通信，这会带来编程上的复杂性。这种系统中的每个节点都相对完整和独立，包括了 CPU、存储器、磁盘、I/O 设备、网络接口等，可以认为是一台独立的计算机。多个节点通过互连网络进行通信，互连网络的拓扑结构可以是多种形态的。

（1）大规模并行处理系统。大规模并行处理系统是一种典型的分布式内存系统，通常由成百上千个计算节点组成，主要用于大规模科学工程计算、数据处理等任务。通常情况下，MPP 系统使用标准的商用 CPU 作为处理器，但是其互连网络一般是定制的，以实现超低时延和超高带宽的数据传输。MPP 系统具有强大的 I/O 吞吐量和很高的容错能力，当系统中的某些节点发生故障时，并不会导致整个系统无法运作。MPP 系统设计较为复杂，研制难度极大，也是各个国家研发超级计算机的重要方向。

图 2-14 展示了大规模并行处理器系统的基本架构。需要注意的是，在 MPP 系统中一般每个节点都可以认为是一个没有硬盘的计算机，节点的操作系统驻留在内存中，处理的数据通过高速网络保存在集中共享存储系统上。此外，MPP 系统使用的网络一般不是普通的高速以太网，大多使用制造商专有的定制高速通信网络。例如，IBM 开发的超级计算机 Blue Gene/Q、国防科技大学研发的“天河”系列超算就属于 MPP 系统。

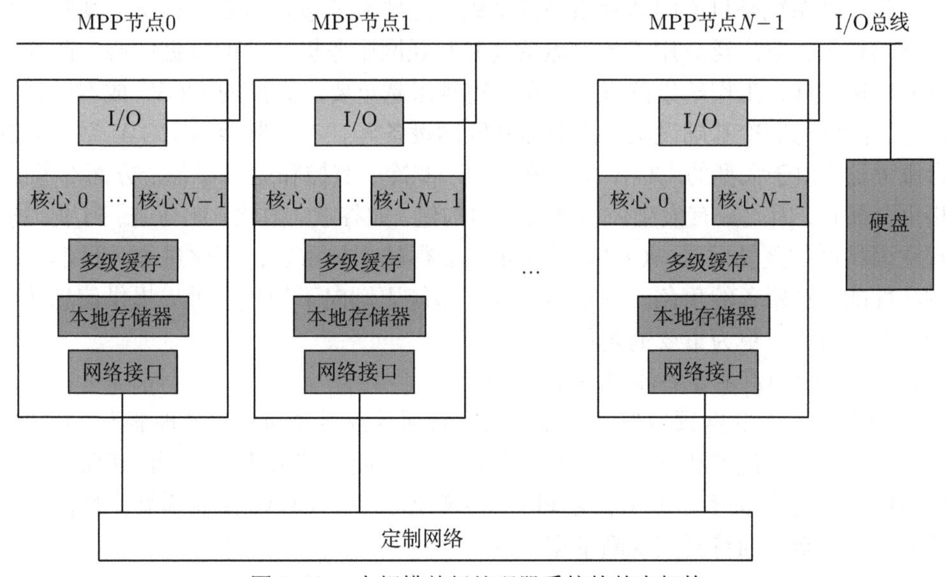

图 2-14　大规模并行处理器系统的基本架构

（2）工作站集群系统。工作站集群是分布式内存系统的又一重要类型，它又称为仓库级计算机（Warehouse-scale Computer，WSC）。COW 系统是由大量普通计算节点（如家用计算机、商用服务器、工作站）通过非定制化的商用网络（如千兆以太网）互连起来实现的大规模计算系统。由于 COW 系统中使用的计算机主要是商用的计算机，甚至可以是家用 PC，所以性价比较高。

图 2-15 展示了工作站集群系统的基本架构。值得注意的是，在 COW 系统中，每个节点都相对独立，拥有自己的 CPU、存储器、硬盘等，在商用网络的协作下组成一个工作站集群系统。COW 系统一般采用标准化的商用网络，很多大公司的数据中心就是一个典型的例子。

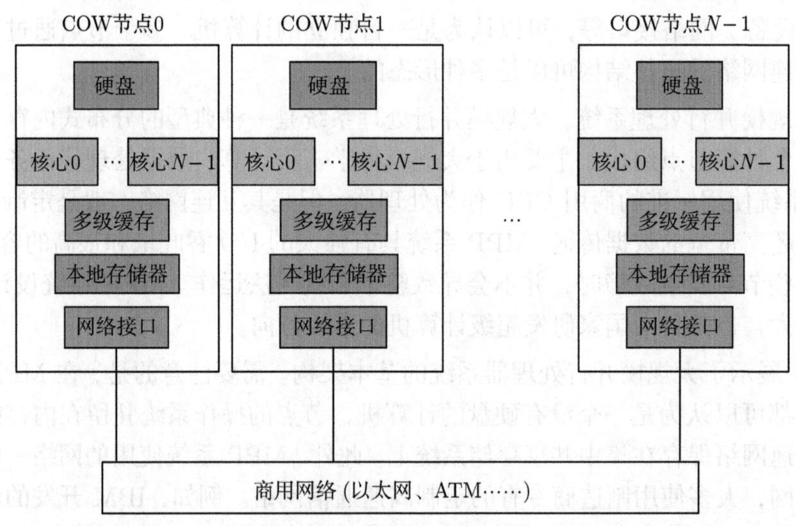

图 2-15 工作站集群系统

工作站集群系统是目前因特网服务的基础，这些服务包括搜索、社交、视频、网上购物、电子邮件等，它广泛应用于各大运营商和互联网服务提供商的数据中心。此外，随着云计算的迅速发展，工作站集群系统正在变得越来越重要。大型的 COW 成本极高，它包含了机房、配电与制冷基础设施、服务器和联网设备等。一个典型的 COW 系统能够容纳上万台服务器。由于大型的 COW 需要在配电、制冷、监控和运行等各个方面都考虑周全，且价格十分昂贵，因此只有大型公司才有能力构建，如谷歌、微软、亚马逊、阿里、腾讯等。随着现在因特网的蓬勃发展，COW 系统正在变得越来越重要，相比过去为科学家和工程师提供高性能计算服务的角色，现在的 COW 系统更倾向于为整个世界提供信息技术，并在当今社会中扮演了更为重要的角色。

COW 系统的构建主要关注以下几个方面。

① 高并发性：互联网领域典型的业务系统必须具备很强的并发处理能力，COW 系统必须具有一定的并行规模和强大的存储 I/O 能力，从而支持大规模应用的正常运行。

② 网络：为了保证多台服务器之间的高速数据交互，COW 系统需要高性能、高可靠的网络系统，甚至与因特网实现高带宽连接。

③ 负载均衡：COW 系统中运行着大量的并行处理程序，这些程序需要在大量计算节

点之间实现负载均衡以最大限度地发挥 COW 系统的效能。

④ 可靠性（冗余备份）：很多因特网服务都要求高可靠性，也就是说必须长时间稳定可靠运行，一旦中断，必须快速恢复，COW 系统的宕机时间必须很短。冗余备份是提升可靠性的关键技术，COW 系统通常依靠多个服务器集群，将这些服务器集群通过网络连接在一起，由软件实现冗余管理。

⑤ 单位性能的成本：COW 系统的规模非常大，哪怕成本降低 1%，也可以节省数千万元。

⑥ 能耗效率：一般说来，计算系统在全生命周期运行过程中的能耗成本最终与其购置成本相当，提高能效对降低 COW 系统的运营成本起着至关重要的作用。

与 COW 系统类似，高性能计算机也是一种大规模的计算系统，但是一般将它看作 MPP 系统的一种。COW 系统和高性能计算机有很多不同之处，主要有以下几点：

① 高性能计算机节点间的网络比 COW 系统快得多，且程序耦合性强，通信频繁；

② 高性能计算机倾向于定制硬件，而 COW 系统则使用商业化计算节点以降低成本；

③ 高性能计算机强调线程并行或数据并行，而 COW 系统则强调请求级并行，即可能有多个网络请求同时访问一台机器；

④ 高性能计算机常常满负载持续数周完成大规模计算作业，而 COW 系统是面向并发请求的，通常不会满负载。

从物理架构上看，COW 系统由多个服务器阵列组成，其中服务器、交换机通常放置于机架中，机架内的多台服务器通过机架交换机进行通信。一个服务器阵列由多个机架组成，对于一个服务器阵列内部的各个机架，则是通过阵列交换机进行通信的。

基于工作站集群的数据中心是近年来兴起的一种系统。其中，分布式软件运行在数千台相互连接的机器上，它们的工作负载是异构的，工作负载也不均匀，且共享基础设施的工作负载之间的相互干扰可能对集群性能产生巨大的影响。为了充分解决这一问题，需要设计良好的机制来解决集群中的硬件异构性问题，用合适的机器匹配工作负载，也要避免数据中心工作负载之间的相互干扰。工作站集群系统与云计算、分布式计算息息相关。通过 COW 实现的系统大大促进了云计算、分布式计算领域的发展，对软件行业产生了革命性的影响，极大地丰富和方便了人们的生活。

2.3 本章小结

首先，本章以“天河”系列超级计算机为代表介绍超级计算机的硬件组成。从硬件组成上看，“天河”系列超级计算机的硬件由五个子系统组成：计算阵列、存储阵列、服务阵列、互连通信子系统、监控诊断子系统。

接下来，本章介绍了高性能计算机体系结构的基本分类，针对 Flynn 分类法的四种类型［单指令流单数据流（SISD）、单指令流多数据流（SIMD）、多指令流单数据流（MISD）、多指令流多数据流（MIMD）］做了详细的描述和介绍，其中 SIMD 又分为阵列计算机和向量计算机。

最后，本章详细介绍了 MIMD 计算机的分类，MIMD 计算机可以分为两种：基于共享内存的 MIMD 计算机和基于消息传递的 MIMD 计算机。其中，基于共享内存的 MIMD

计算机又可以分为集中式共享内存系统和分布式共享内存系统，集中式共享内存系统是指多个处理器（CPU 或者核）共享一个存储器，而分布式共享内存系统是指每个处理器都有自己的存储器，但每个处理器都可以访问其他处理器的存储器，等同于共享一个“抽象”的存储器，只不过这些存储器是分布式的。而基于消息传递的 MIMD 计算机是指每个处理器都有自己的存储器，但每个处理器不能直接访问其他处理器的存储器，存储器之间是互相隔离的。基于消息传递的 MIMD 系统又称为分布式内存系统。它根据规模和类型的不同又可分为大规模并行处理器（MPP）系统和工作站集群（COW）系统。因为 COW 系统是目前云计算和分布式计算发展的基础，也是商业互联网运行的基础，本章也详细介绍了工作站集群系统。

课后习题

1. 简述 Flynn 分类法。
2. 什么是并行计算？可以通过哪些结构完成并行计算？
3. MPP 具有哪些特性？
4. 列举三个熟悉的最适合使用 SIMD 模式的工程应用问题，并另举三个最适合使用 MIMD 模式的工程应用问题。
5. 简述 MIMD 体系结构。
6. UMA 系统的特点是什么？
7. 比较集中式共享内存系统和分布式共享内存系统。
8. 什么是 SMP 系统、DSM 系统、MPP 系统、COW 系统？比较它们的异同点。

第二部分 超级计算机的系统软件

第 3 章 超算调度系统

历经几十年的发展，超级计算机系统的计算资源已经达到了超大规模，以“天河二号”超算系统为例，其计算核心数达到了百万级别，而“神威·太湖之光”的计算核心数更是突破千万级别；放眼国际，对于出自美国、欧盟、日本等的超级计算机，其计算核心数也达到了百万或千万级别。快速扩张的机器规模在带来海量计算资源的同时，也引入了管理难、能耗高等诸多问题。因而，对于如此大规模的计算资源，如何提高其利用率，使整个超算系统为用户提供高效的计算服务，成为一个热门的研究课题。针对这一课题，超级计算机研究工作者设计实现了超算调度系统。一言以蔽之，超算调度系统最主要的任务就是决定用户提交的作业被指派到哪一部分资源上执行，为了完成这一任务，调度系统需要采取适当的策略对作业和资源进行管理。因此，超算调度系统也被形象地称为超级计算机的“操作系统”。

超算调度系统的设计面临高性能、通用性和高可扩展性等多方面的挑战。在高性能方面，无论设计者还是用户，都希望系统用更快的速度响应作业请求，以更短的时间完成作业的执行。在通用性方面，众多用户提交各种各样的作业，其在超大规模的计算资源上执行，这些计算资源包括多种异构的处理器核心、内存、网络链接、存储池、软件依赖以及许可证等；不同的用户租赁的机时不同，具备不同的优先等级；每个作业的资源请求各异，并且大量的作业势必遵循不同的并行执行范式，从独立的进程作业到异步并行作业，再到同步并行作业，每个作业都有一定的执行要求。由此可见，用户、作业以及资源等多个维度的异质性，给设计实现一个具备通用性的超算调度系统带来诸多挑战。此外，超算系统中不断扩大的资源规模，也对超算调度系统的可扩展性提出了更高的要求。作为现代超级计算机基础架构的关键部分，如果调度系统不能高效地管理资源和作业，无法同时兼顾高性能、通用性和高可扩展性，那么超算系统将难以充分发挥其具备的计算能力。

本章将围绕超算调度系统，首先简述其发展历史；再介绍超算调度系统的通用功能模型；在此基础之上，以 LSF 和 Slurm 为案例进一步介绍它们内部的设计概况。

3.1 超算调度系统的发展历史

在高性能计算领域，超算调度系统已经是一个被广泛深入研究的课题，由此涌现出来了众多调度系统。随着超级计算机软硬件技术的不断发展，这些调度系统中，有的已经很少被使用，甚至无人问津，有的则不断被改进，历久弥新。为了方便读者认识这些调度系统，本节将简要概述超算调度系统的发展历史。

最早的功能完备的超算调度系统可以追溯到 1986 年由美国国家航空航天局（NASA）主导开发的网络队列系统（Network Queuing System，NQS），自 NQS 之后，超级计算机可以使用调度系统来完成对作业和资源的管理。NQS 的功能相对简单，其核心是一个作业队列，调度系统根据一定的策略从队列中选择作业来执行。紧随其后，NASA 根据 NQS 设计实现了改进版的可移植处理系统（Portable Batch System，PBS），PBS 在队列管理、资源管理和调度方面都有所加强，并且在使用过程中，通常使用 Maui 调度器来代替其本地调度器。在之后的时间里，澳汰尔公司（Altair Engineering）和自适应计算公司（Adaptive Computing）等根据 PBS 分别开发出了 PBSPro（PBS Professional）和 TORQUE 等衍生系统；MRJ 在 1998 年还发布了开源版的 OpenPBS。

作为早期超级计算机系统研制的两大巨头，IBM 和克雷公司（Cray）也拥有自己的超算调度系统。以多伦多大学的 Utopia 研究项目为基础，LSF（Load Sharing Facility）调度系统应运而生，并在此后衍生出了商业版的 Platform Lava 以及开源版的 OpenLava。经过几度的版权更替之后，现在由 IBM 对该系统进行改进维护，并且其以 IBM Spectrum LSF 的名称对外提供服务。为了充分发挥其自研超级计算机的架构特性，Cray 也在 21 世纪初期研发了应用分层放置调度系统（Application Level Placement Scheduler，ALPS）。

Slurm 是一个高可扩展的全功能超算调度系统，它是被目前 Top500 排行榜中的超级计算机应用最多的一个系统。该系统最初由劳伦斯利弗莫尔国家实验室设计开发。Slurm 最大的优势在于它具备高性能的插件模块架构，这促使开源社区能够方便地为其扩充大量的插件，从而使得 Slurm 可以适应各种作业负载、网络架构、队列管理策略、调度策略，且具备高度的可配置性。Slurm 是一个完全开源的超算调度系统，其中咨询以及社区开发的管理工作由 SchedMD 来负责。

除了上述提及的调度系统以外，针对网格计算和大量单进程计算作业，研究人员还分别开发了 Grid Engine 和 HTCondor（High Throughput Condor）。Grid Engine 是一个功能齐全且灵活的调度系统，最初于 1993 年由 Genias Software 公司以 CODINE 名称发布，后来该公司相继被 Sun Microsystems、Oracle 和 Univa 等公司收购，并在此过程中不断发展成熟，而在 2020 年 Altair Engineering 公司又完成了对 Univa 的收购。Grid Engine 也有几个不同的开源版，包括 Son of Grid Engine 和 Open Grid Scheduler，但业界对这些系统的进一步开发呈现减弱态势。HTCondor 最初是由威斯康星大学麦迪逊分校的一个团队开发的集群管理系统，它通过轮询同一局域网内的众多分布式异构台式机，将当前没有运行任务的台式机纳入到一个管理集群中，交由 HTCondor 来管理，从而充分利用这些台式机的资源。HTCondor 特别适用于管理在不同计算机、集群或者超级计算机上执行的大量较小的单进程作业，它的设计专注于凭借大量不可靠的异构计算资源来构建一个可靠的、高吞吐的计算平台。IBM 的 LoodLeveler 软件就是基于 HTCondor 来设计开发的。时至今日，HTCondor 作为一款优秀的开源软件，依然在为用户提供服务。

得益于院校、企业、社区等机构的持续设计、开发、更新，才有了目前众多优秀的调度系统。在超算调度系统几十年的发展历史中，由于企业收购、功能改进或其他原因，有的系统经历了复杂的版本和版权变更，有的系统正在逐渐被淘汰，有的系统则持续吸引着大家的目光。

3.2 超算调度系统功能模型

现有的调度系统众多，但深入其内部功能与设计，大都符合一个统一的功能模型。一般而言，一个完整的调度系统需要具备四部分功能模块，包括作业生命周期管理、调度、资源管理以及作业执行，这四部分功能模块之间的划分与关联关系如图 3-1 所示。不同的调度系统之间的显著区别一般体现于它们在调度、资源管理、作业生命周期管理等方面采用了不同的策略。此外，面向普通用户和管理员的使用接口也是超算调度系统的必要组成部分。

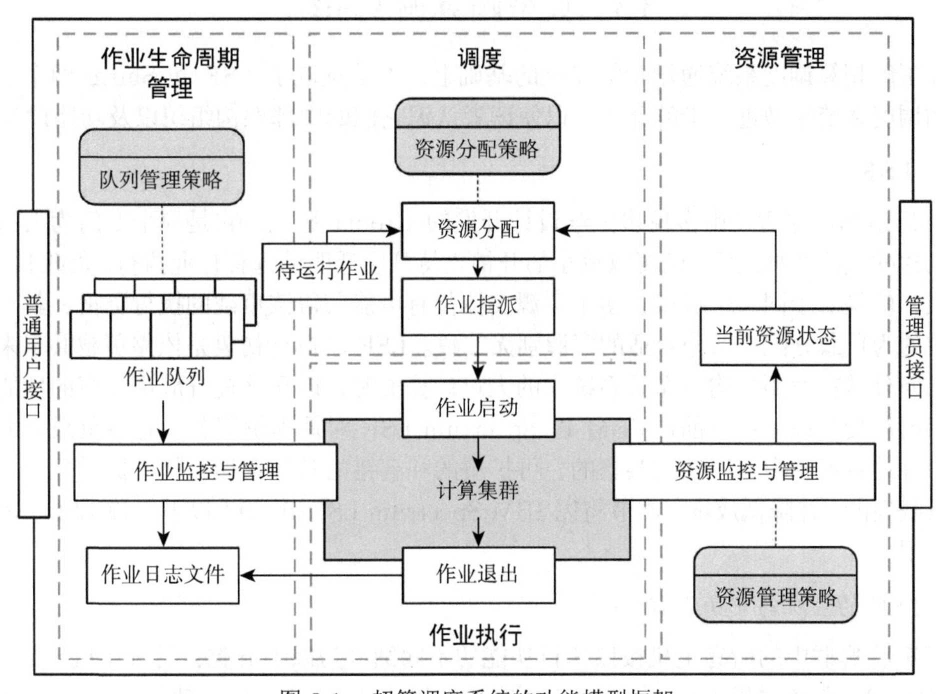

图 3-1 超算调度系统的功能模型框架

（1）作业生命周期管理模块负责作业从提交到结束执行的全流程跟踪、监控和记录。该功能模块通过用户接口接收作业并将其放置到作业队列中等待执行，用户可以通过用户接口，按照系统规定的格式来指定作业需要的资源类型以及资源用量。作业生命周期管理模块还要负责对到来的作业进行优先级排序，并使用队列管理策略选择出即将被执行的作业，以便调度程序为其分配合适的资源。此外，在作业从提交到结束执行的整个流程中，该功能模块需要监控、收集作业的状态信息，以便用户查询以及将关键信息记录到日志文件中，如提交时间、开始执行时间、结束执行时间、结束执行状态等。

（2）资源管理模块负责监控并收集所有计算节点上的资源信息，对其进行聚合整理并将其提供给调度程序。它还监控并收集计算节点上的作业状态信息，将其回传给主控制程序以供用户查询并记录在日志文件中。

（3）调度模块使用适当的资源分配策略，以系统中的当前资源状态为依据，为等待执行的作业分配最佳的执行资源，并将其指派到资源所在的节点上去执行。在执行调度时，需要考虑的资源通常包括计算节点上的资源槽（Resource Slot，一般指一个处理器核）、内存、加速卡等。

（4）作业执行模块负责在所分配的资源上启动作业。待作业执行完成后，该功能负责关闭作业，并将结束信息返回给作业生命周期管理模块，以便将其记录在日志中。

纵观众多超算调度系统的设计，可以说这一功能模型框架经受住了时间考验，即便是那些早期为超级计算机设计的调度系统，依然符合这一模型。但是，随着资源和作业变得多样化，队列管理、资源管理、资源分配以及调度策略的复杂性均有了显著的提升。

3.3 典型超算调度系统

在了解超算调度系统通用功能模型的基础上，本节选取了 LSF 和 Slurm 两个具有代表性的调度系统来做进一步的介绍，以使读者认识它们的内部架构组织以及功能设计。

3.3.1 LSF

LSF 最初的原型是由多伦多大学设计开发的 Utopia 系统，它是一个专门为大型异构系统构建的负载共享设施，试图以较小的开销支持高度透明的远程作业执行。负载共享，顾名思义，就是对于同一个负载，多个资源实体都有可能获得该负载的执行资格，其实质与所理解的为负载分配一部分合适的资源别无二致。LSF 的设计初衷是依靠负载共享来允许用户访问分散在大型异构分布式系统中的大量计算资源，以显著提升应用程序的性能。经过多年的演变，该系统目前由 IBM 以 Spectrum LSF 对外提供服务，它将负载分散在现有的各种计算资源中，以创建共享的、可扩展的和容错的基础架构，从而提供更快、更可靠的负载性能，并降低成本。本节将以 IBM Spectrum LSF10.1.0（以下简称 LSF）为蓝本展开介绍。

1. LSF 的主机与守护进程

LSF 将集群中的所有主机按照执行功能的不同细分为以下五类：管理主机（Management Host）、服务主机（Server Host）、客户主机（Client Host）、执行主机（Execution Host）和提交主机（Submission Host）。一般情况下，集群中的主机都是对等的，称为服务主机，它们既可以提交作业，也可以执行作业。按照职能的不同，服务主机可以兼具不同的身份，负责集群中所有的资源分配与作业调度的主机称为管理主机，一个集群中只能有一个管理主机；对于一次作业提交，提交作业的主机称为提交主机；被分配并执行作业的主机称为执行主机。在此，为了进一步了解 LSF 工作原理，只需着重关注其中的管理主机和服务主机。

为维持系统的正常运作，LSF 为不同身份的主机设计了相应的守护进程。根据在集群中扮演角色的不同，LSF 集群运行着以下几种守护进程。

（1）MBatchD（Management Batch Daemon）。在管理主机上运行的管理批处理守护进程，负责监控系统中作业的整体状态，包括接收作业提交、响应信息查询请求、管理队列中保留的作业，根据 MBSchD 的决策将作业指派给主机。

（2）MBSchD（Management Batch Scheduler Daemon）。在管理主机上运行的管理批处理调度守护进程，配合 MBatchD 一起工作，根据作业优先级、调度策略和资源可用性来执行调度决策，并将决策结果返回给 MBatchD。

（3）SBatchD（Sever Batch Daemon）。在每台服务主机（包括管理主机）上运行的服务器批处理守护进程，其从 MBatchD 接收执行作业的请求并管理本地作业的执行，负责执行本地策略并维护主机上的作业状态。SBatchD 为每个作业派生一个子 SBatchD，子 SBatchD 通过运行一个 Res 实例来创建作业的执行环境。作业执行完成后，子 SBatchD 退出。

（4）Res（Remote Execution Server）。在每台服务主机上运行的远程执行服务器，接收远程执行请求，为作业和任务提供独立、安全的远程执行环境。

（5）Lim（Load Information Manager）。在每台服务主机上运行的负载信息管理器，收集主机的负载和配置信息，并将其转发给运行在管理主机上的 Parent Lim，即报告运行 lsload 和 lshosts 命令行工具所显示的信息。当 Lim 启动或 CPU 数量（ncpus）发生变化时，将报告静态索引数据。

（6）Parent Lim。在管理主机上运行的主负载信息管理器，从集群中其他主机上运行的 Lim 接收负载信息。Parent Lim 将负载信息转发给 MBatchD，后者再将此信息转发给 MBSchD 以支持调度决策。如果管理主机上的 Lim 失效，灾备管理主机上的 Lim 会自动接管。

（7）Pim（Process Information Manager）。在每台服务主机上运行的进程信息管理器，由 Lim 启动，它会定期检查 Pim 并在它宕机时重启。Pim 收集运行在主机上的作业进程的信息，如作业使用的 CPU 和内存信息，并将这些信息报告给 Mbatchd。

（8）Elim（External Lim）。外部 Lim 是一个可以在 LSF 外部定义的可执行文件，用于收集和跟踪自定义动态负载索引。Elim 可以是 Shell 脚本或者已编译的二进制程序，它返回用户定义的动态资源的值, 其命名和放置的目录亦有相应的要求。

LSF 系统中所有守护进程所处的主机位置，以及它们之间的交互模式如图 3-2 所示。一般而言，LSF 不允许作业在管理主机上执行，管理主机负责资源和作业的管理工作，作业的执行都交由执行主机或服务主机来负责，服务主机同时具备提交作业和执行作业的功能。

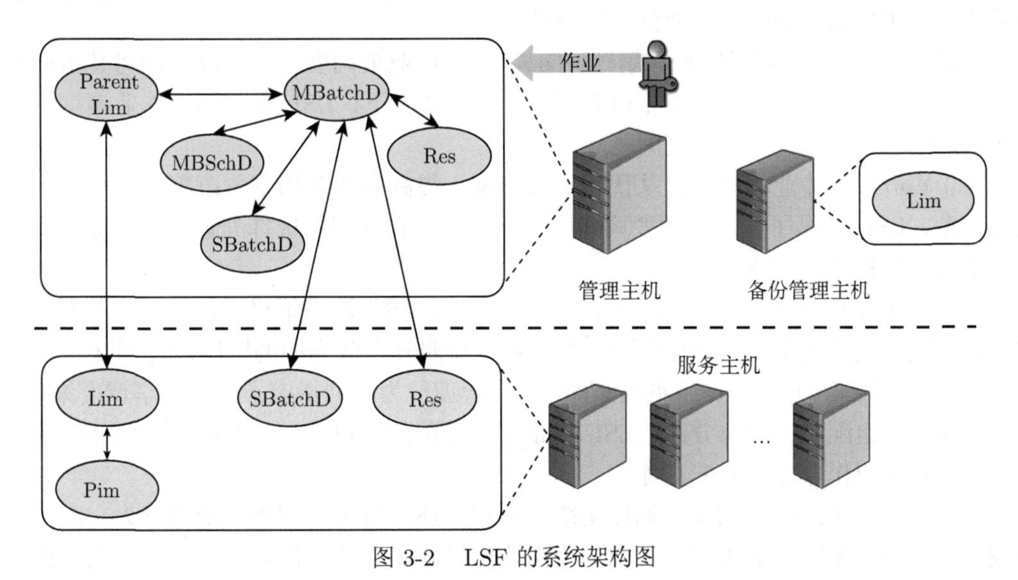

图 3-2　LSF 的系统架构图

2. LSF 的队列管理策略

一个作业被提交至 LSF 系统之后，会首先被保存在队列当中。队列中保存了一组挂起的作业，它们按照规定的顺序排列并等待可以使用资源的时机。不同的队列可能会执行不同的作业调度和控制策略。在 LSF 系统中，队列具有名称、队列限制条件、调度策略、优先级等属性。

LSF 队列中所有作业的执行顺序根据优先级来确定。由 LSF 管理员分配优先级，数字越大，则优先级越高。LSF 按照优先级从高到低的顺序为队列提供服务。如果多个队列具有相同的优先级，LSF 则以先来先服务的顺序调度这些队列中的所有作业。

当用户向 LSF 提交作业时，可以指定所要提交的队列，如果用户未指定，LSF 会根据实际约束条件，从所有的候选队列中选择一个合适的队列。在此，LSF 将根据以下约束为作业选择合适的队列。

（1）用户访问限制。如果该用户被限制访问某一队列，LSF 在选择队列时将会排除相应队列。

（2）主机限制。如果作业明确指定了可运行的主机，那么所选择的队列则必须是可以向所指定的主机发送作业的。

（3）队列状态。已关闭的队列不予以考虑。

（4）独占执行限制。如果作业要求独占执行，则未配置为接收独占作业的队列将不予以考虑。

（5）作业请求资源。作业请求的资源必须在所选队列的资源分配限制内。

如果同时有多个队列满足上述约束条件，则 LSF 会从列举出的所有队列中选择第一个来保存作业。

3. LSF 的调度策略

被提交的作业在队列中等待，直到它们被调度并指派到指定的主机上执行。当一个作业被提交到 LSF 之后，众多因素控制着作业开始运行的时间和位置，这些因素包括作业的资源需求、主机的可用性、作业的依赖条件等。

LSF 规定作业被定期调度（默认为 5s），一旦作业被调度，就可以立即将其指派到分配的主机。为了防止任何主机发生过载现象，默认情况下，LSF 在将两个作业调度到同一个主机之间时，会等待一小段时间。

对于集群中的作业和资源，从优化资源分配、提高资源利用率、改善用户体验等多个维度出发，LSF 提供了丰富的调度策略以供普通用户和管理员选择配置，具体地，包括但不限于如下几种调度策略。

（1）先来先服务（First Come First Served，FCFS）调度策略。在默认情况下，队列中的作业按照先来先服务的顺序调度，即作业将按照其在队列中的顺序进行调度。

（2）公平共享（Fairshare）调度策略。如果管理员为队列指定了公平共享调度策略，或者已经为用户组配置了资源分区，LSF 会根据已分配的用户份额、当前资源的使用状况及其他因素在用户作业之间分配资源。

（3）抢占式（Preemption）调度策略。管理员还可以为队列指定抢占行为，以便当两个或多个作业竞争同一资源时，其中一个作业可以优先于其他作业使用资源。抢占式调度策略不仅适用于空闲或已被占用的资源，还适用于预定的资源（为特定作业预留主机）和许可证（使用 IBM Platform Licence Scheduler）。

（4）回填式（Backfill）调度策略。允许小型作业在为其他作业预留的资源上执行，前提是回填作业需要在预留时间到期之前完成执行。

LSF 默认的是先来先服务调度策略，顾名思义，先提交的作业将优先获得资源，排在后面的作业必须等待前面的作业被调度完才会被考虑到，这导致了后提交的作业在很长时间内得不到执行的机会。考虑到资源分配的公平性问题，比如，同一用户组内部应该平等使用资源，由此公平共享调度策略得以引入。通过配置在同一用户组内平等使用资源，对于不同用户的作业优先考虑资源所有权，避免了先来先服务调度策略导致的资源不平等，从而优化了资源分配。

公平共享调度策略从资源使用角度考虑公平问题，但在使用过程中，如果某个高优先级的用户没有提交作业，且整个集群中的资源被分配给其他用户提交的作业，在作业执行期间，即便高优先级的用户提交了新的作业，其拥有优先的资源使用权，也要等待其他作业执行完毕并释放资源后才能执行。这样在短时间内，对高优先级的用户又是不公平的。对于拥有资源使用权却无法执行作业的情况，资源保障（Resource Guarantee）策略可以为用户预留资源，用户可以随时使用这些资源。当然，这一策略是在牺牲资源利用率的基础上保证用户满意度的。

对于大规模并行作业，通常需要很多资源，当系统资源紧张时，即便等待很久，也无法执行。当系统释放一部分资源的时候，如果该作业发现资源不够，就会放弃对资源的使用，排在后面、需求少于当前空闲资源的作业就会获得资源的使用权。反复这个过程，大规模并行作业将始终无法获得足够的资源。为了解决这个问题，LSF 引入了资源预留策略，虽然当前可用资源依然不足，但这部分资源暂时被并行作业占有，并且作业继续等待后续不断释放的资源，直到可用的资源满足其需求。但长时间的等待还是会浪费这些空闲资源，因此 LSF 又引入了回填式调度策略。在不影响并行作业正常启动的前提下，可以将执行时间短的作业优先调度到已经被预留的资源上运行。此外，对于拥有特权或紧急的作业，当系统资源全部被使用时，为了尽快得到执行，抢占式调度策略可以通过抢占已经执行的作业的资源，来执行高优先级的作业。

由此可见，LSF 提供了丰富的调度策略来提升用户服务质量、改善资源利用情况。LSF 中的很多策略可以自由组合，通过管理员的配置，最终形成丰富的、可以满足各种需求的定制策略。由于所有的策略仍难以满足用户的需求，LSF 调度模块还实现了插件机制，可以通过 LSF 提供的应用程序接口（Application Program Interface，API）扩展新的调度策略。

4. LSF 的作业生命周期管理

一个 LSF 作业正常会经历几种不同的状态，大体上，从提交开始，经过调度、指派、执行，最终返回执行结果，见图 3-3。

1) 提交作业

LSF 用户可以使用 bsub 命令从 LSF 提交主机提交作业，也可以通过 IBM 平台应用中心（Platform Application Center）提交作业，如果在用户作业提交时未指定队列，系统将会自动为该作业选择一个队列。作业在队列中排队等待调度时一直处于等待状态。在提交作业时，用户可以为作业指定名称，但 LSF 也会为每个作业分配全局唯一的 ID。

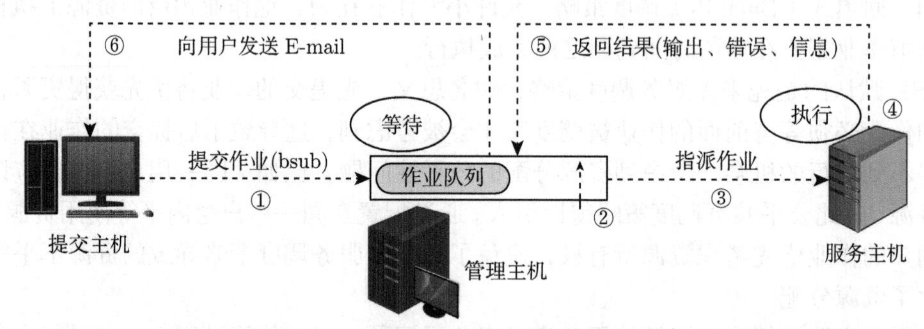

图 3-3 LSF 的作业生命周期示意图

2) 调度作业

管理批处理守护进程（MBatchD）查看队列中的作业，然后将等待调度的作业转发到管理批处理调度守护进程（MBSchD）。MBatchD 以预设的时间间隔向 MBSchD 转发作业。MBSchD 依据作业优先级、调度策略、可用资源来做出调度决策，选择作业可以执行的最佳主机，并将决策结果返回给 MBatchD。此外，资源信息由管理主机上的主负载信息管理器（Parent Lim）以预设的时间间隔从服务主机上的 Lim 收集。Parent Lim 将此信息传达给 MBatchD，后者又将其传递给 MBSchD 以支持后续的调度决策。

3) 指派作业

MBatchD 收到 MBSchD 返回的调度决策后，立即将作业指派给所分配的执行主机。

4) 执行作业

运行在服务主机上的服务器批处理守护进程（SBatchD）通过以下步骤来启动作业。

（1）接收来自 MBatchD 的作业指派请求。

（2）为作业创建一个子 SBatchD。

（3）为作业创建执行环境。

（4）向该主机上的远程执行服务器（Res）发送请求，由 Res 启动作业。

在此需要对作业执行环境进行说明，当 LSF 执行作业时，它会将作业的执行环境从提交主机复制到执行主机，执行环境的内容包括作业所需的环境变量、作业开始执行的工作目录和其他与操作系统相关的环境设置。当作业开始执行，作业状态将转变为执行。

5) 返回结果

作业执行结束后，如果未出现任何异常，作业状态则会被标记为完成；如果出现错误，导致该作业未能正常结束，作业状态则会被标记为退出。服务主机上的 Sbatchd 会将作业运行结果返回给管理主机上的 MBatchD。

6) 向用户发送 E-mail

MBatchD 通过电子邮件将作业输出、作业错误和作业信息返回给提交主机。用户也可以通过设置作业提交指令 bsub 的-o 和-e 选项将作业的输出和错误发送到指定文件。其中，除了作业输出和作业错误以外，还包括作业信息中的内容如 CPU 使用、内存使用、提交作业的账户名称等。

5. LSF 的资源管理及 EGO 组件

在 LSF 中，资源作为可以执行作业的物理和逻辑实体，是一个通用的术语，它可以包括其他更低层级的概念，包括处理器槽（CPU Slot）、内存共享段、信号量等。特定类型的资源具有自身的属性，例如，执行主机具有内存占用率、CPU 利用率、操作系统类型等属性。

为了简化识别、资源分配，以及方便管理和监视，LSF 允许将资源划分为逻辑资源组。这些资源组用于为用户提供一组类似的主机来执行作业，同一资源组中的任何主机都可以执行相同的作业。

图 3-4 所示是一个包含了管理主机和服务主机两个资源组的 LSF 集群。假设当前该集群中所有主机都是相同的，那么将集群中的资源划分为这两个资源组就已经足够了。但如果用户作业此时需要在特定类型（例如，具有最低处理器速度）的主机上执行，且并非所有主机都满足这一条件，此时创建资源组以将此类主机划分到一起，则会达到简化识别、方便管理的目的。例如，图 3-5 中所示的资源组是对图 3-4 中的资源组按照操作系统类型进一步划分之后的结果。

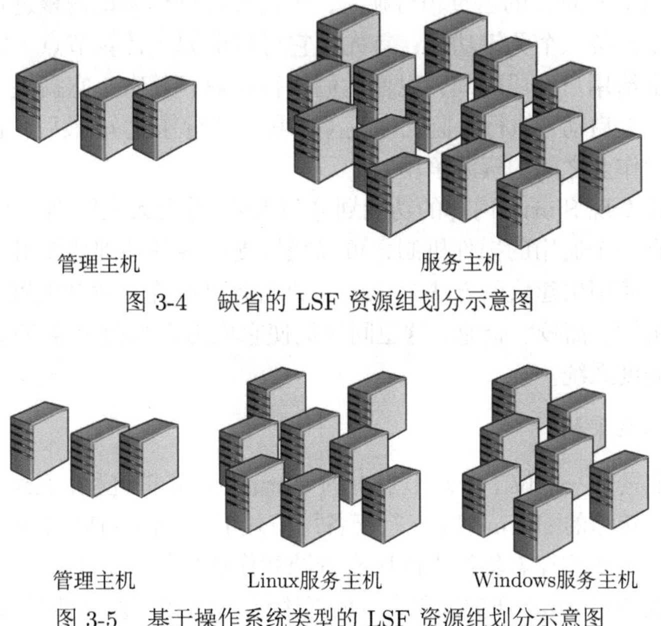

图 3-4　缺省的 LSF 资源组划分示意图

图 3-5　基于操作系统类型的 LSF 资源组划分示意图

LSF 还引入了企业网格编排器（Enterprise Grid Orchestrator，EGO）这一组件来控制和管理集群资源。EGO 在集群环境中聚合物理资源并以虚拟化的形式分配给应用程序，EGO 亦执行类似的功能，只不过它运行在集群环境中。EGO 为资源提供了一个通用的分组机制。资源可能会新加入集群，或从集群中移除，因此 EGO 支持资源组中的动态成员资格。主机可以被明确地放入某一个单独的资源组中，也可以被放入基于特定标准的由动态成员组成的资源组中，可以形象地将这两种资源组分别理解为静态资源组和动态资源组。其中，用来定义动态成员的标准可以包括操作系统类型、CPU 速度、总内存空间大小或自定义属性。

在 LSF 中，资源可以通过定义 EGO 资源分配计划来实现共享。当 LSF 执行作业调度时，调度器向 EGO 资源管理器请求资源，EGO 根据资源分配计划中预设的值，向请求方返回可用的资源槽数目和资源槽所在的主机，由此实现资源在作业之间的共享。以图 3-6 为例，当 LSF 为某一作业向 EGO 请求 n 个资源槽时，EGO 则会向 LSF 反馈当前资源组中 m 个可用的资源槽及其位置，当 $m < n$ 时，意味着该作业将调度失败；而当 $m \geqslant n$ 时，调度程序则会为该作业选取其中的一部分资源。

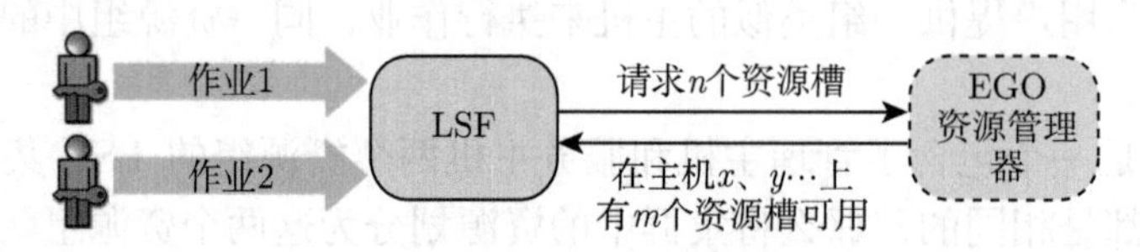

图 3-6 EGO 的资源分配示意图

3.3.2 Slurm

Slurm 是一个开源的、容错的、高度可扩展的集群管理和作业调度系统，适用于大型或小型 Linux 集群。Slurm 的运行相对独立，不需要对操作系统内核进行修改。作为集群调度系统，Slurm 具备三个关键功能：首先，它可将资源（计算节点）以独占访问或非独占访问的方式分配给用户一段时间，以便他们执行作业；其次，它提供了一个框架，用于在分配的节点集合上启动、执行并监视作业（通常为并行作业）；最后，它通过管理待执行作业的队列来仲裁作业之间的资源争用。

至此，已不难发现 Slurm 内部的功能划分与 LSF 并无太大区别，但 Slurm 具备一大特色，就是它拥有一个通用的插件机制，可以轻松支持各种基础功能组件。插件机制也允许开发者或管理员使用构建块的方法对 Slurm 进行各种扩充开发和配置。Slurm 的开放性吸引了大批研究机构、高校、企业，这也间接促使它成为在当前全球 TOP500 超级计算机中应用最广泛的调度系统。

1. Slurm 的体系架构

Slurm 集群中只有一个位于管理节点上的 slurmctld 守护进程，其运行于主模式下，同时有一个用于故障转移的 slurmctld 运行于备用模式下。slurmctld 亦称为中心控制器，是一个多线程程序，主要监控着集群中的所有资源和作业信息。集群中的每个计算节点上都运行着一个多线程的 slurmd 守护进程，它负责接收、执行作业，返回作业状态并等待后续作业的到来。Slurm 中还有一个可选的 slurmdbd（Slurm 数据库守护进程），可用于在单个数据库中记录多个 Slurm 管理集群的数据信息。此外，slurmrestd 亦是一个可选的守护进程，借此可以通过 REST API 与 Slurm 实现交互。面向用户和管理员，Slurm 还提供了运行于客户端的命令行工具。例如，srun 用于提交作业；scancel 用于关闭队列或正在执行的作业；sinfo 用于报告系统状态；scontrol 是一个管理工具，用于监视集群状态或修改配置信息；用于管理数据库的工具 saccrmgr 可以用来识别集群、有效用户以及用户的银行账户等信息。Slurm 提供了丰富的命令行工具，极大地简化了普通用户和管理员的使用，而同时，这些工具的功能也都可以通过 REST API 来实现。Slurm 集群中各组件之间的关系如图 3-7 所示。

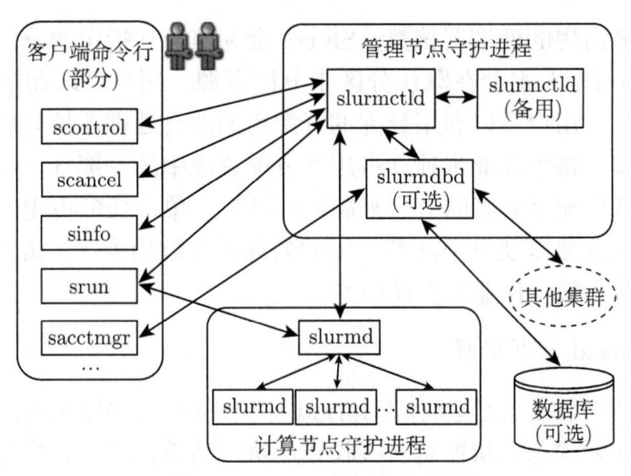

图 3-7 Slurm 的系统架构图

2. Slurm 的资源和作业管理

在 Slurm 中，守护进程管理的实体包括节点（Node）、分区（Partition）、作业（Job）以及作业步（Job Step）。

（1）节点——Slurm 集群中的计算资源。每个节点上的计算资源由对应节点上的 Slurmd 进行管理。

（2）分区——Slurm 将计算资源划分为不同的逻辑集合进行管理，每一个逻辑集合称为一个分区。

（3）作业——Slurm 在一段时间内将一个分区内的资源分配给用户来执行作业。

（4）作业步——一般情况下，提交到 Slurm 中的作业包含一组可以独立执行的任务，Slurm 将其中每一个独立的任务称作一个作业步。

节点、分区、作业以及作业步四者之间的逻辑关系如图 3-8 所示。其中，Slurm 为每个分区配置了作业队列，每个队列都有各种各样的约束，如作业请求资源量的大小、作业时间限制、允许使用它的用户等。按照优先级进行排序的作业被分配到分区内的资源上执行，如果分区内的资源（节点、处理器、内存等）已经被完全占用，后续到来的作业则需要等待，直到分区中空出足够的资源。

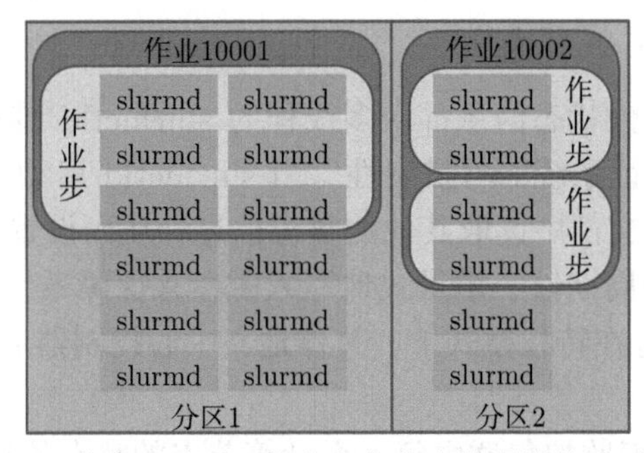

图 3-8 节点、分区、作业和作业步的逻辑关系示意图

用户在提交作业时，可以指定作业要执行的分区、作业所需的节点数、作业要启动的

任务数以及每个任务占用的处理器核数。Slurm 会为作业在指定的分区中分配资源，若用户未指定分区，slurmctld 则会在默认分区中分配资源。用户可以在申请的资源内以任意配置启动作业，例如，用户可以利用分配的资源内的所有处理器核只启动单个作业步；也可以启动多个作业步，每个作业步独立占用所分配资源中的一部分。如果用户未指定节点数，Slurm 则会默认分配足够多的节点来满足任务数、单个任务占用的处理器核数两项要求，默认情况下，任务数以及单个任务占用的处理器核数均为 1。如果用户指定的节点数超出分区中配置的节点数，作业将会被拒绝。

3. Slurm 的 slurmd 守护进程

集群中的每个计算节点上都运行着 slurmd 守护进程。它主要负责向中心控制器 slurmctld 通知自己处于活跃状态，从控制器接收作业执行请求，启动、执行作业，返回作业执行结果并接收后续作业。由于 slurmd 需要为其他用户启动作业，因此必须运行在特权模式下。Slurm 的主要任务可以归纳为以下四项。

（1）节点和作业状态服务。响应控制器对节点信息和作业信息的请求，异步地向控制器发送状态更改（如 Slurm 的启动）报告。

（2）远程执行。当用户发出 srun/scancel 命令，或 slurmctld 监听到类似操作时，slurmd 需要采取相应的操作。这些操作包括启动、监控作业的执行，以及作业执行结束后的清除工作。进程的启动过程需要完成相关准备工作，包括设置进程限制、设置用户 ID、设置环境变量、设定工作目录、分配交互资源、设置内核文件路径、初始化流复制服务。在作业执行过程中，需要管理作业的进程组。终止一个作业则要求 slurmd 终止进程组内的所有成员进程并执行残留程序的清理工作。

（3）流复制服务。主要负责处理远程执行任务的标准出错文件、标准输出文件和标准输入文件。其中，作业输入可以被重定向到特定的文件、srun 进程等；作业输出也可以被保存到本地文件或返回到 srun 进程。无论采用哪种方式来获取输出和错误信息，为防止本地任务的阻塞，所有的输出信息都会在本地被缓存。

（4）作业控制。多个 slurmd 可能负责执行属于同一个进程组的不同进程，Slurm 允许 slurmd 通过发送信号或显式的作业终止请求与远程执行环境进行交互，从而实现对作业的控制。

4. Slurm 的 slurmctld 守护进程

Slurm 集群中的大部分状态信息都由多线程的 slurmctld 维护，它通过向各种数据结构配备独立的读写锁来保证系统的可扩展性。当 slurmctld 启动时，它会读取 Slurm 配置文件，也会从历史检查点文件中读取其他的状态信息，从而设置自身的初始运行状态。所有的控制器状态信息都会周期性、增量式地写入磁盘来保障系统的容错性。与 slurmd 不同，slurmctld 不需要运行在特权模式下。具体地，中心控制器 slurmctld 主要由以下三部分组成。

（1）节点管理器。负责监控集群中每一个计算节点的状态信息，它周期性向 slurmd 发出状态请求，并异步地接收 slurmd 返回的节点信息。通过这一操作，计算节点及时向中心控制器报告了自身的可用性。其中，节点信息主要包括了处理器核数、实际内存大小、临时磁盘空间大小、节点状态（up、down 等）、节点权重等信息。

（2）分区管理器。负责将节点划分到互不重叠的分区中，每一个分区都配置了与之相关联的多种作业限制条件以及访问限制条件。分区管理器可以根据节点和分区的状态与配置信息，为作业分配计算节点。分区管理器还会接收来自作业管理器的作业启动请求。管理员用户可以通过 scontrol 工具来更改节点和分区的配置信息。

（3）作业管理器。负责接收来自用户的作业请求，并将作业放置到优先级队列中。作业管理器可以被周期性地唤醒；亦可以在发生作业完成、作业提交、分区扩充、节点扩充等事件时被唤醒，并有可能在此时准许一个新作业开始执行。作业管理器每次都会从优先级队列中选出一个优先级最高的作业，一旦分区中发生为某一作业分配资源失败的情况，那么作业管理器将不会考虑分区中任何更低优先级的作业。当一个调度周期结束后，作业管理器会进入休眠状态。一旦某一作业被成功分配了计算节点，作业管理器就会向这些节点发送必要的状态信息，从而允许作业开始执行。当作业管理器监测到负责执行某一作业的所有节点都已经完成了它们的工作时，将启动相关的清理工作，并进入下一个调度周期。

5. Slurm 的插件机制

为了能够使用更多不同的基础功能组件，Slurm 实现了一种通用的插件机制。Slurm 插件实际上是一个可以动态链接的代码对象，它由 Slurm 在运行时动态地加载。对于 Slurm 系统已经定义好的 API，插件提供了用户自定义实现方案。目前，仅在调度策略方面，开发者已经可以通过 API 自定义地实现预定资源、抢占式调度、分时共享调度、回填式调度、基于拓扑感知的资源选择、基于亲和性的资源绑定等多种调度策略。在其他方面，还实现了作业提交、复杂多因素作业优先级算法、作业完成日志、作业信息收集等众多功能组件。

6. Slurm 中的常用命令

普通用户通常使用命令行工具与 Slurm 进行交互，主要的交互内容包括提交作业、查看作业信息、查看集群信息等。接下来，将介绍 Slurm 中几种常用的命令。

1）sinfo

sinfo 命令可以查看系统存在的队列、节点及其状态，主要输出项如下。

（1）PARTITION：计算分区名。

（2）AVAIL：up 表示可用，inact 表示不可用。

（3）TIMELIMIT：作业执行墙上时间（walltime，表示用计时器，如手表或挂钟，度量的是实际时间）限制，infinite 表示没限制，如有限制，其格式为 days-hours:minutes:seconds，例如，30:00 表示 30min，2-00:00:00 表示 2 天。

（4）NODES：节点的数量。

（5）STATE：节点状态，可能的状态包括：allocated、alloc，表示已分配；down，表示下线；drained、drain，表示已失去活力；fail，表示失效；idle，表示空闲，可以接收新作业；reserved、resv，表示预留；等等。

2）squeue

squeue 命令用于显示队列中的作业信息，主要输出项如下。

（1）JOBID：作业号。

（2）PARTITION：队列名（分区名）。

（3）NAME：作业名。

（4）USER：用户名。

（5）TIME：作业已执行时间。

（6）ST：作业状态，可能的状态如表 3-1 所示。

表 3-1 squeue 查看作业状态

状态名称	说明
PD(PENDING)	排队中
R(RUNNING)	执行中
CA(CANCELLED)	已取消
CF(CONFIGURING)	配置中
CG(COMPLETING)	完成中
CD(COMPLETED)	已完成
F(FAILED)	已失败
TO(TIMEOUT)	已超时
SF(NODE FAILURE)	节点失败
SE(SPECIAL EXIT STATE)	特殊退出状态

3）srun

资源分配与任务加载两步均通过 srun 命令进行：当在登录 Shell 中执行 srun 命令时，srun 首先向系统提交作业并等待资源分配，然后在所分配的资源上加载作业。采用该模式，用户在该终端需等待作业结束才能继续其他操作，在作业结束前，如果提交作业时的命令行终端断开，则作业终止。srun 一般用于短时间小作业测试。

srun 可以交互式提交并行作业，提交后，作业等待执行，等执行完毕后，才返回终端。语法为：srun [OPTIONS...] executable [args...]。

srun 命令语法说明如下。

（1）srun：并行执行作业的命令。

（2）-N：总节点数，-N 2 表示用 2 个计算节点。

（3）-n：总核数，-n 24 表示一共用 24 个 CPU 核心，注意是总数，而不是每个节点的核数。

（4）-p：计算分区，-p debug 表示用 debug 计算分区，可以用 sinfo 命令查询可用分区。

（5）executable：可执行程序名称。

（6）args：执行参数，如果执行该程序需要指定参数，则列在此处。

4）sbatch

对于批处理作业（提交后立即返回该命令行终端，用户可进行其他操作），使用 sbatch 命令提交作业脚本，作业被调度执行后，在所分配的首个节点上执行作业脚本。在作业脚本中也可使用 srun 命令加载作业。即使提交作业时采用的命令行终端终止，也不影响作业执行。这也是最常用的一种作业提交方式。

Slurm 支持利用 sbatch 命令采用批处理方式执行作业，sbatch 命令在脚本正确传递给作业调度系统后立即退出，同时获取到一个作业号。作业等所需资源满足后开始执行。sbatch 提交一个批处理作业脚本到 Slurm。批处理作业脚本名可以在命令行上通过参数传递给 sbatch，如没有指定文件名，则 sbatch 从标准输入中获取脚本内容。一个简单的脚本内容 sub.sh 如下，里面写的内容和 srun 提交的作业脚本的内容完全相同：

```
1 #!/bin/bash
2 srun -N 2 -n 24 -p debug executable [args...]
```

接下来提交脚本 sub.sh：

```
1 yhbatch -N 2 -n 24 -p debug sub.sh
```

如果成功提交，会返回 Submitted batch job [JOBID]，最后的一串数字就是该作业的 JOBID。

接下来介绍一些在脚本中常用的参数。

（1）--help：显示帮助信息。

（2）-o, --output=<filename pattern>：输出文件，作业脚本中的执行结果将会输出到该文件。

（3）-p, --partition=<partition_names>：将作业提交到对应分区。

（4）-D, --chdir=<directory>：指定工作目录。

（5）--gres=<list>：使用 GPU 这类资源，若申请两块 GPU，则--gres=gpu:2。

（6）-J, --job-name=<jobname>：指定该作业的作业名。

（7）--mail-user=<user>：执行结果发送给指定邮箱。

（8）-n, --ntasks=<number>：sbatch 并不会执行脚本，当需要申请相应的资源来执行脚本时，默认情况下一个脚本对应一个核心，-cpus-per-task 参数可以修改该默认值。

（9）-c, --cpus-per-task=<ncpus>：每个脚本所需要的核心数，默认为 1。

（10）-t, --time=<time>：允许作业执行的最大时间。

（11）-w, --nodelist=<node name list>：指定申请的节点。

（12）-x, --exclude=<node name list>：排除指定的节点。

任务完成/取消作业

提交作业后，如果正常结束，那么在指定的输出文件中并不会有作业的报错信息。如果作业正在执行，需要将它终止，可以先使用 squeue 命令确定作业编号 job_id，再通过 scancel job_id 命令终止作业。

在高性能计算领域，调度系统是一项成熟的系统软件技术。LSF 作为其中的佼佼者之一，提供了统一的访问接口、丰富的调度策略、灵活的配置和部署。LSF 的体系架构和部署方式使其可以有效管理一定规模的系统，目前的商业版可以支持多达数千台主机和数百万作业的管理。Slurm 也凭借其优异的容错性、可扩展性以及高度灵活开放的插件机制，成为当前高性能计算领域中最受欢迎的调度系统。

经过对 LSF 和 Slurm 两个系统的学习了解，不难发现 Slurm 相比 LSF 具有更加简洁的架构设计，但其依靠通用的插件机制，这反而扩充了更加丰富的功能组件。当然，任何一个调度系统都不是完美的，例如，Slurm 以节点为粒度的资源分配方式限制了系统整体的资源利用率，尤其是当分区中出现较少的作业占用大量处理器核时，往往会出现节点被占用，但节点内的处理器核处于闲置的情况。至此，需要意识到，虽然超算调度系统已经发展得相对成熟，但仍然还存在有待完善的空间，而这则需要依赖社区以及众多相关机构的不断努力和贡献。

3.4 本章小结

本章围绕高性能计算领域中的调度系统展开介绍。作为超级计算机中必不可少的系统软件，超算调度系统虽然历经几十年的发展，但其功能模型却基本保持不变。一个完整的超算调度系统需要具备作业生命周期管理、资源管理、调度和作业执行四项基本功能。经过多年的发展，研究开发者从队列管理策略、资源管理策略、调度策略等多方面入手，基于不同的调度系统实例不断对它们进行改进和完善。也正因如此，才有了当下所了解的 LSF、Slurm 以及其他优秀的超算调度系统。

课后习题

1. 除了用户接口以外，一个完整的超算调度系统通常需要具备哪几部分功能组件？
2. 列举出作业日志文件中至少四个条目。
3. 术语“资源槽”指什么？
4. 简述 LSF 集群中的主机分类。
5. LSF 集群中，Mbatchd 守护进程运行在哪一类主机上？其主要负责什么任务？
6. LSF 如何确定不同队列中的所有作业的执行顺序？
7. LSF 中的资源预留策略有何优点和缺点？对于其缺点，LSF 是如何解决的？
8. Slurm 中 slurmd 和 slurmctld 守护进程的主要任务有哪些？
9. 简述 Slurm 的插件机制。

第 4 章　超算存储与文件系统

超级计算机上运行的应用往往产生高并发的数据读写请求，为底层的大规模存储系统带来了巨大的压力，I/O 墙问题已成为超算系统中的重要性能瓶颈。本章将介绍超算系统中的典型存储结构，并以此为基础进一步介绍并行文件系统、I/O 中间件等数据存储与管理的相关技术。

4.1　超算系统典型存储结构

典型的高性能计算应用在超算系统上运行时会启动大量的并发进程，这些进程之间可能存在某种形式的数据共享，例如，访问同一个共享大文件，或访问同一个大目录中的文件。这一数据访问特性要求底层的存储系统为所有并发进程提供全局共享的存储服务，保证所有计算节点能够等距离地访问所有数据。

早期的超算系统规模较小，可采用标准的网络附加存储（Network Attached Storage，NAS）解决方案，在计算节点上挂载网络文件系统（Network File System，NFS）客户端即可全局共享访问 NAS 中的所有数据。随着超算系统的规模不断增大，基于 NAS 的解决方案的 I/O 瓶颈逐步显现，集群存储成为主流的技术趋势。当前的超算系统均部署大规模的后端存储集群，集群中每个存储节点挂载大容量的存储盘阵，盘阵借助独立磁盘冗余阵列（Redundant Array of Independent Disks，RAID）技术保证可靠性。整个存储集群由并行文件系统管理，为上层应用提供全局集中共享的存储空间。超算系统的计算节点可独立访问每个存储节点上的数据，大量存储节点协同起来提供很高的聚合带宽，满足超算应用的高并发数据访问需求。

长期以来，大量的高性能计算应用通过标准的 POSIX 接口访问后端存储系统中的数据。这就要求计算节点安装包含 VFS 模块的完整操作系统，但由此带来的操作系统噪声会显著影响应用程序计算迭代的性能。为了减少操作系统噪声的负面影响，IBM Blue Gene 系列超算系统率先引入 I/O 节点，通过 I/O 转发（I/O Forward）机制将计算节点上的 I/O 请求卸载到 I/O 节点上。在这种机制下，计算节点操作系统可以大幅度精简，无须安装 VFS 模块，仅仅需要简单的 I/O 转发客户端，将 I/O 请求通过网络转发到 I/O 节点即可，减少了 VFS 软件栈对应用程序执行的影响。I/O 节点则部署完整的操作系统，负责将从计算节点上转发过来 I/O 请求转化为标准的 POSIX 语义数据访问操作，通过 VFS 交由底层具体的文件系统响应 I/O 请求。总之，这种优化措施首次在超算系统的存储结构中引入 I/O 节点。

早期的 I/O 节点仅仅起到转发的作用，不具备数据存储能力。近十年来，随着基于

NVMe 接口的固态盘快速普及使用，在 I/O 节点上部署固态盘作为高速缓存已成为新的趋势。固态盘能够提供极高的吞吐率和 I/O 带宽，可有效应对大规模应用程序的高并发低延迟数据访问需求。近年来推出的超算系统均采用了在 I/O 节点上配备固态盘的存储结构，并部署了相应的系统软件来对 I/O 节点上的存储资源实施聚合管理。

超算系统不断增大的规模对计算节点的集成度提出了很高的要求。在单个刀片上集成更多的计算节点意味着更小的占地面积和更高的能耗效率。早期的磁盘存储设备性能低、体积大、功耗高，在计算节点中配备磁盘不仅不能取得较高的性能，还会显著降低集成度，增加数据管理的难度。因此，在很长一段时间内，超算系统的计算节点没有配备本地存储。相比之下，固态盘具有性能高、体积小、功耗低等诸多优势。部分超算系统已经开始在计算节点上配备固态盘。对于一些应用产生的临时数据，如果能够避开网络软件栈写到本地存储，可显著降低数据访问延迟，较低的访问延迟对数据处理类应用至关重要。

总之，在存储技术不断发展的推动下，超算系统的存储结构不断演进。如图 4-1所示，当前的超算系统在计算节点、I/O 节点、后端集中共享存储中都可能配备一定的存储资源。如何对这些存储资源实施高效的管理将会对超算应用的整体性能产生重要影响。

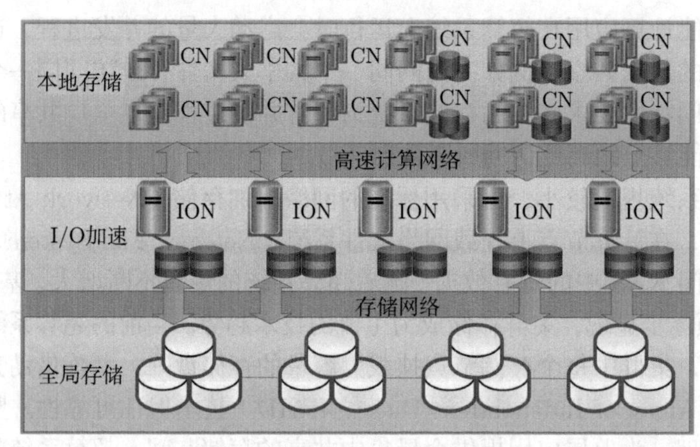

图 4-1 典型的超算系统存储结构

4.2 并行文件系统

文件是计算机系统中数据组织的最基本形式，大量的应用程序以文件语义访问数据。超算系统上的并行应用也基本延续了这一规范，但在超算系统中聚合海量的存储资源为应用程序提供文件访问服务同样面临许多挑战性问题。

4.2.1 文件访问接口

应用开发者往往将开发过程中涉及的数据组织成二进制字节流的形式保存在文件中。尽管从应用的角度来看，这些二进制字节流是有一定语义的，但文件本身不关注字节流的语义，从而保证了各种应用都能以文件形式组织数据。正是因为文件模型的通用性，计算机系统中围绕文件模型已形成完善的标准生态。在操作系统中，应用数据被组织成一个一个的文件，大量文件被分布到不同的目录中，目录组成层次式的树形结构，形成整个命名空间。基于以上的逻辑组织形式，操作系统中定义了一系列针对目录和文件的操作，如表 4-1所示。各种文件系统则分别采用不同的物理组织方式、数据结构和算法实现这些文件系统操作，为上层应用提供数据访问服务。

表 4-1　常用的文件系统操作

序号	操作名称	含义
1	open	打开已有的文件或目录，或创建新文件
2	close	关闭已打开的文件或目录
3	read	读取文件
4	write	写入文件
5	readdir	读取目录
6	mkdir	创建新目录
7	link	创建硬链接
8	symlink	创建软链接
9	unlink	删除文件或链接
10	rmdir	删除目录
11	readlink	读取软链接
12	access	检查文件或目录的访问权限
13	stat	获取文件或目录的属性
14	chmod	修改文件或目录的访问权限
15	chown	修改文件或目录的所有者
16	rename	重命名文件或目录
17	lseek	设置当前文件偏移量
18	truncate	缩减或扩充文件大小
19	fsync	同步文件数据和元数据到硬盘
20	fdatasync	同步文件数据到硬盘

在 UNIX 类操作系统中，表 4-1所示的各项文件系统操作已被纳入 POSIX 标准规范，并明确定义了各个操作的参数与返回值。针对 POSIX 标准定义的各项文件系统操作，UNIX 类操作系统进一步设计了 VFS 模块，作为应用程序和底层文件系统之间的桥接。VFS 不是一个具体的文件系统，而是一套标准接口，上层应用程序借助遵循该接口的系统调用访问数据，底层文件系统负责各项文件系统操作功能的具体实现。在 VFS 的协助下，无论底层文件系统的实现细节如何，只要遵循 VFS 定义的接口，即可被应用程序以统一的方式访问数据；上层应用程序只要采用标准的系统调用访问数据，即可运行在任意的 POSIX 标准文件系统之上。VFS 在应用程序和文件系统之间实现解耦，显著提升了应用开发的便捷性。当前大部分应用程序采用 POSIX 标准的文件访问接口读写数据。

用户将其数据保存在文件中，而为了描述这些文件，需要一种新的数据，即元数据。元数据是用来描述文件的数据，其典型功能包括：反映目录之间的父子关系；记录文件在存储设备上的位置，记录文件的大小、权限、访问时间等属性。类 Linux 文件系统一般针对元数据设计了两个重要的数据结构：dentry 和 inode。其中，dentry 主要用于描述命名空间中目录之间的父子关系，inode 则记录对应文件的具体元数据，部分重要的字段摘录如表 4-2所示。

在本地文件系统中，数据和元数据保存在一个存储设备上。例如，EXT 类文件系统将存储设备划分为大量块组（Block Group），每个块组中分出一些数据块（Block）保存元数据，其他数据块则保存用户数据。这种做法不利于存储规模的扩展和数据的维护管理。在并行文件系统场景下，为了保证系统的易维护性，一般将元数据管理与数据管理剥离；为了提升数据访问的性能，一般将元数据和数据分布式存储。不同的设计理念催生出多样化的并行文件系统架构和优化技术。

表 4-2 VFS 中 inode 结构的重要字段

序号	字段	备注
1	i_ino	inode 序号
2	i_count	引用计数器
3	i_nlink	硬链接数目
4	i_uid	所有者标识符
5	i_gid	组标识符
6	i_rdev	设备标识符
7	i_version	版本号
8	i_size	文件的字节数
9	i_atime	上次访问的时间
10	i_mtime	上次修改文件内容的时间
11	i_ctime	上次修改索引节点的时间
12	i_mode	文件的类型与访问权限
13	i_mutex	inode 互斥锁
14	i_op	inode 的操作
15	i_fop	文件操作
16	i_sb	指向超级块的指针

4.2.2 并行文件系统关键技术

并行文件系统旨在为大规模的高性能计算应用提供高并发的数据 I/O 服务。它需要面向大规模的并发进程，管理大容量的分布式地址空间和海量文件。针对以上多方面的挑战，并行文件系统需要在总体架构、元数据管理、数据管理、并发访问控制等方面进行良好的设计优化，从而应对复杂应用场景下 I/O 负载。

1）典型并行文件系统架构

一般来说，并行文件系统由客户端、元数据服务器、数据服务器三个组件构成。客户端为应用程序提供数据访问接口，元数据服务器管理目录结构、文件在存储集群中的布局等元数据，数据服务器则负责大规模数据的存储。围绕以上三者的组织结构设计决定了并行文件系统的总体架构。

一种典型的并行文件系统架构是客户端、元数据服务器、数据服务器三者分离，著名的 Lustre 文件系统采用了这种架构。在这种架构下，客户端挂载到超级计算机的计算节点上，应用程序通过客户端访问并行文件系统中的数据；元数据服务器上配备专门的高性能存储设备，负责元数据的存储和访问；数据服务器上配备大容量存储设备，保存用户数据。一些架构还引入专门的存储管理服务器，也可将管理服务运行在元数据服务器上。

上述架构的典型特征是数据和元数据的分离存储，元数据服务器和数据服务器既不能共享存储空间，也不能相互分担负载。IBM 推出的 GPFS 则采用了元数据服务器和数据服务器耦合的存储架构。在 GPFS 中，所有的存储服务器是对等的，既可作为数据服务器保存数据，也可作为元数据服务器管理元数据。应用程序访问一个文件时，按照一定规则在特定的服务器上打开文件，该服务器作为对应文件的元数据服务器为应用程序提供服务，直到文件关闭。每台服务器为自身保存的所有数据向应用程序提供数据访问服务。以上对等的结构有利于存储服务器之间的负载均衡和性能扩展。

GlusterFS 并行文件系统则采用完全的无中心架构，数据通过哈希算法分布到大量的存储服务器上。这种架构相比 GPFS 进一步弱化了元数据服务器的概念，具有很强的可扩展性。但是基于哈希算法的数据分布往往会破坏数据访问的局部性，在很多场景下会影响 I/O 性能。

以上多种并行文件系统架构各有优劣，可针对不同的应用场景选取合适的架构。

2）并行文件系统的元数据管理

在典型负载下，并行文件系统中超过一半的操作是针对元数据的，元数据访问性能是决定并行文件系统整体性能的一个重要方面。为了提升元数据的访问性能、可靠性和可用性，并行文件系统设计者从多个层面采取优化措施。

对元数据的读写请求主要是访问目录以及获取文件的属性。这两类数据的容量较小，意味着对元数据的读写请求都是较小的 I/O 请求。为了应对随机零散的元数据读写请求，一般在元数据服务器上配备性能较高的存储设备。在以磁盘为主要存储设备的时期，元数据服务器上一般配备基于磁盘的 RAID 10。当前主要采用基于 NVMe 接口的固态盘或全闪存阵列来保存元数据。元数据服务器上一般配备较大的内存作为缓存，并借助多个处理器响应高并发的元数据请求。

一旦元数据服务器出现故障，整个并行文件系统可能无法正常响应客户端的 I/O 请求。保证元数据的存储可靠性和服务可用性至关重要。为了提高存储可靠性，可采用 RAID 技术来保证元数据的可靠存储。为了提升服务可用性，可采用热备的方式，在一台元数据服务器出现故障时，另一台元数据服务器立即接管服务。Lustre 文件系统可将两台元数据服务器配置成主从备份的方式，这两台服务器共享同一套存储设备，一台服务器故障时，另一台服务器可立即从存储设备上读写数据以响应元数据请求。

随着并行文件系统支持的计算系统规模不断增大，客户端数目显著增长，单一的元数据服务器已经难以满足日益增加的元数据负载，因此并行文件系统逐步采用集群式元数据管理方式。集群式元数据管理的挑战在于如何在多个元数据服务器之间划分整个树形目录结构和元数据负载。由于文件系统管理的所有文件组织到了一棵目录树中，将整棵目录树划分成多棵子树，并将子树分布到不同的元数据服务器上是一种最直观的解决方案。然而基于子树划分的方案难以有效解决两个问题：首先，各棵子树之间的负载可能是不均衡的；其次，典型的高性能计算应用会创建包含海量文件的大目录，大量进程对特定大目录的并发访问会产生突发的负载，对该目录所在的元数据服务器造成巨大的压力。为了解决以上两个问题，当代并行文件系统一方面采用了基于子树划分的负载均衡机制，即在多个元数据服务器之间根据负载变化动态迁移子树；另一方面针对大目录问题进一步采取了目录分割的策略，将单个大目录分布到多个元数据服务器上。

3）并行文件系统的数据管理

典型的高性能计算应用倾向于产生较大的文件，如数十 GB，甚至 TB 量级的文件，且往往会出现大量并发进程同时访问一个文件不同偏移的情况。如果将每个文件保存在一个特定的存储节点上，大量进程并发访问一个文件时，会导致相应的存储节点负载过高。为了提升高性能计算应用访问单个文件的带宽，并行文件系统一般会将大文件条带化地保存在多个存储节点上，由这些存储节点同时响应并发的读写请求，从而取得很高的聚合带宽。典型地，Lustre 文件系统允许用户针对每个文件设置条带大小（如 2MB），然后将文件按照条带大小进行切割，以轮转的方式将切割后的条带分布到不同的存储节点上。大文件的条带化存储是并行文件系统区别于其他分布式文件系统的一个重要特征。

如何在存储节点的地址空间中布局条带化之后的数据是并行文件系统数据管理面临的另一问题。这里存在两种主要的技术方案。第一种类似于本地文件系统所采用的方案，将数据直接保存在存储设备地址空间的大量数据块中，并将这些数据块的编号记录在文件对应的 inode 中。应用程序访问文件时，首先获取文件对应的 inode，从 inode 中获取文件各数据块的存储位置，然后直接在存储设备上读写数据。这种直接读写存储设备的方案可获得较高的 I/O 性能，但需要将所有的数据块编号记录在 inode 中，或采用多次间接寻址以保证文件系统能够管理很大的文件，这些措施都增加了元数据管理的复杂性。不同于本地文件系统，并行文件系统中的文件一般很大，使得这种方案面临很大的挑战。

第二种是采用基于对象的存储方案。以大文件的条带化存储为例，假定并行文件系统将一个大文件条带化到多个存储节点上，可在每个存储节点上创建一个对象，这个对象实际上是存储节点本地文件系统中的一个文件。分布到同一个存储节点上的多个条带均保存到该文件中。并行文件系统只需为每个大文件记录其在每个存储节点上的文件编号，无须关注这些文件在存储设备上的具体位置（这些位置由本地文件系统管理），显著减少了 inode 所记录的元数据。应用程序访问一个大文件时，先根据访问的文件偏移及条带化策略确定目标存储节点，然后从 inode 中获取该存储节点上的文件编号，最后由本地文件系统打开文件编号所对应的本地文件，将数据返回应用程序。基于对象的存储方案显著降低了元数据服务器的负载，但是在访问数据时需要操作并行文件系统和本地文件系统的元数据，带来了额外的 I/O 开销。以上举例分析假定并行文件系统为一个大文件在每个存储节点上创建一个文件，实际上在每个存储节点上为一个大文件创建多个文件也是允许的。

4.2.3 Lustre 文件系统

Lustre 文件系统是高性能计算环境中应用最广泛的并行文件系统之一。它最初是卡内基梅隆大学的一个研究项目，逐步成长为支撑当今最强大的超级计算机的文件存储方案。Lustre 部署于 Linux 操作系统上，提供符合 POSIX 标准的文件系统接口，能够兼容现有的大量应用。Lustre 表现出很强的可扩展性，在生产系统中的部署规模已达数万个客户端、数百 PB 存储容量和 TB/s 的 I/O 带宽。还可根据需求扩展其容量和性能，通过动态增加服务器的数量实现容量和 I/O 吞吐量的聚合。Lustre 存储架构如图 4-2所示，包括管理服务器、元数据服务器、对象存储服务器、Lustre 客户端、Lustre 网络。在该架构下，管理服务器监控整个集群的状态，元数据服务器负责管理元数据，对象存储服务器以对象的形式管理应用的海量数据，Lustre 客户端为应用程序提供数据访问的接口，以上所有组件通过虚拟的 Lnet 网络相连。

管理服务器（Management Server，MGS）提供组件注册服务，将整个 Lustre 文件系统集群的配置信息存储于管理目标（Management Target，MGT）中，并将这些信息共享给其他组件。每个 Lustre 服务组件向 MGS 注册节点信息，然后客户端与 MGS 通信以获取元数据和数据服务器的节点信息。

元数据服务器（Metadata Server，MDS）管理元数据（文件名、目录、权限、文件布局等），这些元数据存储于本地的一个或多个元数据目标（Matadata Target，MDT）上。MDS 处理客户端的元数据操作请求并从对应的 MDT 上加载元数据返回给客户端。MDT 作为 Lustre 后端存储设备，通过 ldiskfs、ZFS 等格式化后，以目录的形式展现给 MDS 以进行相应的文件操作。

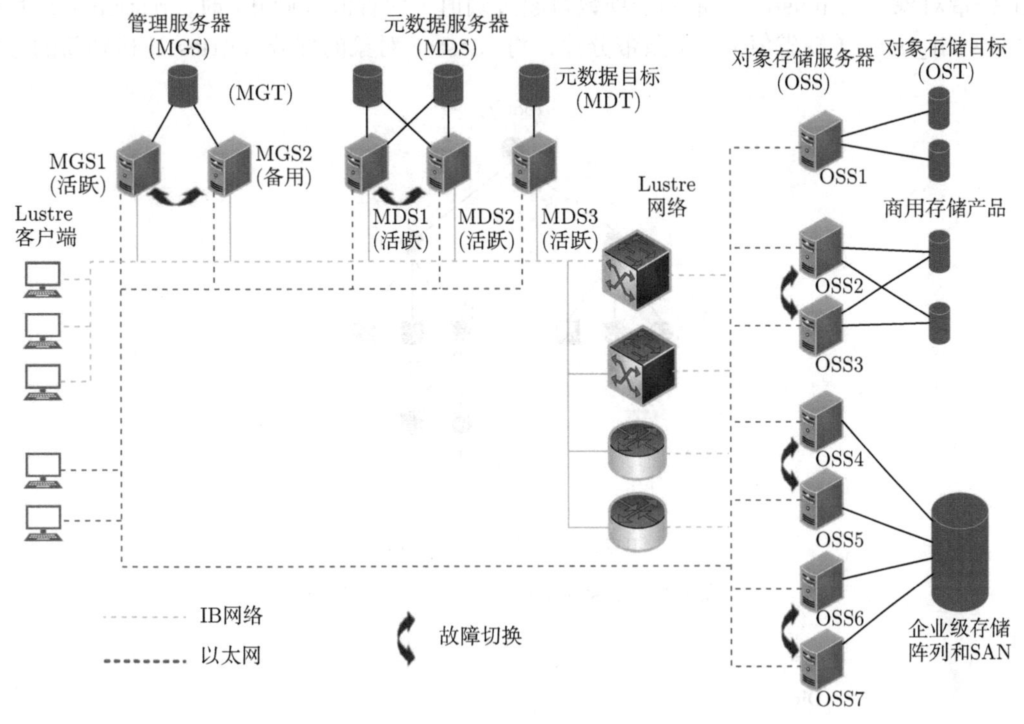

图 4-2 Lustre 存储架构

在很长时间内，Lustre 采用单个元数据服务器。随着存储规模的不断扩展，Lustre 提出了分布式命名空间环境（Distributed Namespace Environment，DNE）管理策略。分布式命名空间环境可支持多个 MDT 的部署，主 MDT 保存文件系统根目录，存储集群可添加多个 MDS 节点并分别配置 MDT，用于保存文件系统的子目录树。由此可见，Lustre DNE 第一阶段采用了基于子树划分的分布式命名空间环境管理方案，如图 4-3所示，其中 MDT0 为主 MDT，存储了根目录以及 d1 子目录树的全部元数据，而 MDT1 则存储了 d2 子目录树的元数据，这种方案极大地缓解了 Lustre 元数据服务器单点性能瓶颈问题。

对于超大目录而言，该目录下的元数据操作如 readdir 延迟极高，占用 MDS 的资源过多，影响 MDS 整体性能。因此 Lustre DNE 在第二阶段提供了条带化目录（Striped Directory）功能，将同一个目录下的子目录存储于多个 MDT 上，提高大目录下元数据操作的并行度。Lustre 需要在创建目录时就指定条带计数 stripe_count，图 4-4给出了 Lustre 条带化目录的示例，其中目录 Dir 的 4 个条带分别存储于 4 个独立的 MDT 中，Dir_stripe0~Dir_stripe3 对用户是透明的，文件/子目录根据名字的哈希值散列到目录的条带中。

第二阶段的条带化目录是一种静态哈希方式，条带计数固定，因此需要用户预估整个目录的子目录规模，避免设置过高或过低的条带化数量，造成空间浪费或性能低下。为此，Lustre DNE 第三阶段引入了自动条带化目录，目录可随着文件/子目录数量的动态增长，在多个 MDT 中自动分配条带以实现条带分裂和数据迁移。MDT 模块初始化时会启动一个 restriper 线程，该线程采用三条队列记录待处理的三种对象，分别为自动分裂、迁移、更新。图 4-5是一个典型的自动条带化目录的分裂过程，该目录初始时为一个 master 条带对象，当 master 条带的子项数目超过阈值（缺省值 50000）时，restriper 线程将增加 split_delta（缺省值 4）个条带分片，将 master 对象的部分 entries 迁移到新的分片

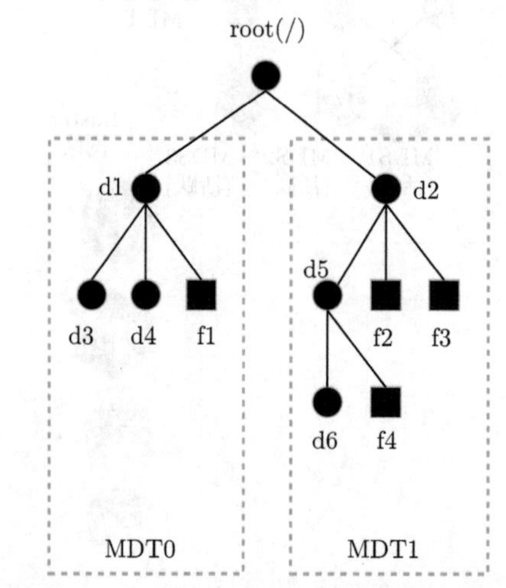

图 4-3 Lustre DNE 第一阶段远程目录

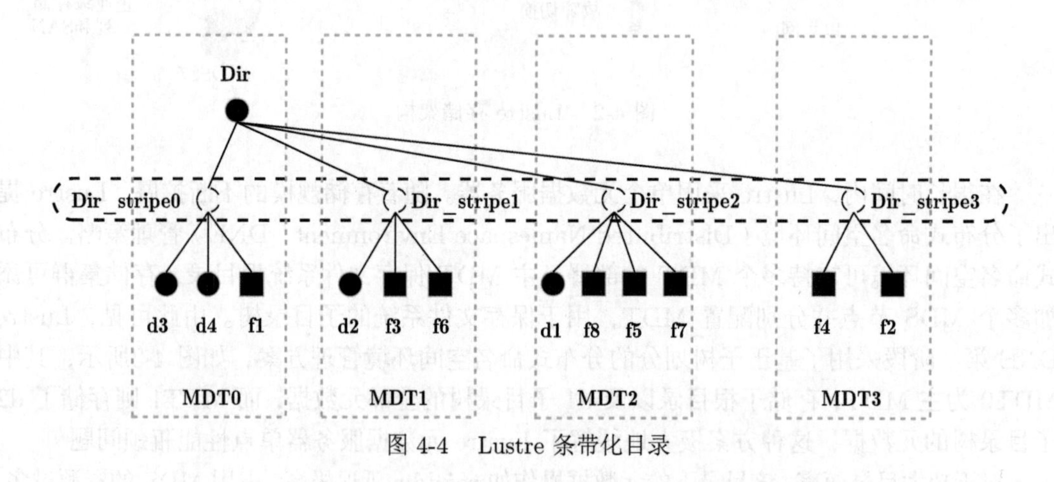

图 4-4 Lustre 条带化目录

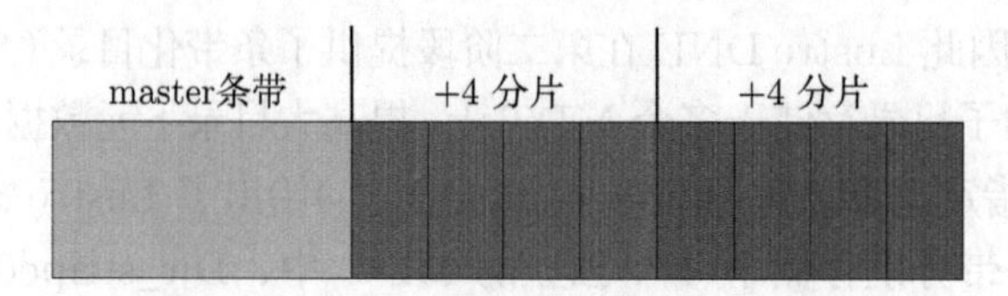

图 4-5 Lustre 条带化目录的分裂过程

中，但元数据 inode 不迁移，故迁移后的 entries 将形成远程对象。目录 restripe 过程具有如下特点：① 目录访问操作不受影响；② 文件标识符 (FID) 保持不变以支持 NFS 协议；③ 目录的条带计数不超过 MDT 总数，即目录在每个 MDT 上仅有一个分片；④ 分裂过程由 master 对象控制，同一目录不支持并发分裂。

对象存储服务器（Object Storage Server，OSS）处理 OSC（Object Storage Client）模块发送的文件 I/O 请求，从一个或多个对象存储目标（Object Storge Target，OST）中读写条带数据并将其返回给客户端。Lustre 将文件的条带化数据布局映射表记录在文件的扩展属性中。如图 4-6所示，文件拥有 4 个数据对象 Object J~Object M，Lustre 采用 Round-Robin 方式在数据对象上放置数据块，数据块默认大小为 1MB。因此，文件的 Layout EA 主要记录了数据对象的数目、数据块的大小、时间戳等信息；针对每个对象，记录对象所在 OST 的 ID、对象在该 OST 的唯一标志 ost_idx，如 Object L 和 Object M 均保存于 OST2 下，根据 ost_idx 进行检索。

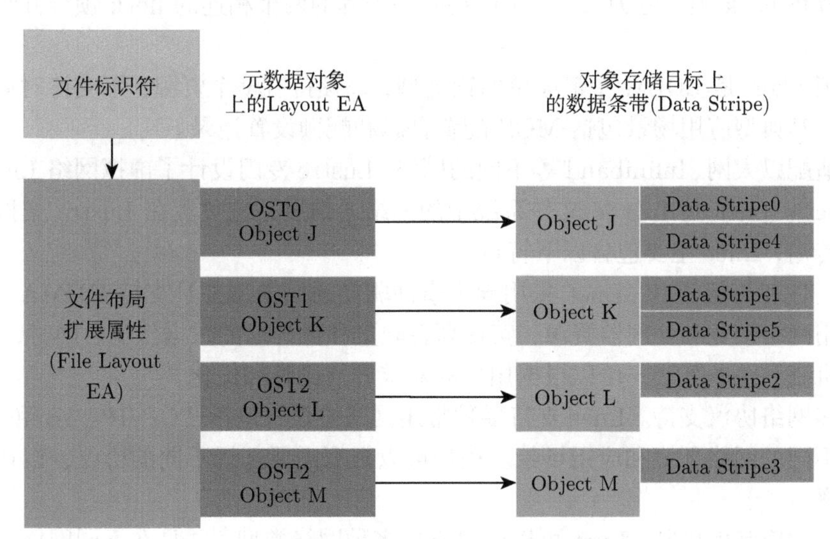

图 4-6 Lustre 文件条带化布局

Lustre 文件系统下的典型负载是大量客户端对文件的并发访问，为此需设计良好的锁机制对数据进行保护。Lustre 分布式锁管理器（Lustre Distributed Lock Manager，LDLM）的思想基于 VAX DLM，其主要作用包括：① 确保所有节点上的数据一致性；② 允许客户端在锁的保护下缓存部分数据直到出现锁冲突，或者数据被替换出缓存。LDLM 锁类型包括 extend、inodebits、flock、plain 四种，锁模式包括空（NL）、并发读（CR）、并发写（CW）、保护读（PR）、保护写（PW）、独占（EX）六种，各模式之间的兼容矩阵如表 4-3所示。

extend 锁用于锁定连续的文件范围，采用 64 位整数记录起始和结束偏移量，从而锁定一个文件在闭合区间 [start,end] 上的数据，如果两个 extend 锁的模式不兼容且存在区间相交，那么将这两个锁视为不兼容。

inodebits 锁包含多位掩码以保护不同的属性。当前设置了 7 位掩码从而保护 inode

元数据的不同部分，例如，MDS_INODELOCK_LOOKUP 用于命名空间，MDS_INODELOCK_OPEN 用于打开文件，MDS_INODELOCK_DOM 用于 Data-on-MDT 文件，两个 inodebits 锁存在位掩码交叉或者模式冲突时将视为冲突锁。

表 4-3　LDLM 锁模式兼容矩阵

模式	NL	CR	CW	PR	PW	EX
NL	1	1	1	1	1	1
CR	1	1	1	1	1	0
CW	1	1	1	0	0	0
PR	1	1	0	1	0	0
PW	1	1	0	0	0	0
EX	1	0	0	0	0	0

flock 是 Lustre 提供的 POSIX 锁类型，主要在 MDS 上提供 POSIX 语义支持，可通过局部释放将 flock 锁一分为二，也可以将同一进程的两个相连的 flock 锁合并为一个范围更大的锁。

普通锁 plain 是 LDLM 中最简单的锁类型，该锁持有整个资源，不支持对局部资源的并发上锁，其典型应用场景包括 MGS 配置日志和配额设置记录。

为了适配以太网、Infiniband 等不同的网络，Lustre 专门设计了虚拟网络 Lnet（Lustre Networking）。Lnet 是 Lustre 文件系统中的网络通信层，它负责在 Lustre 集群中进行高效的数据传输，Lnet 主要包含以下特点。

（1）高性能与低延迟。Lnet 采用异步事件驱动通信模型并且支持 RDMA，能够最大限度地利用网络带宽和处理器资源，实现高吞吐量和低延迟的数据传输。同时，Lnet 支持多种传输机制和路由算法，可以根据用户的需求进行调整和优化。

（2）多网络协议支持。Lnet 支持多种常用网络协议，包括 TCP/IP、IB 和 RoCE 等，可以适应不同的网络环境和应用场景。用户可以根据需要选择不同的协议，以达到最优的性能和效率。

（3）自适应路由机制。Lnet 可以同时支持多种网络类型，并且在不同网络之间提供了灵活的自适应路由机制，根据网络拓扑和负载情况进行自适应的路由选择，从而优化数据传输的效率和可靠性。Lnet 还提供了多种路由算法和负载均衡策略，可以根据用户的需求进行配置和调整。

（4）可扩展性。Lnet 采用了高度可扩展的架构设计，可以支持大规模的 Lustre 集群，并且能够根据用户需求动态地调整网络拓扑和负载均衡策略。

（5）安全性和保密性。Lnet 提供了多种安全性选项，包括身份验证、加密和访问控制等，以确保数据传输的安全性和保密性。

4.2.4 BeeGFS 介绍

BeeGFS 原名为 FhGFS，它是由 ThinkParQ 开发的一款严格遵循 POSIX 语义的开源并行文件系统，经过多年的发展，目前已在很多领域得到了广泛的应用。BeeGFS 是一个完全硬件无关的并行文件系统，可以部署在任意的带有标准 Linux 文件系统（如 XFS、EXT4 或 ZFS 等）的服务器上，并且具有高性能、可扩展、健壮性和易于使用等特点。

1）BeeGFS 架构

BeeGFS 架构如图 4-7所示，其包含了管理服务（Management Service）、元数据服务（Metadata Service）、存储服务（Storage Service）、客户端服务（Client Service）和监控服务（Monitoring Service）五大组件，其中监控服务是可选服务。

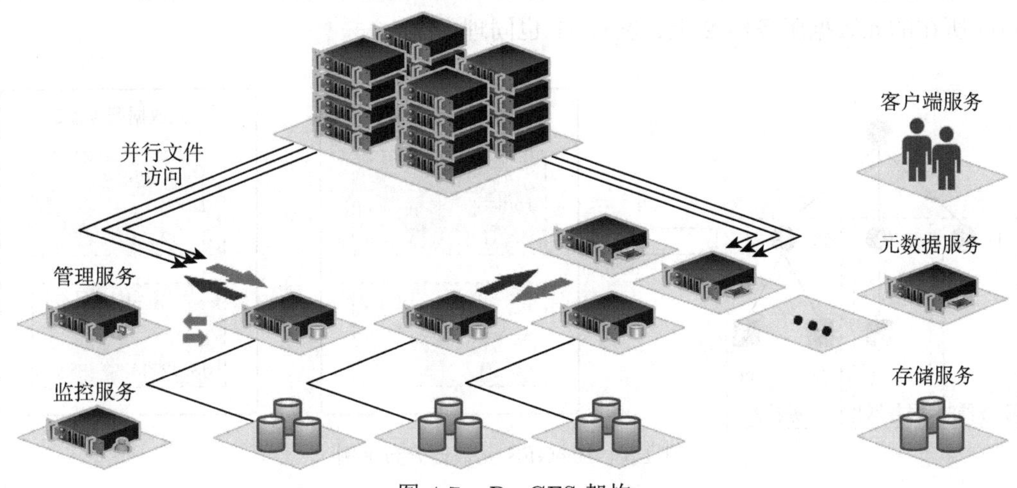

图 4-7　BeeGFS 架构

每个 BeeGFS 并行文件系统都必须有一个管理服务，管理服务通过心跳机制维护了整个并行文件系统核心组件的列表，所有组件在启动时都需要向管理服务进行注册，运行过程中所有组件以心跳方式与管理服务进行连接状态与存储容量汇报。元数据服务和存储服务则分别负责 BeeGFS 并行文件系统的元数据操作和文件数据读写操作。每个元数据服务上都有一个元数据目标用于存储文件元数据，每个存储服务上可以有一个或多个对象存储目标用于存储文件数据，但不管是元数据还是数据，都以本地文件的形式进行存储。与其他组件的服务直接运行于用户态不同，BeeGFS 客户端以内核模块的形式运行在 Linux 系统上，底层依然基于虚拟文件系统（Virtual File System, VFS），因此，用户可以像使用传统本地文件系统一样使用 BeeGFS。

2）BeeGFS 元数据分布

在元数据分布上，BeeGFS 针对目录和文件使用了不同的分布方式。对于目录，BeeGFS 使用了单目录划分的方法，将目录 inode 与 dentry 进行分离，在创建每个目录时，新的 dentry 会直接存储在父目录 inode 所在的元数据服务器上，而新的目录 inode 则根据系统的节点选择器，依据可用存储容量等级选择最优的服务器进行存储，存储容量等级分为 Normal、Low 和 Emergency，对应的选择优先级依次下降。基于这种设计，BeeGFS 中同一个目录下的所有 dentry 会存储在同一个元数据服务器上，而目录 inode 则根据各个元数据服务器的负载情况存储在不同服务器上，以此实现元数据在多台服务器上的高效分布。而对于文件，BeeGFS 将 dentry 和 inode 进行捆绑，存储在父目录 inode 所在的服务器上，保留了一定的局部性，减少了跨节点网络通信开销。

图 4-8展示了 BeeGFS 元数据在两个元数据服务器上分布的情况，其中目录树内的圆

点表示目录，方形表示文件。可以看到，每台元数据服务器都分别存储着 inodes 和 dentries，根目录（root）在元数据服务器 1 上，其子目录 d1、d2、d3 的 dentry 都存储在元数据服务器 1 上，但对应的 inode 则分布在不同的服务器上，如 d1 和 d3 的 inode 存储在元数据服务器 2 上，而 d2 的 inode 则存储在元数据服务器 1 上。对于文件，则始终与其对应的父目录进行绑定，如示例中 f2 和 f3 不管是 inode 还是 dentry，都存储在父目录 d3 的 inode 所在的元数据服务器 2 上，文件 f1 也同理。

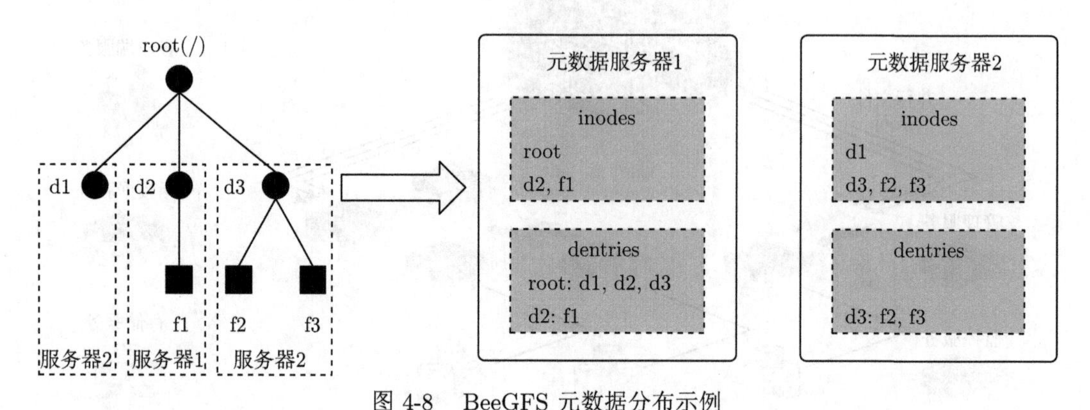

图 4-8　BeeGFS 元数据分布示例

3）BeeGFS 元数据存储

BeeGFS 元数据服务器上对于元数据的存储都基于本地文件系统，图 4-9展示了 BeeGFS 元数据服务器上的本地存储目录，以元数据服务器 1 为例，主要展示了 dentries 和 inodes 目录，其中白色的圆角矩形表示目录，灰色的方角矩形表示文件。

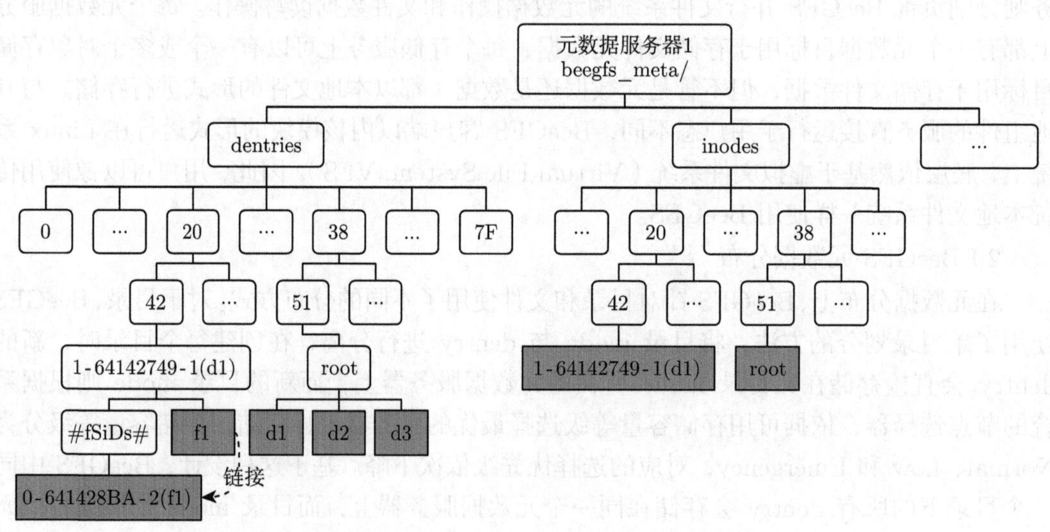

图 4-9　BeeGFS 元数据服务器上的本地存储目录

BeeGFS 将 dentry 和 inode 在两个目录下分别进行存储，为了避免单个目录过大，每个目录下有两层 128×128 的目录，进行存储与查找时基于 EntryID（BeeGFS 中每个 inode

的全局唯一 ID）进行两层哈希计算以确定最终的存储路径，例如，root 在 inodes 目录下基于两层哈希计算定位到的存储路径为 inodes/38/51/root。通过目录结构图可以看到，目录 inode 直接通过哈希计算定位存储路径，然后创建以 EntryID 为名的文件进行 inode 存储，默认使用扩展属性进行存储，以提高性能。创建 inode 文件后，在 dentries 目录对应的哈希路径下创建以 EntryID 为名的目录，例如，图 4-9 中的 dentries/20/42/1-64142749-1 目录，对应的是 d1 目录，后续在 d1 目录下创建文件 f1，则直接以文件名 f1 创建文件作为 dentry，root 目录下的 d1、d2、d3 也类似。同时，由于 BeeGFS 中文件的 dentry 与 inode 进行深度绑定，因此 dentries 下的每个目录都会有一个 #fSiDs# 目录，用于存储该目录下的文件 inode（以对应的 EntryID 命名），并让对应的 dentry 文件以硬链接的形式链接过去，基于这种本地存储设计，BeeGFS 在路径解析过程中，查找到文件 dentry 的同时，可以直接读取到对应的 inode 数据。

4）BeeOND

BeeOND（BeeGFS on Demand）是 BeeGFS 提供的用来快速创建 BeeGFS 临时并行文件系统的工具，BeeOND 可以聚合计算节点上的本地硬盘或 SSD 的性能和容量以提供 Burst Buffer 的能力。在 HPC 领域，并不需要将很多应用作业运行时创建的临时数据存储在全局并行文件系统中，因此可以将其存储在 BeeOND 构建的临时并行文件系统中，当作业运行结束后，再将结果数据直接复制到底层全局并行文件系统上，这样可以有效缓解全局并行文件系统的 I/O 压力，并且，BeeOND 可以兼容所有遵循 POSIX 语义的并行文件系统作为其底层全局并行文件系统。

BeeOND 在 BeeGFS 中为一个标准的软件包，其主要组件是一个快速启动和关闭 BeeGFS 临时并行文件系统的脚本，使用 BeeOND 可以快速实现 BeeGFS 临时并行文件系统的安装、部署和卸载等操作，使用起来方便快捷，并且可以同时构建多个 BeeGFS 临时并行文件系统，以满足不同应用的需求。

4.3　I/O 中间件

并行文件系统是针对高性能计算领域而设计的，旨在满足其对高速 I/O 能力的需求。该系统能将文件分割成多个数据块，然后将这些数据块保存到多个存储节点上，从而提供大量存储空间和极高的聚合 I/O 带宽。然而，传统的 POSIX I/O 接口每次进行 I/O 操作时都需要一次昂贵的上下文切换和经过虚拟文件系统 (VFS) 的处理，这存在一定的开销。另外，多个客户端同时对一个文件进行读写需要强一致性，因此并行 I/O 时需要进行同步和加锁操作以确保 I/O 操作的正确性。这些操作会造成额外的开销，而这种开销在大规模并行处理中更加显著，从而进一步影响 I/O 性能。

因此，为了最大限度地利用并行文件系统，提供高效的数据存储和处理方式，需要采用一些 I/O 中间件，如 MPI I/O、PLFS、PNetCDF 等。这些 I/O 中间件可以更好地利用并行文件系统的性能以满足不同类型和规模的应用程序的需求。

4.3.1 MPI I/O

MPI I/O 是一种可扩展的并行 I/O 编程模型，它能够高效地在大规模集群中进行文件 I/O 操作。其基于 MPI 的数据通信机制并行 I/O，能够减少 I/O 等待时间和数据移动时间，充分利用并行文件系统的性能，从而减少应用程序的运行时间。

MPI 的全称是“消息传递接口”(Message Passing Interface)，它是一种用于编写并行程序的标准接口。基于该接口，用户可以让运行在不同计算节点上的进程相互发送和接收消息，从而让不同的计算节点进行通信和数据交换以完成计算任务。MPI 广泛用于高性能计算领域（如天气预报、量子化学计算、地震模拟、计算流体动力学和生物信息学等）的并行任务实现，使用 MPI 编写的程序可以在数千甚至上万个计算节点上运行。

由于计算任务对并行 I/O 的需求，同时并行 I/O 的语义与 MPI 相当契合，MPI 在第二版标准中将 MPI 通信和文件 I/O 进行了融合，MPI I/O 由此成为该标准的一部分。MPI I/O 允许运行在不同计算节点上的多个进程通过一种类似于 MPI 的方式并行访问并行文件系统上的一个文件，进而完成并行 I/O 操作。MPI I/O 能够利用并行文件系统的特性，使多个进程可以同时读取或写入同一个文件的不同部分。为了能让文件灵活地划分给不同的进程，每个进程可以通过建立文件视图（File View）提前声明需要读写的范围。

MPI 应用程序可以利用 MPI I/O 快速读取和写入超大型数据集，如图 4-10所示，该应用的四个进程需要将自己所拥有的数据写进文件的不同部分。尽管每个进程需要写入的区域没有重叠，但使用传统的 POSIX I/O 接口时，由于其强一致性保证，I/O 必须加锁，这会限制 I/O 性能的发挥，无法充分利用 I/O 的优势。然而 MPI I/O 则允许每个进程通过建立文件视图的方式，将多段需要写入的内容进行注册，并保证进程间需要读写的范围没有重叠。因此，多个进程可以并行直接写入而无须进程间相互同步，这可以更好地发挥并行文件系统的性能。

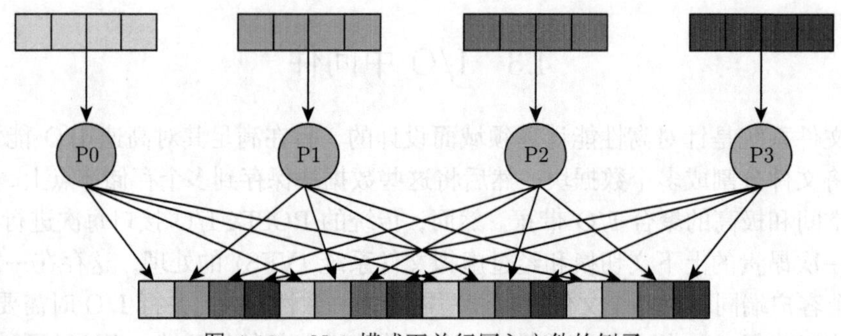

图 4-10 N-1 模式下并行写入文件的例子

为了使用 MPI I/O，需要对 MPI I/O 的一些基础接口有所了解，下面是使用 MPI I/O 的基本步骤。

（1）初始化 MPI 环境：在使用 MPI I/O 之前，需要通过调用 MPI_Init 函数来初始化 MPI 环境。

（2）打开文件：在使用 MPI I/O 进行文件操作之前，需要使用 MPI 中的文件类型（MPI_File）来打开文件。这可以通过调用 MPI_File_open 函数来完成。

（3）设置文件视图：MPI I/O 中最重要的概念之一是文件视图。文件视图定义了每个进程将要读取或写入的文件部分。每个进程都可以定义自己的视图，并使用对应的偏移量、数据类型和长度等参数来描述需要读写的数据块。可以通过调用 MPI_File_set_view 函数来设置文件视图，并指定每个进程操作文件的大小和起始位置等信息。

（4）进行读写操作：设置完文件视图之后，就可以开始进行读写操作。MPI 提供了多个函数用于实现不同类型的 I/O 操作，例如，MPI_File_read 和 MPI_File_write 用于读取和写入数据；MPI_File_seek 用于进行读写位置的调整；MPI_File_read_at 和 MPI_File_write_at 用于在指定偏移量处进行读写操作。

（5）关闭文件：完成所有必要的操作后，调用 MPI_File_close 函数关闭已打开的文件。

4.3.2 PLFS

并行日志结构文件 (Parallel Log-structured File System，PLFS) 是一种用于高性能计算环境的文件系统中间件。在并行 I/O 中，多进程同时操作一个文件的 I/O 模式容易造成不对齐的访问，难以充分利用带宽。PLFS 通过在并行文件系统和应用程序之间引入中间层，并将文件的布局进行优化，更好地发挥了并行文件系统的性能。

在大型集群环境中，节点故障是无法避免的情况，这可能会导致正在运行的计算任务中断，给用户带来很多不便。为此，计算任务通常采用检查点机制，将应用当前的运行结果存储在并行文件系统中，如果计算任务发生意外中断，可以读取并行文件系统中的检查点文件以恢复上一次的计算进度。

为了避免检查点写入时间过长，影响计算任务的运行时间，应用通常采用并行 I/O 的方式写入检查点。从文件系统角度来看，写入检查点的并行 I/O 模式有两种：N-N 模式和 N-1 模式。N-N 模式指的是这 N 个进程中，每个进程都写入一个私有的文件，总共写入 N 个文件。N-1 模式则指的是这 N 个进程同时写入一个文件。

N-N 模式下，每个进程仅需要写入自己私有的文件，不存在多个进程竞争写入同一个文件的情况，避免了保证一致性的开销。但 N-1 模式下，多个进程会同时操作同一个文件，必须引入锁机制才能保证并行读写的正确性。另外，N-1 模式下，应用常常按照某种特定的格式（如 NetCDF、HDF5），将数据组织成文件经常需要修改这些文件内部的元数据，这容易导致不对齐、交错地写入。当这些写入与文件系统的块边缘不对齐时，会更进一步影响并行 I/O 的性能。在 PanFS 上的测试表明，N-1 模式下的并行 I/O 带宽仅为 N-N 模式下的 0.3% 。为了解决该问题，洛斯阿拉莫斯国家实验室 (Los Alamos National Laboratory，LANL) 提出了 PLFS，PLFS 是一个建立在 FUSE 上的文件系统，作为用户应用与后端并行文件系统之间的中间件，其与应用程序交互，当应用程序请求进行并行 I/O 时，PLFS 拦截 I/O 请求，将其转换后，再发送给后端并行文件系统。

PLFS 的主要优化思路是，将原有的 N-1 模式通过中间件转换成 N-N 模式，从而避免了 N-1 模式下并行写入时的交错和不对齐。如图 4-11所示，对于一个在 PLFS 上的文件，PLFS 为上层应用提供一个连续的逻辑视图，上层应用可以在该视图上进行 N-1 模式下的并行 I/O。实际上，该文件在后端的并行文件系统中存储成了多个独立的文件，PLFS 将在该逻辑视图上的操作转换为对多个独立的文件的 I/O 操作，因此就能利用并行文件系统的 N-N 并行 I/O 性能。这种方式下，每个进程只需要写入自己私有的逻辑块到 PLFS

的日志中，而无须协调多个进程同时操作同一个文件，避免了多个进程竞争写入同一个文件的情况，以及锁机制的开销。同时，PLFS 通过重新组织数据布局、对齐方式等优化技术，让数据更加规整、紧凑，并减少了交错写入的情况。

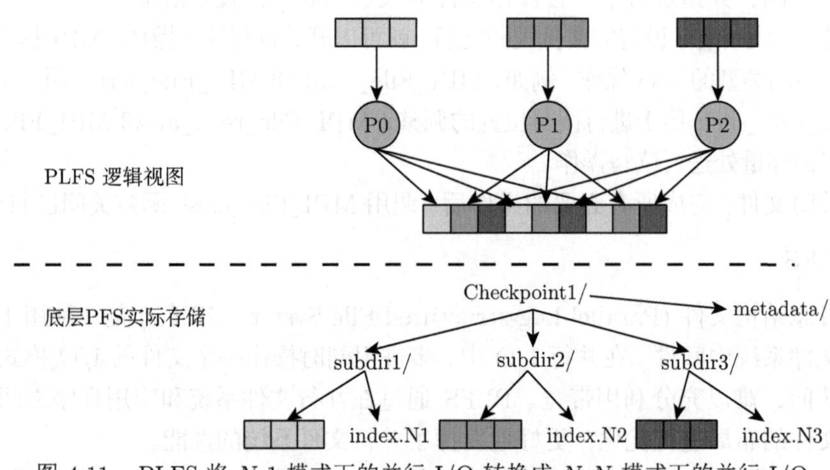

图 4-11　PLFS 将 N-1 模式下的并行 I/O 转换成 N-N 模式下的并行 I/O

为了进行逻辑视图和实际文件的重新映射，PLFS 还在后端并行文件系统中存储了索引文件，将逻辑视图和实际文件的映射关系存储在索引文件中。当用户需要读取数据时，PLFS 会根据索引文件，快速定位到相应数据的物理位置，将数据读取出来，并将它们合并成一个连续的视图返回给用户。PLFS 这种设计可以更好地利用并行文件系统的性能，提高读写数据的效率。

4.3.3　其他

除了上述提到的 I/O 中间件，还有其他一些中间件也常用于不同的场景。其中，HDF5、PNetCDF 和 PIO 都是比较常见的。接下来，将简单介绍这三种中间件。

HDF5（Hierarchical Data Format 5）是一种用于存储和管理科学数据的文件格式和库，支持大型、复杂、异构的数据。它是一种自描述格式，其采用类似于“文件目录”的结构，具有灵活的数据结构，支持各种不同的数据类型和元数据信息。此外，它还提供了方便的平台无关的 API 用于处理数据的读写。每个文件、组和数据集都可以有相关联的元数据，以描述确切内容。此外，它在多种计算环境和语言中得到广泛应用，如 C、C++、FORTRAN、Python 等，并且它在天文学、生物学、化学、材料科学、计算机模拟等领域发挥着重要作用。

PNetCDF（Parallel-NetCDF）是一个高性能的并行 I/O 库，用于访问 Unidata 的 NetCDF 文件。串行 NetCDF 库在单个进程中读写大型 NetCDF 文件时可能会导致性能瓶颈，而 PNetCDF 通过基于 MPI 的并行 I/O 接口，可以让多个进程同时访问和修改同一个 NetCDF 文件，从而提高 I/O 操作效率。PNetCDF 支持切片和分块等多种数据访问模式，并允许多个进程同时访问分布式数据集，以更高效地进行分布式计算。所有 I/O 数据访问都是基于 MPI 库实现的，并且由于 MPI 通信的高效性和可扩展性，PNetCDF 能够支持以数千甚至数万个处理器为基础的大规模并行计算。

PIO (Parallel I/O) 是美国国家海洋和大气管理局（National Oceanic and Atmospheric Administration，NOAA）与美国国家大气研究中心（National Center for Atmospheric Research，NCAR）共同开发的高性能并行 I/O 中间件，用于提高 CESM 组件模型执行 I/O 的能力，并可以满足全球大气模式中的并行 I/O 需求。PIO 提供了类似于 NetCDF 的 API，可以在多种并行计算环境中用于文件的读写、元数据管理等操作，并允许用户指定一些处理器来执行 I/O。除此之外，PIO 还支持许多高级功能，如数据缓存、数据压缩和数据分布等，从而进一步提高了 I/O 性能和效率。

4.4 本章小结

超级计算机的存储系统已成为高性能计算应用性能瓶颈的重要方面。为了提升存储系统的 I/O 性能，超级计算机的存储架构不断演进。当前主流的超算系统均采用了多层次的存储架构。典型地，计算节点上可能配备本地存储，I/O 节点上配备高速固态存储形成 I/O 加速层，后端集中共享存储提供大容量的存储空间。

针对以上复杂的存储架构，超算系统设计人员研发了相适应的软件来管理各个层次的存储资源，其中最重要的系统软件是并行文件系统。本章分析了并行文件系统的典型架构、元数据管理、数据管理等关键要素，随后介绍了超算系统中广泛应用的 Lustre 和 BeeGFS 两种并行文件系统。

传统的并行文件系统因为严格遵循 POSIX 规范而在性能上受到一定限制。所以，相关从业人员陆续研发了不同的 I/O 中间件，以充分发挥存储系统的性能，或提升应用开发的便捷性。本章简要介绍了 MPI I/O、PLFS、HDF5、PNetCDF 等 I/O 中间件，它们也是超级计算机上的系统软件的重要组成部分。

课后习题

1. 在客户端-元数据服务器-数据服务器的并行文件系统架构下，简述应用程序通过客户端访问数据的流程。
2. 简要说明常用的并行文件系统的元数据访问性能优化方法。
3. 比较 POSIX 标准接口与 MPI I/O 的优缺点。

第三部分 面向超级计算机的并行编程

第 5 章 并行编程基础

大多数针对传统单核系统编写的程序代码无法充分利用多核处理器的计算能力，很难加快程序的执行速度。要充分发挥超级计算机系统的能力，必须要能够编写并行程序。在本章中，将介绍并行编程的基础知识，包括主流的并行编程模型、并行程序执行模式，以及并行程序设计的方法论。

5.1 并行编程模型

并行编程模型是一组用于将并行计算任务从应用程序适配到底层并行硬件的程序抽象，其定义了如何使用高级编程语言来描述并行计算的过程，通常要借助应用程序接口（API）来实现。并行编程模型主要面向并行程序的开发人员，虽然其跨越了多个不同的层级（如应用程序、编程语言、编译器、算法库、网络通信和 I/O 系统），但其独立于具体的底层硬件系统，可以被视为硬件和内存架构之上的一个抽象层。

目前最广泛使用的两种并行编程模型是共享内存编程模型、消息传递编程模型。随着云计算和 GPGPU 的广泛使用，数据并行编程模型、混合并行编程模型等也变得日益流行。下面将对不同类型的并行编程模型分别进行具体介绍。

5.1.1 共享内存编程模型

在共享内存编程模型中，多个任务可以并行执行，并共享同一个公共地址空间（图 5-1）。实际实现时，每个任务可以由一个进程或线程来执行。在该模型中，变量类型可以是共享的，或者私有的。对于私有变量，只能被其所属的任务访问。但对于共享变量，多个任务可以采用异步方式对其进行读取和写入。

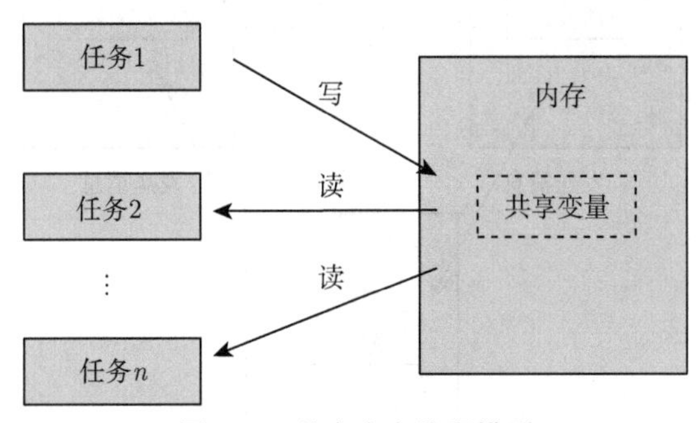

图 5-1 共享内存编程模型

事实上，共享内存编程模型中任务之间的通信是通过共享变量实现的，因此是隐式通信，而非显式通信。如果多个任务访问同一个共享变量，需要通过信号量或锁进行同步，以解决争用问题以及防止竞争条件和死锁。通过把共享变量缓存在每个处理器本地，可以避免对共享内存的频繁访问，同时提高访问速度，但是当多个处理器同时缓存同一共享变量时，需要专门的缓存一致性协议来维护数据的一致性。

从程序员的角度来看，共享内存编程模型可能是最简单的一种并行编程模型，其主要的一个优点是，程序员无须指定不同任务之间的数据通信，共享变量对所有任务都是可见的，可以大大简化程序开发。

在具体实现时，从效率方面考虑，更多的是采用多线程模式来实现程序的并发性。对于多线程模式，可以进一步划分为动态多线程模式和静态多线程模式。在动态多线程模式下，程序包括一个主线程和多个工作线程，主线程常处在等待操作系统的工作请求的状态，当一个请求到达主线程时，主线程会派生出工作线程，当工作线程结束后，会合并到主线程中。除了主线程，其他工作线程是动态创建和终止的，其优点在于，线程所需的资源只在线程实际运行时才会被申请和使用，因而可以充分利用系统的资源。在静态多线程模式下，主线程在完成必要的初始设置后，会派生出完成当前工作所需要的全部工作线程。工作线程在所执行工作结束后，仍然在运行状态。与动态多线程模式相比，静态多线程模式对资源的利用不够高效，存在资源不能及时释放的问题。但是，静态多线程模式可以节省工作线程派生和合并的时间，在实际使用中具有更好的运行性能。两种模式都在共享内存编程模型中被广泛使用。

由于不同的标准化过程，目前主要存在两种不同的多线程实现方式，分别是 POSIX Threads（简称 Pthreads）和 OpenMP，在之后章节会具体介绍。

5.1.2 消息传递编程模型

在消息传递编程模型中（图 5-2），各个任务通过消息交换来实现显式通信，每个任务可以有自己的私有地址空间，任务也不再局限于同一个计算节点上。与共享内存编程模型

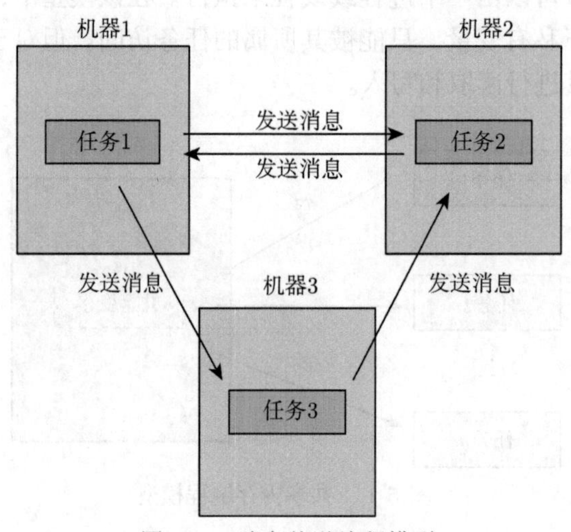

图 5-2 消息传递编程模型

的不同之处在于，共享内存编程模型通过让所有任务共享同一地址空间来实现任务之间的协调性，而消息传递编程模型通过在任务之间显式地进行消息交换来实现协调性。消息传递编程模型面向的计算系统通常由多个计算节点互连组成，每个计算节点都有自己的处理器和内存。消息传递编程模型常用于超大规模并行计算机系统（如由成百上千个计算节点构成的集群系统）。

基于消息传递编程模型进行编程时，多个进程之间通过消息传递函数（包括消息发送函数和消息接收函数）进行通信。为了唯一标识进程，进程间通过序号（rank）进行标记，下面通过一个例子来进行说明。

```
1  char message[100];     //声明消息数组
2  ...
3  my_rank = Get_rank(); //获取调用进程的序号
4  if (my_rank == 1)      //序号为1的进程执行的代码
5  {
6      sprintf(message, "Greetings from process 1"); //创建消息
7      Send(message, MSG_CHAR, 100, 0);     //发送消息给进程0
8  }
9  else if(my_rank == 0)                    //序号为0的进程执行的代码
10 {
11     Receive(message, MSG_CHAR, 100, 1); //从进程1接收消息
12     printf("Process 0 > Received: %s\n", message); //打印消息
13 }
```

在上述示例中，通过 Get_rank 函数返回调用进程的序号。序号为 1 的进程用 C 标准库的 sprintf 函数创建消息，并通过 Send 函数发送消息给进程 0。Send 函数调用的参数依次是消息（message）、消息元素的类型 (MSG_CHAR)、消息中元素的个数（100），以及目标进程的序号（0）。消息接收的机制是，进程 0 通过 Receive 函数进行消息的接收，Receive 函数需要调用下列参数：存放将要接收到消息的变量 (message)、消息元素的类型、消息中元素的个数和发送消息的进程的序号。在完成 Receive 函数的调用后，进程 0 就能将消息打印出来。

Send 函数和 Receive 函数的行为可以有很多种，大多数消息传递 API 提供多个不同的 Send 函数和 Receive 函数。调用 Send 函数最简单的行为是阻塞，直到对应的 Receive 函数开始接收数据为止。这意味着 Send 函数的调用不会返回，直到对应的 Receive 函数启动为止。还有一种可选的方式是，Send 函数将消息的内容复制到它的私有存储空间中，在数据复制完之后立即返回。Receive 函数最常见的行为是阻塞，直到消息被接收。

典型的消息传递 API 还提供了许多其他的函数，包括各种“集合”通信的函数，如 broadcast（广播）。在广播通信中，单个进程传送相同的数据给所有的进程。例如，对各个进程计算出的结果相加求和。此外，还有一些管理进程和复杂数据结构通信的特殊函数。

在具体实现时，一般会基于各种消息传递库来进行编程。程序员需要确定所有并行部分，并通过调用消息传递库中的 API 例程来完成消息通信。但不同消息传递库的实现有很

大差异，使得程序的可移植性变得很差。为了建立消息传递库的标准，消息传递接口（MPI）委员会在 1992 年正式成立，之后在 1994 年发布了 MPI 的第一部分。后续版本 MPI-2 于 1996 年发布，MPI-3 于 2012 年发布。目前，MPI 已经成为事实上的行业标准。

5.1.3 数据并行编程模型

数据并行编程模型也称为分区全局地址空间（Partitioned Global Address Space，PGAS）模型。在该模型下，大部分任务集中于对同一个数据集进行并行操作和处理（图 5-3）。为方便操作，数据集通常会被组织成一个可操作的数据结构（如二维数组、三维数组等）。每个任务负责操作该数据结构的不同分区，但操作是相同的（例如，把每个数组元素减 1）。在共享内存架构下，所有任务可以通过全局内存来访问该数据结构；而在分布式内存架构下，全局数据结构可以在逻辑上（以及物理上）进行跨任务拆分。

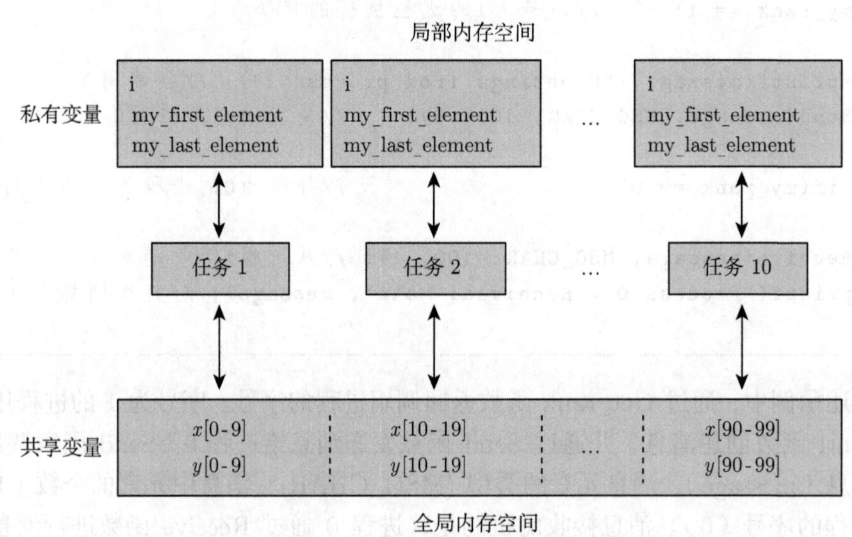

图 5-3 数据并行编程模型

该模型的出现主要是为了解决在共享内存中，有时会因为频繁访问远端内存而导致耗时的问题。在下面示例的代码中，首先声明了两个共享数组 x 和 y。然后在进程序号的基础上，决定哪个元素“属于”哪个进程。在完成数组的初始化后，依次对 x 和 y 中的对应元素进行加和，并赋值给 x 中的对应元素。

```
1  shared int n = ...;
2  shared double x[n], y[n];
3  private int i, my_first_element, my_last_element;
4  my_first_element = ...;
5  my_last_element = ...;
6  / * 初始化 x 和 y  */
7  . . .
8
9  for (i=my_first_element; i<=my_last_element; i++)
```

```
10        x[i] += y[i];
```

考虑两个情形：当 x、y 中的每个元素都恰好存储在运行程序的核所拥有的内存中时，代码的执行速度会非常快；但是，如果所有 x 数组的元素都分配给核 0，而所有 y 数组的元素都分配给核 1，那么程序的性能会非常差，因为每次执行赋值操作时，进程都需要访问远端内存。

数据并行编程模型的出现可以避免上述问题的发生。该模型提供给程序员一些工具，可以在运行程序的核的局部内存空间中为私有变量分配内存，共享数据结构的内存分配也由程序员控制。因此，程序员知道共享数组的哪个元素在进程的本地内存中。图 5-3中，将共享数组 x 和 y 的各个元素划分到不同任务中，例如，将 x[0-9] 和 y[0-9] 划分到任务 1，将 x[10-19] 和 y[10-19] 划分到任务 2，以此类推。上述划分方式避免了每次赋值操作都需要访问远端内存的问题。

5.1.4　混合并行编程模型

随着多核异构计算系统的快速发展，单一的并行编程模型不能很好地适应多核异构计算系统的特点。为了充分发挥多核异构计算系统的性能，程序开发者转而采用混合并行编程模型，其基本思想是混合使用多种不同类型的编程模型。

一种典型的混合并行编程模型示例是消息传递编程模型（如 MPI）与共享内存编程模型（如 OpenMP）的组合（图 5-4），其在本地计算节点上采用共享内存编程模型，通过多线程来执行计算密集型任务，不同计算节点之间的进程通信采用消息传递编程模型。这种混合并行编程模型可以很好地适应目前主流的多核集群系统的硬件环境。

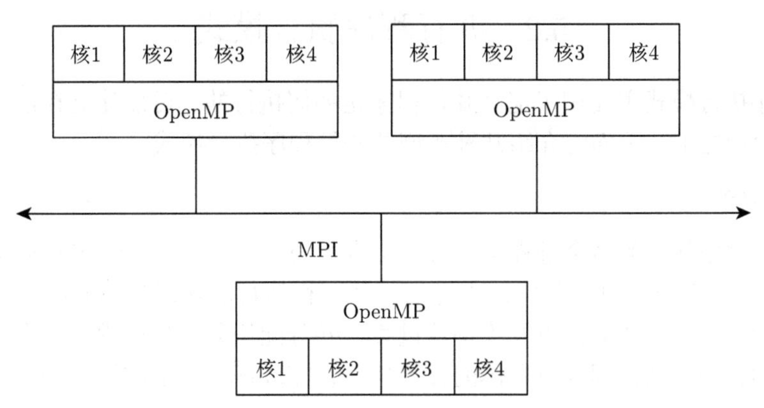

图 5-4　混合并行编程模型（MPI+OpenMP）

另一种典型的混合并行编程模型示例是消息传递编程模型（如 MPI）与数据编程并行模型（如 CUDA）的组合（图 5-5）。不同计算节点上的进程之间通过 MPI 进行通信，计算密集型任务被卸载到节点本地的 GPU 上，各个节点的本地内存和 GPU 之间的数据交换使用 CUDA。

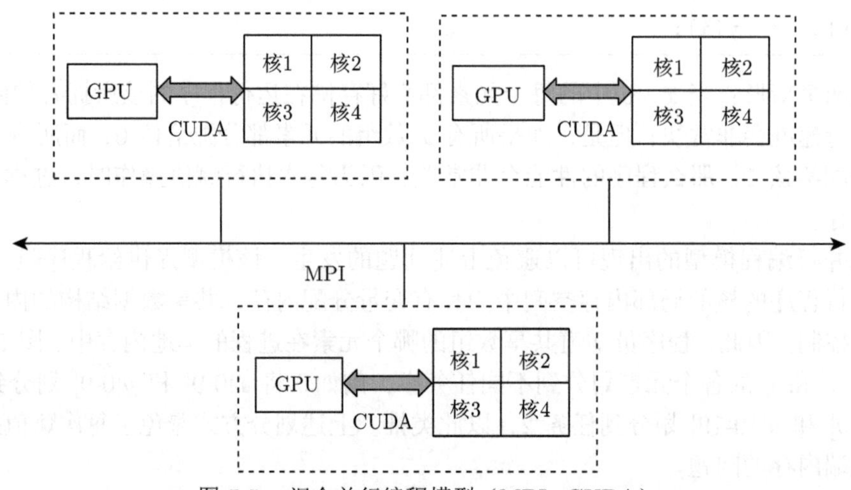

图 5-5　混合并行编程模型（MPI+CUDA）

5.1.5　隐式并行编程模型

隐式并行编程模型是一种比较特殊的编程模型，在该模型中，程序员仍然使用传统的串行编程语言来进行编程，编译器（或者运行时、硬件）会将串行代码自动转化为并行代码。例如，超标量执行就是一种典型的隐式并行编程模型，其利用指令级并行来实现对任务的并行操作。

隐式并行编程模型具有编程简单、可移植性好、易于调试等优点，但是效率偏低。

5.2　并行程序执行模式

并行程序执行模式主要用于定义并行程序是如何执行的，可以建立在前面所提到的各种并行编程模型之上。下面将介绍几种典型的并行程序执行模式。

5.2.1　主从模式

执行并行程序任务的多个进程中，有一个进程为主进程（Master Process），其他进程为从进程（Slave Process）。其中，主进程与从进程执行的代码是不同的，一般主进程负责控制逻辑和输入输出任务，以及管理从进程，并分配任务给从进程。所有从进程执行的代码是相同的，一般从进程执行具体的计算任务，完成任务后把结果发给主进程进行汇总处理。

主从模式实现起来较为简单，能够动态地对不同节点负载进行均衡调度，但主进程容易成为性能瓶颈和单一故障点，尤其对于大规模系统，当一个主进程需要管理成千上万个从进程时，系统会存在严重的可扩展性问题。

5.2.2　SPMD 模式

在单程序多数据（Single Program Multiple Data，SPMD）模式中，所有任务同时执行同一程序的副本，但所处理的数据可以是不同的（图 5-6）。SPMD 模型中，程序里包括了一系列控制分支逻辑，可以让不同的任务执行不同的分支。简单而言，每个任务通常只执行程序的一部分，而不一定需要执行整个程序。在 SPMD 模式下，执行任务的进程一般没有主从进程之分，各个进程地位相对平等，但实际实现的时候，通常会有一个进程（如进程 0）执行一些基本控制任务。

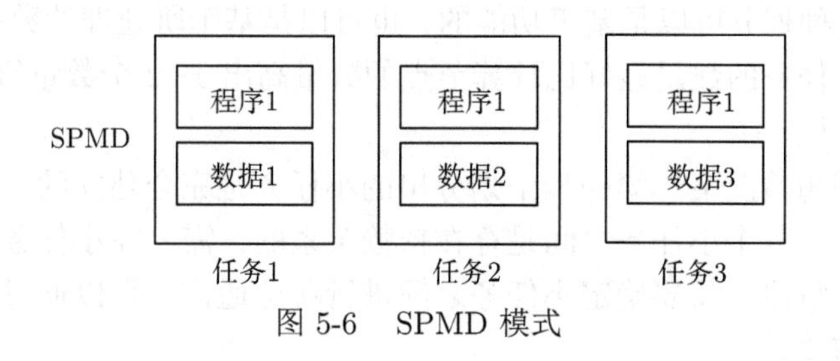

图 5-6　SPMD 模式

SPMD 不同于前面章节中提到的 SIMD，SPMD 不要求在指令层面进行同步，在同一时刻，不同处理器上的任务所执行的指令可能是不一样的。SPMD 只在需要的时候进行同步，而 SIMD 则要求同步执行每一条指令。SPMD 模式是多节点集群中最常用的并行程序执行模式，底层的编程模型可以采用消息传递编程模型或混合并行编程模型。

5.2.3　MPMD 模式

在多程序多数据（Multiple Program Multiple Data，MPMD）模式下，不同任务可以同时执行不同的程序，所处理的数据可以是不同的（图 5-7）。MPMD 模式更适用于求解功能分解问题，先将一个大的问题分解成多个小问题，然后通过 MPMD 模式对其进行并行求解。

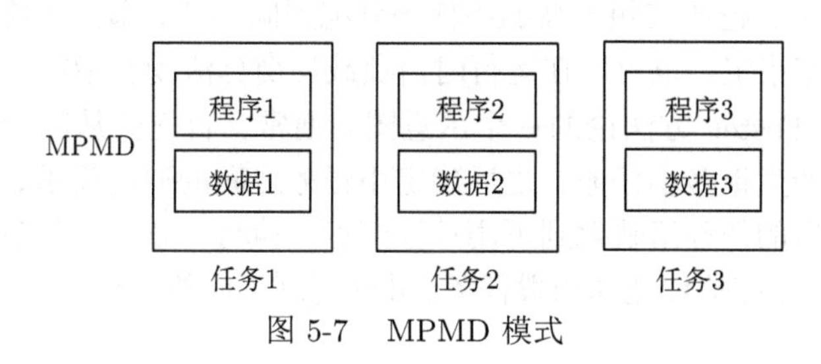

图 5-7　MPMD 模式

5.3　并行程序设计的方法论

设计并行程序也有完备的方法论，本节首先介绍著名的 Foster 方法论，然后给出如何应用该方法论来指导并行程序设计的示例。

5.3.1　Foster 方法论简介

1995 年，美国计算机科学家伊安·福斯特（Ian Foster）在其撰写的专著 *Designing and Building Parallel Programs* 中首次提出了一套并行程序设计的方法论，称为 Foster 方法论。该方法论把并行程序的设计和开发过程划分为四个阶段，分别为划分（Partitioning）、通信（Communication）、聚合（Agglomeration）、映射（Mapping）。由于每个阶段的英文首字母的缩写为 PCAM，也称为 PCAM 方法论。

接下来，将详细介绍 Foster 方法论中的四个阶段。

（1）划分：作为第一个阶段，划分的主要目的是找出程序中可以并行化的部分，理论上，可以并行化的部分越多越好。通过将任务划分为尽可能多的独立小任务，来提升程序内在的并行性。这种划分可以是基于功能的，也可以是基于所处理的数据来的。一般来说，所分解出的独立小任务的数量最好比计算节点的数量高出 1~2 个数量级，这样便于为后续阶段提供更多灵活性。

（2）通信：理想情况下，第一步中划分出的小任务是完全独立的，不需要任何相互通信。但实际情况中，各个小任务之间是存在依赖关系的，需要在小任务之间进行信号或数据的传输。在这一阶段，需要确定小任务之间进行哪些通信，可以通过任务依赖图来描述小任务之间的通信关系。

（3）聚合：对于过于细粒度的任务划分，如果将小任务直接部署在实际并行系统中，往往不能够获得真正高的效率。其中的一个重要原因是，使用很多个进程或线程并行执行大量的小任务，可能会因为通信的额外开销而大大降低效率。为减少这样的开销，把几个小任务聚合成一个大任务在同一台机器上执行，有可能会获得收益。在聚合阶段，希望通过合并一定数量的小任务产生更大的任务，增大在划分阶段和通信阶段设计的粒度。在进行聚合时，尽量把那些存在通信关系的小任务聚合在一起，形成一个组。同一个组的小任务被分配到同一计算节点，这样可以提升数据的局部性，减少任务之间的数据通信量。一般而言，聚合后的组的数量最好比可用计算节点的数量高 1 个数量级。

（4）映射：主要将聚合后的任务组映射（也称为分配）到可用计算节点上执行。映射的目标包括以下两个方面：① 使得每个计算节点执行的任务量大致相同，均衡计算节点之间的工作负载。② 通过把通信频率高的小任务分配到同一计算节点来降低节点之间的通信开销。映射可以静态指定，也可以在运行时由负载均衡算法动态指定。

图 5-8 给出了 Foster 方法论的一个示意图。通常，首先会从问题规范出发，对问题进行细粒度划分，产生很多小任务，之后确定小任务之间的通信需求，然后对小任务进行聚合，最后把聚合后的任务组映射到可用计算节点上执行。整个设计过程的输出是一个并行程序，该程序可以动态地创建和销毁任务，并映射到不同的计算节点上来执行。以上介绍

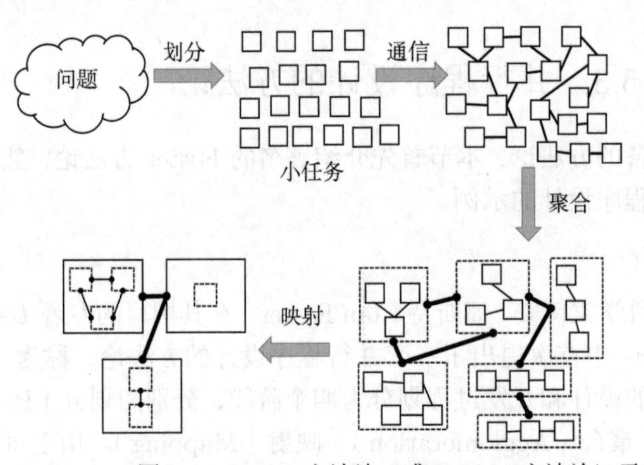

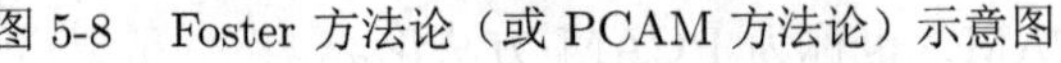
图 5-8 Foster 方法论（或 PCAM 方法论）示意图

的是一些基本原则，接下来会通过一个示例来说明如何应用 Foster 方法论来指导并行程序设计。

考虑从一个非常大的数组中寻找最大值的问题，假设有 m 个数和 n 个计算节点（m 远大于 n），需要设计一个并行程序来降低查找最大值的用时。

在划分阶段，一个简单的划分策略是进行一维划分，数组里每个值对应一个基本任务，总共有 m 个基本任务。可以把 m 个基本任务均分给 n 个计算节点，每个计算节点求取最大值，然后把求取的最大值发送给第 1 个计算节点，第 1 个计算节点进行比较后可以求出整个数组的最大值（图 5-9）。为了均衡不同节点之间的负载，可以把数组先划分为若干个小集合，先在小集合内求取最大值，再进一步进行归约。数组划分的过程可以不断递归，最终形成一种树形结构。

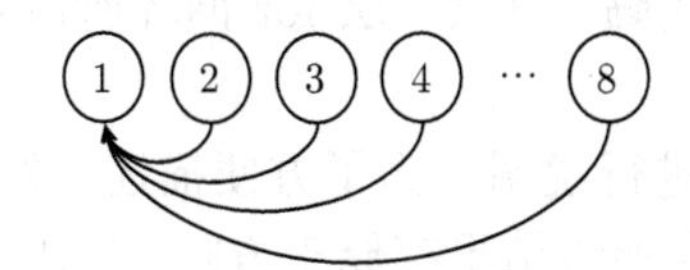

图 5-9 示例：求取最大值-划分阶段

在通信阶段，需要把从每棵子树中找到的最大值逐级汇报，最终汇聚到根节点。在聚合阶段，可以根据通信关系来确定把哪些基本任务聚合到一起（图 5-10），以减少通信开销和同步开销。最后，把聚合后的任务映射到每个计算节点上执行。

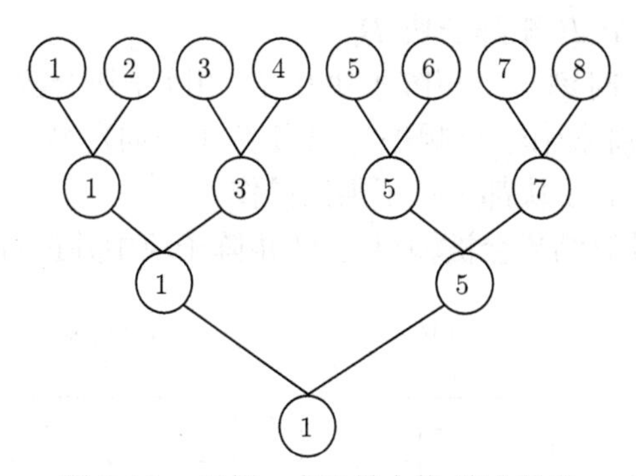

图 5-10 示例：求取最大值-聚合阶段

5.3.2 并行算法

与传统的串行算法不同，并行算法是一种可以在给定时间内执行多个操作的算法。通常用多个进程（或线程）来同时执行不同的任务，各个任务之间相互协作，从而完成对某个特定问题的求解。并行算法有不同的分类方法，按照解决问题的不同，可以分为数值并行算法和非数值并行算法。

1. 数值并行算法

数值并行算法是指基于代数关系进行运算的一类并行算法，主要用于求解数值计算问题，如矩阵计算、线性/非线性方程求解、最优化问题、微分方程求解等。

下面来看一个矩阵乘法运算的例子：设两个矩阵 A 和 B，大小分别为 $M \times N$ 和 $N \times P$，如果 $C = A \times B$，则 C 的大小为 $M \times P$。矩阵乘法的代码如下：

```
1 for (i = 0; i < M; ++i){
2     for (j = 0; j < P; ++j){
3         C[i][j] = 0;
4         for (k = 0; k < N; ++k){
5             C[i][j] += A[i][k] * B[k][j];
6         }
7     }
8 }
```

上面的例子是串行计算的代码，显然三层 for 循环所需要的时间复杂度是 $O(M \times N \times P)$，考虑用并行的思想优化它。

这里以 Cannon 算法为例进行说明。为了方便描述，假设需要计算的矩阵 A 和 B 均为方阵，即 $M = N = P$，并将乘法结果存储于方阵 C 中。同时假设有 S^2 个同构的处理器以进行并行加速计算。具体的并行加速的操作方法包括以下主要步骤。

（1）如图 5-11所示，算法首先将矩阵 A 和 B 划分为 $S \times S$ 个子块，记为 $A_{i,j}$ 和 $B_{i,j}$，其中 $0 \leqslant i, j \leqslant S-1$。

（2）算法会创建一个大小为 $S \times S$ 的进程的矩阵，进程 $p_{i,j}$ 会被分配一个处理器进行独立计算，并将计算结果输出到 C 矩阵对应的子块 $C_{i,j}$ 中。开始时进程 $p_{i,j}$ 会被分配一个 A 矩阵子块 $A_{i,j}$ 和一个 B 矩阵子块 $B_{i,j}$。

（3）在接下来的每个时刻，A 矩阵子块和 B 矩阵子块会按照一定的顺序读取到每个进程中，并进行子矩阵相乘操作。该顺序为 A 矩阵子块向左循环滚动一列，B 矩阵子块向上循环滚动一行，直至所有子块都进行了乘法操作。

（4）子矩阵对应的计算结果会被输出到 C 矩阵子块中并进行累加操作。

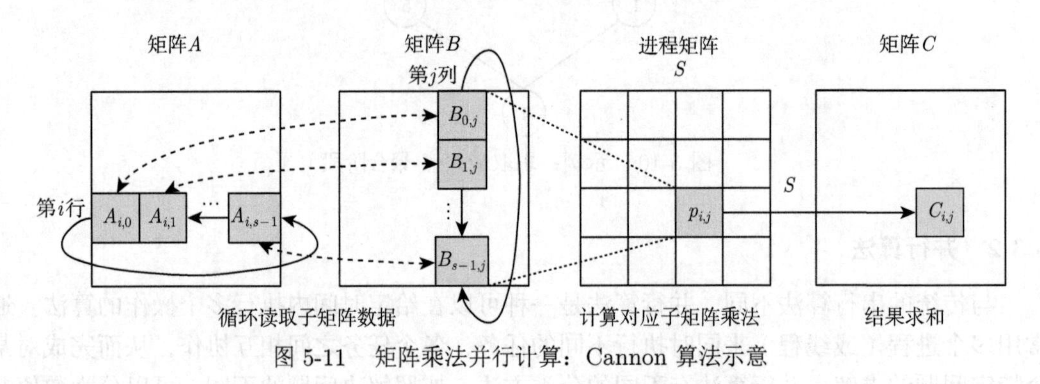

图 5-11 矩阵乘法并行计算：Cannon 算法示意

2. 非数值并行算法

非数值并行算法是指基于比较关系进行运算的一类并行算法，主要面向排序、分类、图论、神经计算等符号处理问题。需要说明的是，也有一些分类方法中将神经计算（神经网络）单独列为一类。这里还是根据运算的特点将神经网络归为非数值并行算法。

通过并行快速排序的例子来进行理解。快速排序算法的思想是在数组中随机选择一个元素作为主元，将数组中其余的元素划分为大于主元的部分和小于主元的部分，然后对这两个部分递归地重复该过程。

同时，在对快速排序进行并行化的时候，很容易想到可以将需要排序的数据划分为不同的子数组，每个子数组排序的过程均可以并发执行。接下来简单地介绍一个可能的并行快速排序算法，具体算法伪代码可以参考算法 5-1。

算法 5-1 并行快速排序算法伪代码

输入: 待排序数组 d_{init}，并行进程组 p_{init}
输出: 有序数组 d_{sort}
递归执行函数 parallel_quick_sort ($d_{\text{init}}, p_{\text{init}}$)；
函数 parallel_quick_sort (d,p):
　在数组 d 中随机初始化一个主元数据；
　将主元数据广播给同一进程组 p 中的所有进程；
　将进程组 p 中的所有进程按照进程号划分为两部分：上半部分进程 p_{up}，下半部分进程 p_{down}；
　for $\forall i \in p$ **do**
　　进程 i 根据收到的主元数据将数组 d 划分为两部分：“高值数组”d_{large} 和“低值数组”d_{small}；
　　if $i \in p_{\text{up}}$ **then**
　　　将“低值数组”d_{small} 发送给进程组下半部分的伙伴进程，同时接收伙伴进程发送的数组；
　　else
　　　将“高值数组”d_{large} 发送给进程组上半部分的伙伴进程，同时接收伙伴进程发送的数组；
　　保留一个待排序数组；
　if *未满足递归中止条件* **then**
　　执行函数 parallel_quick_sort ($d_{\text{large}}, p_{\text{up}}$)；
　　执行函数 parallel_quick_sort ($d_{\text{small}}, p_{\text{down}}$)；
　else
　　返回分配成功；
所有进程对当前数组并行执行快速排序算法；
按进程号顺序组合所有进程排序结果以获得排序数组 d_{sort}；

（1）首先每个进程都会被分配一个待排序数组，算法从待排序的数组中随机选择一个主元数据，并将主元数据广播到每个进程当中，具体如图 5-12(a) 所示。

（2）每个进程将待排序的数组分为两个子数组：“低值数组”中的元数据均小于（或等于）主元数据，“高值数组”中的元数据均大于主元数据。同时算法将进程组分为上下两部分。上半部分的进程将其“低值数组”发送给下半部分的伙伴进程，并接收伙伴进程的

“高值数组”。下半部分的进程将其“高值数组”发送给上半部分的伙伴进程，并接收伙伴进程的“低值数组”。最终所有进程只保留一个待排序数组。这样，上半部分进程分配的数组数据均大于主元数据，下半部分进程分配的数组数据均小于主元数据。具体如图 5-12(b) 所示。

（3）算法上下两个进程组分别递归执行前述步骤。经过 $\log P$ 次递归后（P 为并行进程数），每个进程都有一个待排序的数组，这些值与其他进程所持有的值完全不相交。具体如图 5-12(c) 与 (d) 所示。且进程 i 所拥有数组的数据最大值严格小于进程 $i+1$ 所拥有数组的数据最小值。具体如图 5-12(e) 所示。

（4）进程使用并行快速排序算法对其数组进行并行快速排序。最后将每个进程的排序结果进行合并即可。具体如图 5-12(f) 所示。

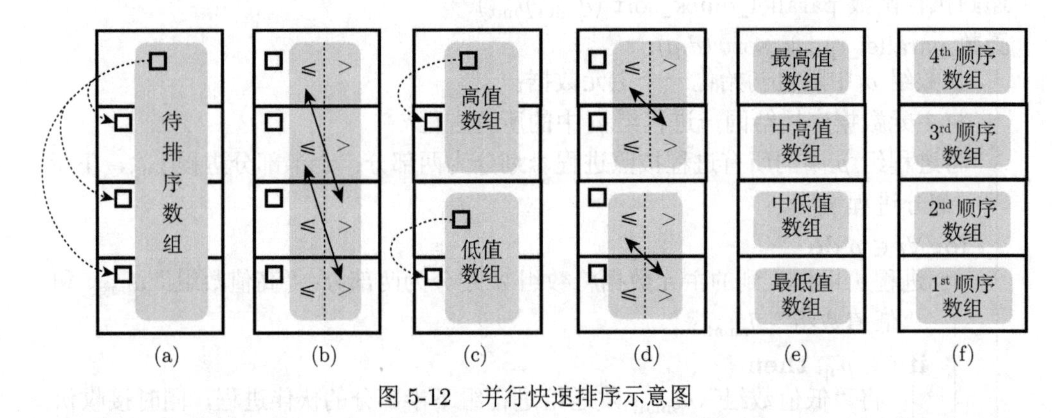

图 5-12 并行快速排序示意图

5.4 本章小结

本章主要介绍了并行编程的基础概念，作为后续章节的前序知识。本章首先介绍了典型的并行编程模型，包括共享内存编程模型、消息传递编程模型、数据并行编程模型、混合并行编程模型、隐式并行编程模型等，并介绍了每种编程模型的优缺点。接着，对并行程序执行模式进行了介绍，主要有主从模式、SPMD 模式和 MPMD 模式三种类型。最后，介绍了并行程序设计中一个非常重要的方法论——Foster 方法论。Foster 方法论将并行程序的设计和开发分为四个阶段：划分、通信、聚合和映射。另外，本章还介绍了并行程序算法的分类。

课后习题

1. 请试着编写树形结构的全局求和伪代码。先考虑在共享内存的情况下该如何实现，接着考虑分布式内存的情况。在共享内存的情况下，哪些变量是共享的？哪些变量是私有的？

2. 试比较共享内存编程模型和消息传递编程模型的优缺点。

3. 假如计算机系里的老师要准备一次入学考试。

（1）在准备入学考试的时候，如何将任务分配给各个老师以实现任务并行？设计一个方案使得各种准备任务能够同时进行。

（2）如果其中的一项任务是布置考试场地，那么该如何分配布置任务以实现数据并行？

（3）请设计一个任务并行和数据并行相结合的方案来准备本次入学考试（比如，如果老师的工作量太大，可以考虑请助教来帮忙）。

4. 共享内存编程模型和消息传递编程模型可以归为任务并行编程模型，请分析任务并行编程模型和数据并行编程模型的主要区别和优缺点，并分别对不同并行编程模型的适用范围进行举例阐述。

5. 试阐述 Foster 方法论的主要思想，并利用 Foster 方法论分析图 5-11和图 5-12中所示的并行算法。

6. 请查阅并行算法的相关资料，分别对数值计算场景（如矩阵计算）和非数值计算场景（如数组排序）提出一个与本书例子不同的并行算法，并给出相应的伪代码和改进方向。

第 6 章　传统并行编程

在本章中，将介绍在并行程序开发中常用的应用程序编程接口，如基于消息传递模型的 MPI、基于共享存储模型的 Pthreads 和 OpenMP。将从基本概念开始，通过示例来介绍如何进行并行编程。

6.1　MPI 编程

消息传递接口（MPI）是一种适用于多种并行计算架构的编程接口标准，可以用于通过消息传递对分布式内存系统进行编程。这里，消息传递是指程序通过在进程间传递消息来实现某些功能，例如，主进程通过传递描述任务的消息为从进程分配任务。MPI 函数库可以被 C、C++、FORTRAN 程序调用。

6.1.1　MPI 基本概念

首先来认识 MPI 编程中常见的概念。在 MPI 中，通信子（Communicator）定义了一个能够互相发消息的进程集合，为了在通信中区分不同的进程，集合中的每个进程会被分配一个进程号（rank）。例如，若有 p 个进程，则它们会被编号为 $0, 1, \cdots, p-1$。

先来看一个简单的发送、接收消息的 MPI 程序。在该例子中，指定 0 号进程接收来自其他进程的数据并进行输出，其他进程向 0 号进程发送数据。注意，当发送的数据为字符串时，消息数量为字符串长度加 1（即算上末尾的结束符）。虽然 0 号进程和其他进程的动作不同，但本质上只编译了单个程序，让不同进程执行不同逻辑，而并非为每个进程编译不同的程序。这种实现方式让进程按照进程号来匹配分支，采用的是 SPMD 模式。

```
1  #include <stdio.h>
2  #include <string.h>
3  #include "mpi.h"
4
5  int main(int argc, char* argv[])
6  {
7      int num_of_procs, my_rank;
8      char greeting[20];
9
10     // 初始化MPI环境
11     MPI_Init(&argc, &argv);
12     // 获取当前进程的进程号
13     MPI_Comm_rank(MPI_COMM_WORLD, &my_rank);
14     // 获取通信子中的进程数
```

```
15      MPI_Comm_size(MPI_COMM_WORLD, &num_of_procs);
16
17      if (my_rank != 0) {
18          // 若不是0号进程，则向0号进程发送消息
19          strcpy(greeting, "Hello World!");
20          MPI_Send(greeting, strlen(greeting) + 1, MPI_CHAR, 0, 0,
                MPI_COMM_WORLD);
21      }
22      else {
23          // 若是0号进程，则逐个接收其他进程发送的消息
24          for (int i = 1; i < num_of_procs; i++) {
25              MPI_Recv(greeting, 20, MPI_CHAR, i, 0, MPI_COMM_WORLD,
                    MPI_STATUSES_IGNORE);
26              printf("Message received from process %d: %s\n",i,greeting);
27          }
28      }
29
30      // 释放为MPI分配的资源
31      MPI_Finalize();
32      return 0;
33  }
```

假设源程序的名称为 MPI_helloworld.c，可以用如下 mpicc 命令来编译该程序，其中生成的可执行程序为 MPI_helloworld，编译选项-g 表示产生调测试信息，编译选项-Wall 表示打开所有告警信息，这两个编译选项也可以不加入命令行中。

```
1  mpicc -g -Wall -o  MPI_helloworld  MPI_helloworld.c
```

生成的可执行程序可以用 mpiexec 命令来执行，如下面形式，其中运行参数-n <number of processes> 指定了运行时使用的进程数目。

```
1  mpiexec -n <number of processes> ./MPI_helloworld
```

程序的运行结果如下：

```
1  $ mpicc -g -Wall -o MPI-helloworld MPI-helloworld.c
2  $ mpiexec -n 8 MPI-helloworld
3  Greeting from process 1: Hello World!
4  Greeting from process 2: Hello World!
5  Greeting from process 3: Hello World!
6  Greeting from process 4: Hello World!
7  Greeting from process 5: Hello World!
8  Greeting from process 6: Hello World!
9  Greeting from process 7: Hello World!
```

在上述例子中，涉及的主要 MPI 函数有 MPI_Init、MPI_Finalize、MPI_Comm_size、MPI_Comm_rank、MPI_Send、MPI_Recv，下面将进行具体介绍。

MPI_Init 函数主要用于通知系统进行必要的并行环境初始化设置，如通信子的定义、进程号的指定等。MPI 系统通过 argc、argv 得到命令行参数，当没有被使用到时可以设置为 NULL；MPI_Init 函数返回一个 int 型的错误码。MPI_Init 函数的定义如下：

```
1 int MPI_Init(int* argc, char** argv[]);
```

MPI_Finalize 函数用于表明并行代码的结束，为 MPI 分配的资源可以被释放了，所有进程的正常退出都必须调用该函数。调用 MPI_Finalize 函数后，主进程外其他进程结束。它有如下结构：

```
1 int MPI_Finalize(void);
```

MPI_Init 函数到 MPI_Finalize 函数之间的代码在每个进程中都会被执行一次。一般而言，所有的 MPI 函数应该在 MPI_Init 函数后被调用，且调用 MPI_Finalize 函数后不应再调用其他 MPI 函数。一个典型的 MPI 程序有如下结构：

```
1  ...
2  #include <mpi.h>
3  ...
4  int main(int argc, char* argv[]) {
5      ...
6      MPI_Init(&argc, &argv);
7      ...
8      MPI_Finalize();
9      ...
10     return 0;
11 }
```

MPI_Comm_size 函数主要用于获得通信子中的进程数，参数 comm 是一个通信子，参数 size 保存通信子中的进程数。MPI_Comm_size 函数的定义如下：

```
1 int MPI_Comm_size(MPI_Comm comm, int* size);
```

MPI_Comm_rank 函数用于获得进程在通信子中的进程号，参数 comm 是一个通信子，参数 rank 保存调用函数的进程在通信子中的进程号。MPI_Comm_rank 函数的定义如下：

```
1 int MPI_Comm_rank(MPI_Comm comm, int* rank);
```

MPI_Send 函数为 MPI 的发送方法，第一个参数是要发送的变量；第二个参数是发送的消息的数量；第三个参数是要发送的数据类型，这里需要用 MPI 定义的数据类型；第四个参数是接收方的进程号；第五个参数是消息标签，一个进程可以通过指定另一个进程的进程号以及一个独一无二的消息标签来发送消息给另一个进程；第六个参数是通信子，表示要向哪个进程的集合发送消息。前三个参数定义了消息数据，后三个参数定义了消息的信封。MPI_Send 函数的定义如下：

```
1 MPI_Send(
2     void* data,
3     int count,
4     MPI_Datatype datatype,
5     int destination,
6     int tag,
7     MPI_Comm communicator);
```

MPI_Recv 函数为 MPI 的接收方法。第一个参数是接收到的数据要保存的缓存；第二个参数是接收的消息的数量；第三个参数是要接收的数据类型，需要用 MPI 定义的数据类型；第四个参数是发送方的进程号；第五个参数是消息标签，需要与发送方的 tag 值相同才能接收其发送的消息；第六个参数是通信子，需要与发送方的通信子相匹配；第七个参数是消息状态，接收函数返回时，将在这个参数指示的变量中存放实际接收的消息的状态信息，包括消息的源进程标识、消息标签、消息包含的数据项个数等。MPI_Recv 函数的定义如下：

```
1 MPI_Recv(
2     void* data,
3     int count,
4     MPI_Datatype datatype,
5     int source,
6     int tag,
7     MPI_Comm communicator,
8     MPI_Status* status);
```

当发送进程决定向接收进程发送消息时，发送进程会把需要发送给接收进程的数据放到缓存中，数据打包进缓存之后，通信设备就负责把消息传递到根据特定进程号确定的接收进程。匹配的消息才可以被成功接收，即收发双方的通信子、消息标签都匹配，且发送方的目的地参数与接收方的进程号匹配，接收方的来源参数与发送方的进程号匹配。

上面提到的 MPI 定义的数据类型与其在 C 语言里的对应数据类型如表 6-1所示。

6.1.2 MPI 通信模式

MPI 通信模式主要包括两类，其中涉及通信子内一个发送者以及一个接收者的通信称作点对点通信（Point-to-Point Communication），而涉及通信子内多个发送者和多个接收者的通信称为集合通信（Collective Communication）。

1. 点对点通信

MPI 系统定义的所有通信方式均建立在点对点通信之上。在点对点通信中，给定属于同一通信子的两个进程，其中一个发送消息，另一个接收消息。按照消息发送和接收的行为是否是阻塞的，可以将其进一步划分为阻塞通信和非阻塞通信。

（1）阻塞通信：在消息发送和接收操作完成之前，进程一直处于等待的状态，所以称为“阻塞”。在阻塞通信中，MPI_Recv 函数是阻塞的，直到接收到匹配的消息；若没有匹配的消息，那么该接收进程会一直被阻塞，即进程悬挂，因此在设计程序时需要保证消息匹配无误。

（2）非阻塞通信：调用消息发送和接收函数后，无须等待消息发送和接收操作完成，函数即可返回，之后可以再调用其他函数来判断通信过程是否已经完成。

表 6-1　MPI 定义的数据类型与其在 C 语言里的对应数据类型

MPI 数据类型	C 语言数据类型
MPI_CHAR	char
MPI_SHORT	short int
MPI_INT	int
MPI_LONG	long int
MPI_LONG_LONG	long long int
MPI_UNSIGNED_CHAR	unsigned char
MPI_UNSIGNED_SHORT	unsigned short int
MPI_UNSIGNED	unsigned int
MPI_UNSIGNED_LONG	unsigned long int
MPI_UNSIGNED_LONG_LONG	unsigned long long int
MPI_FLOAT	float
MPI_DOUBLE	double
MPI_LONG_DOUBLE	long double

此外，对于点对点通信，MPI 提供四种发送模式，分别是标准模式 (Standard Mode)、缓冲模式 (Buffered Mode)、同步模式 (Synchronous Mode)、就绪模式 (Ready Mode)。这四种发送模式的调用参数是一样的，区别在于是否要求对发送数据进行缓存、何时发送调用函数可以正确返回，以及对接收方的状态要求。

（1）标准模式：由 MPI 系统来决定是否进行消息缓存。简单来说，就是决定是将消息复制到一个缓冲区后立即返回，还是等待消息发送完成后再返回。通常，大部分 MPI 系统都有一个发送缓冲区，如果所发送的消息小于缓冲区大小，则将消息复制到缓冲区后立即返回，否则等待消息发送完成后再返回。标准模式阻塞型 MPI 发送函数是 MPI_Send。

（2）缓冲模式：用户会先定义一个缓冲区，MPI 系统将消息先复制到该缓冲区后，再立即返回，之后的消息发送在后台慢慢进行。缓冲模式阻塞型 MPI 发送函数为 MPI_Bsend。

（3）同步模式：和标准模式比较类似，可以认为是对标准模式的扩展。其要求确认消息接收方已经开始接收消息后，发送函数的调用才返回。同步模式阻塞型 MPI 发送函数为 MPI_Ssend。

（4）就绪模式：消息发送方必须确保接收方处于等待接收消息的就绪状态。只有当接收方的接收操作已经启动时，才可以在发送方启动发送操作，否则会产生错误。就绪模式阻塞型 MPI 发送函数为 MPI_Rsend。

MPI 点对点通信类型及其各种模式所对应的 MPI 函数如表 6-2所示。

2. 集合通信

点对点通信只同时涉及两个不同的进程，而集合通信通常涉及一个通信子中的所有进程。在集合通信中，一个通信子的所有进程都需要调用相同的集合通信函数。下面以数据归约作为示例来说明集合通信的概念和使用。

表 6-2　MPI 点对点通信类型及其各种模式所对应的 MPI 函数

函数类型	通信模式	阻塞性	非阻塞性
消息发送函数	标准模式	MPI_Send	MPI_Isend
	缓冲模式	MPI_Bsend	MPI_Ibsend
	同步模式	MPI_Ssend	MPI_Issend
	就绪模式	MPI_Rsend	MPI_Irsend
消息接收函数		MPI_Recv	MPI_Irecv

数据归约涉及通过函数将一组数字缩减为一个较小的集合，类似数据的压缩精简，如求数组的累加和等。在归约操作中，通常会使用到集合通信。为了减轻程序员优化通信结构的压力，MPI 提供了 MPI_Reduce 函数，该函数具有以下结构：

```
1 MPI_Reduce(
2     void* send_data,
3     void* recv_data,
4     int count,
5     MPI_Datatype datatype,
6     MPI_Op op,
7     int root,
8     MPI_Comm comm);
```

其中，send_data 参数是包含需要进行归约的数据的数组，数据类型为 datatype；recv_data 数组包含归约的结果，大小为 sizeof (datatype) * count，它仅与具有 root 秩的进程相关；op 参数即预定义的归约操作符，通过该参数指定要应用于数据的归约操作（常见的归约操作如表 6-3所示）；comm 参数为通信子。

表 6-3　常见的归约操作

运算符值	含义
MPI_MAX	最大值
MPI_MIN	最小值
MPI_SUM	累加和
MPI_PROD	累乘积
MPI_LAND	逻辑与
MPI_BAND	按位与
MPI_LOR	逻辑或
MPI_BOR	按位或
MPI_LXOR	逻辑异或
MPI_BXOR	按位异或
MPI_MAXLOC	求最大值和它所在位置
MPI_MINLOC	求最小值和它所在位置

接下来通过一个例子来说明如何使用集合通信简化并行程序。在该例子中，每个进程将生成一组随机数，并对它们求和，结果保存在 local_sum 变量中。然后通过 MPI_Reduce 函数，指定归约操作为求和，将每个进程的 local_sum 变量的求和结果归约至 0 号进程。在 0 号进程中，程序打印全局和。

```
1  #include <stdio.h>
2  #include <stdlib.h>
3  #include <mpi.h>
4  #include <assert.h>
5  #include <time.h>
6
7  // 创建一组随机数
8  float *create_rand_nums(int num_of_items) {
9    float *rand_nums = (float *)malloc(sizeof(float) * num_of_items);
10   assert(rand_nums != NULL);
11   for (int i = 0; i < num_of_items; i++) {
12     rand_nums[i] = (rand() / (float)RAND_MAX);
13   }
14   return rand_nums;
15 }
16
17 int main(int argc, char** argv) {
18     int num_of_items_per_proc = 5;
19     int my_rank, num_of_procs;
20
21     // 初始化MPI环境
22     MPI_Init(NULL, NULL);
23     // 获取当前进程的进程号
24     MPI_Comm_rank(MPI_COMM_WORLD, &my_rank);
25     // 获取通信子中的进程数
26     MPI_Comm_size(MPI_COMM_WORLD, &num_of_procs);
27
28     // 为每个进程创建一组随机数
29     srand(time(NULL)*my_rank);
30     float *rand_nums = NULL;
31     rand_nums = create_rand_nums(num_of_items_per_proc);
32
33     // 对进程本地随机数进行求和
34     float local_sum = 0;
35     for (int i = 0; i < num_of_items_per_proc; i++) {
36       local_sum += rand_nums[i];
37     }
38
39     // 每个进程打印各自的随机数
40     printf("Local sum of process %d: %f\n", my_rank, local_sum);
41
42     // 对每个进程的局部和进行归约
43     float global_sum;
44     MPI_Reduce(&local_sum, &global_sum, 1, MPI_FLOAT, MPI_SUM, 0,
```

```
        MPI_COMM_WORLD);
45
46      // 由0号进程打印结果
47      if (my_rank == 0) {
48        printf("Total sum = %f\n", global_sum);
49      }
50
51      free(rand_nums);
52      MPI_Barrier(MPI_COMM_WORLD);
53      MPI_Finalize();
54  }
```

程序的运行结果如下：

```
1 $ mpicc -g -Wall -o MPI_reduce_example MPI_reduce_example.c
2 $ mpiexec -n 8 ./MPI_reduce_example
3 Local sum of process 3: 2.787291
4 Local sum of process 1: 1.702569
5 Local sum of process 2: 2.920750
6 Local sum of process 4: 2.514091
7 Local sum of process 5: 3.358917
8 Local sum of process 7: 3.880639
9 Local sum of process 0: 3.727757
10 Local sum of process 6: 3.192811
11 Total sum = 24.084827
```

要注意的是，每个进程传递的参数应是相容的，如 datatype 相同、root 相同等。集合通信在进程间引入了同步点，即所有的进程在执行代码的时候必须首先都到达一个同步点才能继续执行后面的代码，MPI 提供 MPI_Barrier 函数实现同步点，它具有以下结构：

```
1 MPI_Barrier(MPI_Comm communicator);
```

集合通信中，除了 MPI_Reduce 函数，还提供了 MPI_Allreduce、MPI_Bcast、MPI_Scatter、MPI_Gather 等函数，它们各自的功能有所区别，感兴趣的读者可以阅读相关文档资料以进行了解。

6.2　Pthreads 编程

Pthreads (POSIX Threads) 是由 IEEE 开发的 POSIX 线程标准，它定义了一套创建和操作线程的 API。Pthreads 的 API 可在支持 POSIX 的系统上使用，如 Linux、Solaris、macOS X 等。与 MPI 类似，Pthreads 也不是编程语言，而是定义了一套可被 C、C++ 程序调用的多线程 API，用于进行共享内存编程。

在共享内存系统中，处理器核可以访问任意的内存区域，但同时也引入了一系列的同步问题，如临界区中的同步问题等。Pthreads 具有轻量级、高效数据交换的特点，这与线程、共享内存的特性是密切相关的。

Pthreads 提供了一系列用于多线程编程的函数，主要包括线程管理、线程同步两大类。Pthreads 函数一般以 “pthread_” 作为前缀，Pthreads 部分前缀与函数族的关系如表 6-4 所示。

表 6-4　Pthreads 部分前缀与函数族的关系

函数前缀	函数族
pthread_	线程与杂项子函数
pthread_attr_	线程参数对象
pthread_mutex_	互斥锁
pthread_mutexattr_	互斥锁参数对象
pthread_cond_	条件变量
pthread_condattr_	条件变量参数对象
pthread_key_	线程相关数据键
pthread_rwlock_	读写锁
pthread_barrier_	屏障

下面将对各种 Pthreads 函数的使用，以及如何编写基于 Pthreads 的并行程序进行介绍。

6.2.1　线程管理

首先通过一个简单的 Pthreads 程序来展示如何创建和结束线程。在下面程序中，首先声明一组 pthread_t 变量，并利用其中每一个变量创建一个线程，让线程执行 print_hello_world 函数。尝试编译运行该程序，可以发现线程的调度并不一定按照它被创建的顺序，而一个健壮程序也不应依赖线程被调度的顺序。

```
1  #include <pthread.h>
2  #include <stdio.h>
3  #include <stdlib.h>
4  #define NUM_THREADS 4
5
6  void *print_hello_world (void *thread_id) {
7      long tid;
8      tid = (long)thread_id;
9      printf("Thread %ld: Hello World!\n", tid);
10     pthread_exit(NULL);
11 }
12
13 int main(int argc, char *argv[]) {
14     int rc;
15     long t;
16
17     // 声明一组pthread_t变量
18     pthread_t threads[NUM_THREADS];
```

```
19
20     // 遍历threads中的每一个pthread_t变量
21     for (t = 0; t < NUM_THREADS; t++) {
22         printf("main(): creating thread %ld\n", t);
23         // 用pthread_t变量创建一个线程，让线程执行print_hello_world函数
24         // 并向print_hello_world函数传入参数t
25         err = pthread_create(&threads[t], NULL, print_hello_world, (void
              *)t);
26         if (err) {
27             printf("Error %d: pthread_create() failed.\n", err);
28             exit(-1);
29         }
30     }
31     pthread_exit(NULL);
32 }
```

若将代码保存为 Pthread_helloworld.c 源文件，编译命令如下：

```
1 $ gcc -g -Wall Pthread_helloworld.c -lpthread -o Pthread_helloworld
```

运行产生的可执行文件./Pthread_helloworld，可得如下结果：

```
1 $ ./Pthread_helloworld
2 main(): creating thread 0
3 main(): creating thread 1
4 Thread 0: Hello World!
5 main(): creating thread 2
6 Thread 1: Hello World!
7 main(): creating thread 3
8 Thread 2: Hello World!
9 Thread 3: Hello World!
```

在 Pthreads 程序中，创建或结束线程可以调用以下函数：

```
1 int pthread_create(pthread_t *restrict thread, const pthread_attr_t *
      restrict attr, void *(*start_routine)(void *), void *restrict arg);
2 void pthread_exit(void *value_ptr);
3 int pthread_cancel(pthread_t thread);
```

每个线程对象的类型用 pthread_t 表示，所存储的数据是由系统绑定的，对用户是不透明的。pthread_create 函数用于创建线程，其第一个参数是指向 pthread_t 对象的指针，第二个参数是线程属性对象，第三个参数指定线程将运行的函数，第四个参数是指向传递给 start_routine 函数所需参数的指针。若线程创建成功，则函数返回 0；若出错，则返回错误编号。pthread_exit 函数用于终止当前线程。参数由用户指定，可以通过这个参数获得线程的退出状态。pthread_cancel 函数由其他线程调用，请求中断目标线程。

6.2.2 线程同步

在多线程编程中，资源共享的同步问题是多线程编程的难点。线程同步是指在某一时刻只允许一个特定的线程访问某个共享资源，而其他的线程不可以访问该资源。Pthreads 主要提供了三种线程同步机制，分别是线程阻塞、互斥锁、条件变量。下面将具体介绍这三种机制的工作机理。

1. 线程阻塞

阻塞是线程之间同步的一种方法，对线程的阻塞可以使用以下函数：

```
1 int pthread_join(pthread_t thread, void **value_ptr);
```

调用 pthread_join 函数，则线程将等待 thread 参数所关联的线程结束，value_ptr 参数用于接收关联线程产生的返回值。一个可以被阻塞的线程，仅可以被另外的唯一线程阻塞，且线程不能阻塞自己。

pthread_detach 函数可以用于显式地分离线程，它具有以下结构：

```
1 int pthread_detach(pthread_t thread);
```

pthread_detach 函数可以分离阻塞的线程，若事先知道线程从不需要阻塞，可以考虑在创建线程时将其设置为可分离状态。

用一个例子说明如何使用线程阻塞。在线程的初始化过程中，显式地将线程运行模式设置为阻塞式 (joinable)，并创建一个子线程 sub_thread。主线程由于使用了 pthread_join 函数，需要等待子线程 sub_thread 执行完毕后，才能继续执行。

```
1  #include<stdlib.h>
2  #include <pthread.h>
3  #include <stdio.h>
4  #include <math.h>
5  #include <inttypes.h>
6
7  void *work_thread(void *t) {
8      long tid;
9      int result=0;
10     tid = *((long*)(&t));
11     printf("Thread %ld: starting...\n",tid);
12     for (int i=0; i<5; i++) {
13        printf("Thread %ld: working, result=%d \n",tid, result);
14        result +=2;
15     }
16     printf("Thread %ld: finished, result = %d\n",tid, result);
17     // 线程需要通过调用pthread_exit函数终止执行
18     pthread_exit((void*) t);
19     return 0;
20 }
```

```
21
22 int main (int argc, char *argv[]) {
23     pthread_t sub_thread;
24     pthread_attr_t attr;
25     int err;
26     __int64 t=0;
27     void *status;
28
29     /* 初始化属性 */
30     pthread_attr_init(&attr);
31     pthread_attr_setdetachstate(&attr, PTHREAD_CREATE_JOINABLE);
32     printf("main: creating thread %lld\n", t);
33     err = pthread_create(&sub_thread, &attr, work_thread, (void *)t);
34     if (err) {
35         printf("Error %d: pthread_create() failed.\n", rc);
36         exit(-1);
37     }
38
39     /* 释放属性并等待其他线程 */
40     pthread_attr_destroy(&attr);
41     err = pthread_join(sub_thread, &status);
42     if (err) {
43         printf("Error %d: pthread_join() failed.\n", err);
44         exit(-1);
45     }
46     printf("main: completed join with thread %lld.\n",t);
47     printf("main: program completed. Exiting.\n");
48
49     pthread_exit(NULL);
50     return 0;
51 }
```

程序运行结果如下：

```
1  $ gcc -g Pthread_block.c -lpthread -o Pthread_block
2  $ ./Pthread_block
3  main: creating thread 0
4  Thread 0: starting...
5  Thread 0: working, result=0
6  Thread 0: working, result=2
7  Thread 0: working, result=4
8  Thread 0: working, result=6
9  Thread 0: working, result=8
10 Thread 0: finished, result = 10
11 main: completed join with thread 0.
```

```
12 main: program completed. Exiting.
```

2. 互斥量

互斥量即互斥锁,它是一种特殊类型的变量,配合它的操作函数,从而实现临界区同步,并防止多个线程同时更新同一个数据时出现混乱。互斥量可以防止竞争条件,在 Pthreads 中任意时刻仅有一个线程可以锁定互斥量,直到锁定互斥量的线程解锁后,其他线程才可以去锁定互斥量,从而使线程轮流访问受保护数据。

使用互斥量的典型步骤如下:

(1) 创建一个互斥量,即声明一个 pthread_mutex_t 类型的数据,并初始化。

(2) 多个线程尝试去锁定这个互斥量,但只有一个线程成功锁定该互斥量。

(3) 成为互斥量拥有者的线程完成一些动作,然后解锁该互斥量。

(4) 其他线程尝试锁定这个互斥量,并重复上述步骤。

(5) 通过调用 pthread_mutex_destroy 函数销毁互斥量。

以下是创建、销毁、锁定、解锁互斥量的相关函数:

```
1 int pthread_mutex_init(pthread_mutex_t *restrict mutex, const
      pthread_mutexattr_t *restrict attr);
2 int pthread_mutex_destroy(pthread_mutex_t *mutex);
3 int pthread_mutexattr_init(pthread_mutexattr_t *attr);
4 int pthread_mutexattr_destroy(pthread_mutexattr_t *attr);
5 phtread_mutex_lock(pthread_mutex_t *mutex);
6 phtread_mutex_trylock(pthread_mutex_t *mutex);
7 phtread_mutex_unlock(pthread_mutex_t *mutex);
```

attr 对象用于设置互斥量对象的属性,Pthreads 中定义了三种互斥量属性,包括 Protocol、Prioceiling 和 Process-shared。pthread_mutexattr_init 函数和 pthread_mutexattr_destroy 函数分别用于创建和销毁互斥量属性对象。

当存在多个线程同时锁定同一个互斥量时,使用 pthread_mutex_lock 函数且未获得互斥量的线程会被阻塞,直到该互斥量被解锁;如果使用 pthread_mutex_trylock 函数,即使失败,线程也不会被阻塞,只会返回一个错误。

当需要解锁线程获得的互斥量时,可以调用 pthread_mutex_unlock 函数,函数在互斥量已被解锁或被另一个线程占用时发生错误。

下面,通过一个估算圆周率的例子来说明如何使用互斥量。该例子使用了迭代法近似估算圆周率,不同线程执行不同的迭代任务,并将本地结果更新到一个全局共享变量 sum。为了防止数据更新出现混乱,定义了互斥锁变量 mutex,确保同一时刻只有一个线程访问全局变量 sum。由于线程执行模式设置为阻塞式,主线程将等待所有子线程执行完成后打印输出结果。

```
1 #include <pthread.h>
2 #include <stdio.h>
3 #include <malloc.h>
```

```
4
5  int max_thread = 4;  //最大线程数目
6  pthread_mutex_t mutex;  //互斥锁
7  double sum = 0.0;   //全局和
8  long long n = 10000;    //迭代的总次数
9  void* get_pi(void* rank);   //圆周率求解函数
10
11 int main() {
12
13     // 初始化线程和互斥锁
14     pthread_t * threads = NULL;
15     threads = (pthread_t*)malloc( sizeof(pthread_t) * max_thread );
16     pthread_mutex_init( &mutex, NULL );
17
18     // 启动线程
19     for (int i = 0; i < max_thread; i++ ) {
20         pthread_create( &threads[i], NULL, (void*)get_pi, (void*)i );
21     }
22
23     // 等待所有线程完成
24     for (int i = 0; i < max_thread; i++ ){
25         pthread_join( threads[i], NULL );
26     }
27
28     // 释放空间
29     free( threads );
30     threads = NULL;
31
32     //全局和乘以4即为近似圆周率
33     sum *= 4;
34
35     printf( "Total iterations: %lld\n", n);
36     printf( "Using threads: %d\n", max_thread);
37     printf( "Pi is: %f\n", sum );
38     return 0;
39 }
40
41 void* get_pi(void* rank) {
42     // 初始化线程局部变量
43     int local_rank = (int) rank;
44     double factor = 1.0;
45     long long i;
46     long long local_num = n / max_thread; // 每个线程需迭代的步数
47     long long first_idx = local_num * local_rank;
48     long long last_idx = first_idx + local_num;
```

```
49      double local_sum = 0.0;
50
51      if ( first_idx % 2 != 0 ) factor = -1.0;
52
53      // 圆周率迭代公式
54      for ( i = first_idx; i < last_idx; i++, factor *= -1){
55          local_sum += factor / ( 2 * i + 1 );
56      }
57
58      // 通过互斥锁访问共享变量
59      pthread_mutex_lock(&mutex);
60      sum += local_sum;
61      pthread_mutex_unlock(&mutex);
62
63      return NULL;
64  }
```

程序的运行结果如下:

```
1 $ gcc mutex_demo.c  -o mutex_demo.o -lpthread
2 $ ./mutex_demo.o
3 Total iterations: 10000
4 Using threads: 4
5 Pi is: 3.141493
```

3. 条件变量

互斥量通过控制对数据的访问来实现同步，但它只有两种状态，而条件变量允许线程阻塞时等待另一个线程发送的信号，收到信号后线程被激活，并锁定与之相关的互斥量。条件变量往往和互斥量结合使用。

创建和销毁条件变量使用的函数如下:

```
1 int pthread_cond_init(pthread_cond_t *restrict cond, const
      pthread_condattr_t *restrict attr);
2 int pthread_cond_destroy(pthread_cond_t *cond);
3 int pthread_condattr_init(pthread_condattr_t *attr);
4 int pthread_condattr_destroy(pthread_condattr_t *attr);
```

条件变量的类型为 pthread_cond_t，应在使用前初始化。与互斥量类似，attr 参数是条件变量的属性，但对于条件变量只定义了 Process-shared 属性。pthread_condattr_init 函数和 pthread_condattr_destroy 函数用于创建和销毁条件变量属性对象。当需要销毁不再使用的条件变量时，使用 pthread_cond_destroy 函数。

对于条件变量的操作包含以下函数:

```
1 int pthread_cond_wait(pthread_cond_t *restrict cond, pthread_mutex_t *
      restrict mutex);
```

```
2 int pthread_cond_signal(pthread_cond_t *cond);
3 int pthread_cond_broadcast(pthread_cond_t *cond);
```

当互斥量锁定后，线程调用 pthread_cond_wait 函数，然后该线程被阻塞，直到收到来自其他某个线程的信号。接收到信号后，阻塞的线程被激活，此时互斥量会自动被该线程锁定。

pthread_cond_signal 和 pthread_cond_broadcast 函数用于向阻塞在条件变量上的线程发送信号，从而激活阻塞的线程，当有多个线程阻塞在条件变量上时，调用后者。上述函数应在互斥量被锁定后调用。

接下来是关于条件变量使用的一个例子。创建 3 个线程用于访问全局变量 count。线程 1 创建后被阻塞，等待来自条件变量 count_threshold_cv 的信号。线程 2 和线程 3 分别对 count 执行 10 次增 1 操作，当 count 等于 12 时，线程 1 被激活，一次性使 count 增加 125。当线程 1 完成操作后，线程 2 和线程 3 继续执行剩余操作，直到结束。

```
1  #include <pthread.h>
2  #include <stdio.h>
3  #include <stdlib.h>
4  #include <unistd.h>
5  #define NUM_THREADS  3
6  #define TCOUNT 10
7  #define COUNT_LIMIT 12
8
9  int count = 0;
10 pthread_mutex_t count_mutex;
11 pthread_cond_t count_threshold_cv;
12
13 void *inc_count(void *t) {
14     __int64 my_id = (__int64)t;
15
16     for (int i=0; i < TCOUNT; i++) {
17         pthread_mutex_lock(&count_mutex);
18         count++;
19
20         // 检查count的值，当条件满足时，通知等待的线程
21         if (count == COUNT_LIMIT) {
22             printf("inc_count(): thread %lld, count=%d, reaching
                   threshold, ", my_id, count);
23             pthread_cond_signal(&count_threshold_cv);
24             printf("condition signal sent\n");
25         }
26         printf("inc_count(): thread %lld, count = %d, unlocking mutex\n"
               , my_id, count);
27         pthread_mutex_unlock(&count_mutex);
28         sleep(1);
```

```
29      }
30      pthread_exit(NULL);
31  }
32
33  void *watch_count(void *t) {
34      __int64 my_id = (__int64)t;
35
36      // 加互斥量并等待信号
37      pthread_mutex_lock(&count_mutex);
38      while (count < COUNT_LIMIT) {
39          printf("watch_count(): thread %lld count= %d, waiting...\n",
              my_id,count);
40          pthread_cond_wait(&count_threshold_cv, &count_mutex);
41          printf("watch_count(): thread %lld condition signal received,
              count= %d\n", my_id, count);
42          count += 125;
43          printf("watch_count(): thread %lld just updated count,count = %d
              \n", my_id, count);
44      }
45      printf("watch_count(): thread %ld unlocking mutex\n", my_id);
46      pthread_mutex_unlock(&count_mutex);
47      pthread_exit(NULL);
48  }
49
50  int main(int argc, char *argv[]) {
51      int i, rc;
52      __int64 t1=1, t2=2, t3=3;
53      pthread_t threads[3];
54      pthread_attr_t attr;
55
56      // 初始化互斥量和条件变量
57      pthread_mutex_init(&count_mutex, NULL);
58      pthread_cond_init (&count_threshold_cv, NULL);
59
60      // 显式创建joinable状态的线程
61      pthread_attr_init(&attr);
62      pthread_attr_setdetachstate(&attr, PTHREAD_CREATE_JOINABLE);
63      pthread_create(&threads[0], &attr, watch_count, (void *)t1);
64      pthread_create(&threads[1], &attr, inc_count, (void *)t2);
65      pthread_create(&threads[2], &attr, inc_count, (void *)t3);
66
67      // 等待所有线程完成
68      for (i = 0; i < NUM_THREADS; i++) {
69          pthread_join(threads[i], NULL);
70      }
```

```
71      printf("main(): waited and joined with %d threads, final value of
            count = %d, finished.\n",  NUM_THREADS, count);
72
73      // 结束并退出
74      pthread_attr_destroy(&attr);
75      pthread_mutex_destroy(&count_mutex);
76      pthread_cond_destroy(&count_threshold_cv);
77      pthread_exit (NULL);
78
79  }
```

程序的运行结果如下：

```
1  $ gcc -g Pthread_cond.c -lpthread -o Pthread_cond
2  $ ./Pthread_cond
3  inc_count(): thread 2, count = 1, unlocking mutex
4  watch_count(): thread 1 count= 1, waiting...
5  inc_count(): thread 3, count = 2, unlocking mutex
6  inc_count(): thread 2, count = 3, unlocking mutex
7  inc_count(): thread 3, count = 4, unlocking mutex
8  inc_count(): thread 3, count = 5, unlocking mutex
9  inc_count(): thread 2, count = 6, unlocking mutex
10 inc_count(): thread 2, count = 7, unlocking mutex
11 inc_count(): thread 3, count = 8, unlocking mutex
12 inc_count(): thread 3, count = 9, unlocking mutex
13 inc_count(): thread 2, count = 10, unlocking mutex
14 inc_count(): thread 3, count = 11, unlocking mutex
15 inc_count(): thread 2, count = 12, reaching threshold, condition signal
       sent
16 inc_count(): thread 2, count = 12, unlocking mutex
17 watch_count(): thread 1 condition signal received, count= 12
18 watch_count(): thread 1 just updated count, count = 137
19 watch_count(): thread 1 unlocking mutex
20 inc_count(): thread 3, count = 138, unlocking mutex
21 inc_count(): thread 2, count = 139, unlocking mutex
22 inc_count(): thread 2, count = 140, unlocking mutex
23 inc_count(): thread 3, count = 141, unlocking mutex
24 inc_count(): thread 2, count = 142, unlocking mutex
25 inc_count(): thread 3, count = 143, unlocking mutex
26 inc_count(): thread 3, count = 144, unlocking mutex
27 inc_count(): thread 2, count = 145, unlocking mutex
28 main(): waited and joined with 3 threads, final value of count = 145,
       finished.
```

6.3 OpenMP 编程

OpenMP（Open Multi-Processing）是针对共享内存编程的、跨平台的并行程序设计API，通过使用线程实现并行性，支持 C、C++、FORTRAN 语言，具有可移植性和可扩展性。

OpenMP 支持跨平台的多线程实现，可以实现任务并行和数据并行。得益于可移植性、增量并行性和并行粒度可选择等特点，OpenMP 在并行程序开发中有自己独特的优势。与 Pthreads 类似，OpenMP 也用于共享内存编程，但 OpenMP 相比 Pthreads 屏蔽了更多线程操作的细节，比如，只要简单地声明某一段代码应被并行执行，编译器和系统便会决定线程执行的任务。

OpenMP 主要由以下三部分组成。

（1）编译器指令（Compiler Directives）：用于控制代码段的并行性。

（2）运行时库函数（Runtime Library Routines）：帮助在并行模式下管理程序。

（3）环境变量（Environment Variables）：用于控制并行代码的执行。

6.3.1 编译器指令

编译器指令的作用主要是控制代码段的并行性，包括指定并行区域、在线程间划分代码段、在线程间分配循环迭代、序列化代码段、线程间的工作同步。

编译器指令有如下格式：

```
1 #pragma omp directive-name [clause, ...] newline
```

其中，#pragma omp 是所有 OpenMP C/C++ 指令都需要有的部分；directive-name 指定一个有效的 OpenMP 指令，它需要出现在 pragma 之后和任何子句之前；[clause, ...] 是可选的子句；newline 是必需的部分，应位于该指令所包含的结构化块之前。

编译器指令需要区分大小写，每个指令只能指定一个指令名且最多应用于一个后续语句，例如：

```
1 #pragma omp parallel default(shared) private(beta, pi)
```

6.3.2 并行结构与常用指令

并行区域是基本的 OpenMP 并行结构，它是由多个线程执行的代码段，格式如下：

```
1 #pragma omp parallel [clause ...]  newline
2     if (scalar_expression)
3     private (list)
4     shared (list)
5     default (shared | none)
6     firstprivate (list)
7     reduction (operator: list)
8     copyin (list)
9     num_threads (integer-expression)
```

```
10
11    structured_block
```

当线程执行到一个并行指令时，它创建一个线程组并成为该线程组的主线程，线程号为 0。从这个并行区域开始，所有线程都将执行这段代码。在并行区域的末端有一个隐含的屏障，只有主线程在此之后继续执行。如果任何线程在一个并行区域内终止，则线程组中的所有线程都将终止，并且在此之前所做的工作都是未定义的。

在下面的例子中，将创建一组线程，每个线程执行包含在并行区域中的所有代码，输出打印语句 “Hello World!”。线程标识符 tid 等于 0 的线程还将输出线程的总数。其中，OpenMP 库函数用于获取线程标识符和线程总数。

```
1  #include <stdio.h>
2  #include <omp.h>
3
4  int main(int argc, char *argv[]) {
5      int num_of_threads, tid;
6      // 定义并行区域，创建多线程
7      #pragma omp parallel
8      {
9          // 打印线程号
10         int tid = omp_get_thread_num();
11         printf("Thread %d: Hello World!\n", tid);
12
13         // 主线程输出线程总数
14         if (tid == 0) {
15             num_of_threads = omp_get_num_threads();
16             printf("%d threads created in total.\n", num_of_threads);
17         } // 并行区域结束
18     }
19     return 0;
20 }
```

编译 OpenMP 程序需要在编译选项上加上-fopenmp，命令如下：

```
1  gcc OpenMP_helloworld.c -o OpenMP_helloword -fopenmp
```

运行结果如下：

```
1  $ gcc OpenMP_helloworld.c -o OpenMP_helloword -fopenmp
2  $ ./OpenMP_helloword
3  Thread 2: Hello World!
4  Thread 4: Hello World!
5  Thread 7: Hello World!
6  Thread 6: Hello World!
7  Thread 0: Hello World!
```

```
8  8 threads created in total.
9  Thread 5: Hello World!
10 Thread 1: Hello World!
11 Thread 3: Hello World!
```

工作共享结构会将封闭代码区域的执行划分给遇到它的线程组成员，且不会启动新线程，主要包含三种类型指令：for、sections、single。

for 指令指定紧随其后的循环迭代必须由线程组并行执行。这里假定已经启动了并行区域，否则它将在单个处理器上串行执行，格式如下：

```
1  #pragma omp for [clause ...]  newline
2      schedule (type [,chunk])
3      ordered
4      private (list)
5      firstprivate (list)
6      lastprivate (list)
7      shared (list)
8      reduction (operator: list)
9      collapse (n)
10     nowait
11
12    for_loop
```

使用 for 指令实现简单的向量相加的程序如下：

```
1  #include <omp.h>
2  #define N 1000
3  #define CHUNKSIZE 100
4
5  int main(int argc, char *argv[]) {
6      int i, chunk;
7      float a[N], b[N], c[N];
8
9      // 初始化
10     for (i = 0; i < N; i++)
11         a[i] = b[i] = i * 1.0;
12     chunk = CHUNKSIZE;
13
14     #pragma omp parallel shared(a,b,c,chunk) private(i)
15     {
16         #pragma omp for schedule(dynamic,chunk) nowait
17         for (i = 0; i < N; i++)
18             c[i] = a[i] + b[i];
19     } // 并行区域结束
20
21     return 0;
22 }
```

sections 指令是一个非迭代的工作共享结构，它指定大括号中所包含的代码段将被分配给线程组中的各个线程，有如下格式：

```
1 #pragma omp sections [clause ...]  newline
2   private (list)
3   firstprivate (list)
4   lastprivate (list)
5   reduction (operator: list)
6   nowait
7   {
8   #pragma omp section   newline
9      structured_block
10  #pragma omp section   newline
11     structured_block
12  }
```

独立的 section 指令嵌套在 sections 指令中，每个代码段由线程组中的一个线程执行一次，不同的代码段可以由不同的线程执行。如果一个线程执行多个代码段的速度足够快，并且允许这样做，那么它就可以执行多个代码段。

下面的程序演示了不同的代码段由不同的线程执行：

```
1  #include <omp.h>
2  #define N 1000
3
4  int main() {
5      int i;
6      float a[N], b[N], c[N], d[N];
7
8      // 初始化
9      for (i = 0; i < N; i++) {
10         a[i] = i * 1.5;
11         b[i] = i + 22.35;
12     }
13
14     #pragma omp parallel shared(a,b,c,d) private(i)
15     {
16         #pragma omp sections nowait
17         {
18             #pragma omp section
19             for (i = 0; i < N; i++)
20                 c[i] = a[i] + b[i];
21
22             #pragma omp section
23             for (i = 0; i < N; i++)
24                 d[i] = a[i] * b[i];
```

```
25          } // sections结束
26      } // 并行区域结束
27      return 0;
28  }
```

single 指令指定代码段仅由线程组中的一个线程执行，在处理非线程安全的代码段 (如 I/O) 时很有用。它的格式如下：

```
1  #pragma omp single [clause ...]  newline
2      private (list)
3      firstprivate (list)
4      nowait
5
6       structured_block
```

对于合并并行工作共享结构，OpenMP 提供了三种简单的指令：parallel for、parallel sections、parallel workshare(用于 FORTRAN)。

在大多数情况下，这些指令的行为与单独的并行指令完全相同，并行指令后面紧跟着一个单独的工作共享指令。以下为使用 parallel for 组合指令的示例：

```
1  #include <omp.h>
2  #define N       1000
3  #define CHUNKSIZE   100
4
5  int main() {
6      int i, chunk;
7      float a[N], b[N], c[N];
8
9      // 初始化
10     for (i = 0; i < N; i++)
11         a[i] = b[i] = i * 1.0;
12     chunk = CHUNKSIZE;
13
14     #pragma omp parallel for shared(a,b,c,chunk) private(i) schedule(
           static,chunk)
15     for (i = 0; i < N; i++)
16         c[i] = a[i] + b[i];
17     return 0;
18 }
```

任务结构定义了一个显式任务，该任务可以由其遇到的线程执行，也可以由线程组中的任何其他线程延迟执行，任务的数据环境由数据共享属性子句确定，它有以下格式：

```
1  #pragma omp task [clause ...]  newline
2                   if (scalar expression)
3                   final (scalar expression)
```

```
4                 untied
5                 default (shared | none)
6                 mergeable
7                 private (list)
8                 firstprivate (list)
9                 shared (list)
10
11      structured_block
```

当多个线程试图同时更新一个变量时，为了避免同步中出现的问题，应在线程之间同步变量的更新，以确保产生正确的结果。OpenMP 提供了各种同步结构，它们控制每个线程相对于其他线程的执行方式。

master 指令指定了一个区域，该区域只由线程组的主线程执行。线程组中的所有其他线程都将跳过这部分代码，它的格式如下：

```
1 #pragma omp master  newline
2     structured_block
```

critical 指令指定了一个只能由一个线程执行的代码段，结构如下：

```
1 #pragma omp critical [ name ]  newline
2     structured_block
```

在以下例子中，所有线程都将尝试并行执行，但是由于 x 的增加由 critical 结构包围，在任何时候只有一个线程能够访问、增加、写变量 x。

```
1  #include <omp.h>
2
3  int main() {
4      int x;
5      x = 0;
6
7      #pragma omp parallel shared(x)
8      {
9          #pragma omp critical
10         x = x + 1;
11     } // 并行区域结束
12     return 0;
13 }
```

barrier 指令同步线程组中的所有线程。当到达 barrier 指令时，一个线程将在该指令处等待，直到所有其他线程都到达了 barrier 指令，然后所有线程继续并行执行 barrier 之后的代码。线程组中的所有线程都必须执行 barrier 指令。它有如下格式：

```
1 #pragma omp barrier  newline
```

atomic 指令确保以原子方式访问特定的存储位置，而不是将其暴露给多个线程同时读写，这些线程可能会导致不确定的值。本质上，该指令提供了一个最小临界区。它的格式如下：

```
1 #pragma omp atomic  [ read | write | update | capture ] newline
2    statement_expression
```

ordered 指令指定封闭的循环迭代将在串行处理器上顺序执行，在带有 ordered 子句的 for 循环中使用。如果之前的迭代还没有完成，线程在执行它们的迭代块之前需要等待。它的格式如下：

```
1 #pragma omp for ordered [clauses...]
2    (loop region)
3
4 #pragma omp ordered  newline
5    structured_block
6    (endo of loop region)
```

6.3.3 数据范围属性子句

在进行 OpenMP 编程时，需要关注数据作用域的概念。一般地，通过使用数据范围属性子句（如 private、shared 等）来显式地定义变量的范围。例如，private 子句可以把其列表里的变量声明为线程的私有变量，shared 子句可以把其列表里的变量声明为线程组中的共享变量，reduction 子句对出现在其列表里的变量执行归约操作。其他子句还包括 firstprivate、lastprivate、default、copyin 等。

下面通过一个例子来了解数据范围属性子句的使用。在该例子中，在并行循环内把同样大小的块分配给每个线程，在循环结束的地方，所有线程会更新主线程的全局变量（即 result）副本。

```
1 #include <stdio.h>
2 #include <omp.h>
3
4 int main() {
5     int i, n, chunk;
6     float a[100], b[100], result;
7
8     // 初始化
9     n = 100;
10    chunk = 10;
11    result = 0.0;
12    for (i = 0; i < n; i++) {
13        a[i] = i * 1.0;
14        b[i] = i * 2.0;
15    }
16
```

```
17      #pragma omp parallel for default(shared) private(i) \
18      schedule(static,chunk) reduction(+:result)
19      for (i = 0; i < n; i++)
20          result = result + (a[i] * b[i]);
21
22      printf("Final result= %f\n", result);
23      return 0;
24  }
```

6.3.4 运行时库函数和环境变量

运行时库函数的工作主要是帮助程序员在并行模式下对程序进行管理，其包括一系列函数以实现特定的管理和查询功能。例如，可以通过调用 omp_set_num_threads 来设置下一个并行区域中使用的线程数，而调用 omp_get_num_threads 可以查询在当前线程组中执行并行区域的线程数。其他运行时库函数还包括设置和查询动态线程特性、查询并行区域以及级别、设置和查询嵌套并行性、锁操作和嵌套锁等功能。具体的函数列表可以参考 OpenMP 网站。

环境变量主要用于控制并行代码的执行，例如，设置线程数；指定如何划分循环；将线程绑定到处理器；启用和禁用嵌套的并行性；设置嵌套并行度的最大级别；启用和禁用动态线程；设置线程堆栈大小；设置线程等待策略等。

OpenMP 的所有环境变量名都是大写的，分配给它们的值不区分大小写。环境变量及其对应的描述如表 6-5所示。

表 6-5 环境变量及其对应的描述

环境变量	描述
OMP_SCHEDULE	该变量的值决定如何在处理器上调度循环的迭代
OMP_NUM_THREADS	设置执行期间使用的最大线程数
OMP_DYNAMIC	启用或禁用可用于并行区域执行的线程数的动态调整
OMP_PROC_BIND	启用或禁用线程绑定到处理器
OMP_NESTED	启用或禁用嵌套并行性
OMP_STACKSIZE	控制已创建 (非主) 线程的堆栈大小
OMP_WAIT_POLICY	为 OpenMP 实现提供有关等待线程的所需行为的提示
OMP_MAX_ACTIVE_LEVELS	控制嵌套的活动并行区域的最大数目
OMP_THREAD_LIMIT	设置用于整个 OpenMP 程序的 OpenMP 线程数

6.4 混合并行编程

混合并行编程可以综合利用多种不同并行编程模型的优点来提升并行程序的效率，已有了许多应用场景，本节将以 MPI+OpenMP 的混合并行编程为例，对混合并行编程模型进行介绍。

6.4.1 混合并行编程的基本思想

在前面章节介绍中，已经知道 MPI 主要基于粗粒度的进程级并行，通过消息传递实现进程之间的数据交互和协同控制，可扩展性和可移植性强，但实现难度大，通信开销大，程序可靠性差。而 OpenMP 支持线程级粗、细粒度并行，它规范了一系列编译器指令、运行时库函数和环境变量，实现难度小，支持增量并行，但可扩展性差，数据分布常导致问题，并行化的循环粒度过小引入了额外开销。

为了充分利用上述两种编程模型的优点，可以将它们结合，实现 MPI+OpenMP 的混合并行编程模型。这样的模型解决了它们各自无法解决的问题，有效提高了程序效率。混合并行编程的主要优点如下。

（1）优化了带宽与时延：混合并行编程减少了 MPI 中的通信次数，且线程级的并行降低了时延。

（2）解决了负载均衡问题：单纯的 MPI 程序不容易实现负载均衡，嵌入了 OpenMP 后，当某一处理器超载时，OpenMP 会在另一处理器创建新线程，从而重新分配任务。

（3）实现通信与计算的并行：在混合并行编程模型中，可以指定某个线程进行通信，其余线程进行计算。

（4）解决了进程数受限的问题：通过混合并行编程，利用 MPI 分解策略获得最优的进程数，依靠 OpenMP 线程进一步分解任务，从而高效地利用所有处理器。

混合并行编程也存在一些潜在的问题：① MPI+OpenMP 的混合并行编程相比普通的 MPI、OpenMP 编程通常有着更高的复杂性，因此开发、维护混合并行程序的开销也更高；② 混合并行编程代码的可移植性在强制执行 MPI 库的全面线程安全性时有所下降，且某些 MPI 库的实现以及某些平台上的 MPI 实现并不支持该功能；③ 许多用于科学计算的代码会使用第三方库，因此在把这些程序转换为混合并行程序时需要格外注意第三方库是否可用。

6.4.2 混合并行编程方法

按照 MPI 进程间消息传递的方式，可以把混合并行编程模型分成以下两类。

（1）单层混合模型：MPI 调用发生在多线程并行区域外，进程间的通信由单个线程完成。

（2）多层混合模型：通信与计算可以同时进行，即部分线程进行通信的同时，其他线程可以进行计算。

在 MPI 进程内部实现 OpenMP 多线程并行时，为了保证线程安全，应使用函数 MPI_Init_thread 代替 MPI_Init 进行初始化，它具有以下结构：

```
1 int MPI_Init_thread(int *argc,char ***argv,int required,int *provided);
```

输入的参数中，required 为所需的线程支持级别，当 required 为 MPI_THREAD_SINGLE 时表示只有一个线程执行，为 MPI_THREAD_FUNNELED 时表示只允许主线程调用 MPI 函数，为 MPI_THREAD_SERIALIZED 时表示某一时刻只允许一个线程调用 MPI 函数，为 MPI_THREAD_MULTIPLE 时表示同时调用 MPI 函数的线程数量不受限制；provided 为输出参数，指提供的线程支持级别。

通常，单层混合模型具有以下形式，它是最简单的混合并行编程模型：

```
1  ...
2  MPI_Init_thread(...);
3
4  MPI_Comm_rank(...);
5  MPI_Comm_size(...);
6
7  omp_set_num_threads(n);
8
9  #pragma omp parallel
10 {
11     #pragma omp for
12     ...  // 计算部分
13 }
14
15 MPI_Send(...);
16 MPI_Recv(...);
17
18 MPI_Finalize();
```

多层混合模型的通信可以由多线程并行区域内的任意线程进行，同时非通信线程可进行计算，它具有以下形式：

```
1  ...
2  MPI_Init_thread(...);
3
4  MPI_Comm_rank(...);
5  MPI_Comm_size(...);
6
7  #pragma omp parallel private(...)
8  {
9      #pragma omp for
10     ...   // 计算部分
11
12
13     #pragma omp barrier  // 线程同步
14     #pragma omp master   // 或用 #pragma omp single
15     {
16         MPI_Send(...);
17         MPI_Recv(...);
18     }
19     #pragma omp barrier
20 }
21
22 MPI_Send(...);
```

```
23 MPI_Recv(...);
24
25 MPI_Finalize();
```

根据 OpenMP 线程进行 MPI 调用的数量和方式，可以把混合并行编程模式分为以下五类：

（1）仅主线程的编程模式。

（2）漏斗形的编程模式。

（3）序列化的编程模式。

（4）多重的编程模式。

（5）异步的编程模式。

在仅主线程的编程模式中，所有的 MPI 调用都是由 OpenMP 主线程在并行区域之外进行的，严格地说，这需要 MPI_THREAD_FUNNELED 级别的线程支持，因为其他线程将执行，但不会调用 MPI。仅主线程的编程模式的编写与维护相对简单，但主线程以外的线程在 MPI 调用中通常是空闲的，不能进行有效的计算。以下代码展示了仅主线程的编程模式的主要形式：

```
 1 #pragma omp parallel
 2 {
 3     work...
 4 }
 5
 6 ierror = MPI_Send(...);
 7
 8 #pragma omp parallel
 9 {
10     work...
11 }
```

在漏斗形的编程模式中，所有的 MPI 调用都是由 OpenMP 主线程进行的，但可能包括来自 OpenMP 并行区域内部的调用。漏斗形的编程模式下，在主线程执行 MPI 调用时，其他线程可以做有效的计算，但主线程与其他线程之间的负载均衡需要仔细考虑。漏斗形的编程模式具有以下形式：

```
1 #pragma omp parallel
2 {
3     work...
4     #pragma omp barrier
5     #pragma omp master
6     {
7         ierror = MPI_Send(...);
8     }
9     #pragma omp barrier
```

```
10      work...
11  }
```

在序列化的编程模式中，OpenMP 并行区域内的任何线程都可以调用 MPI，但每次只能有一个线程进行 MPI 调用，必须以这样的方式对线程进行同步，这方式需要 MPI_THREAD_SERIALIZED 级别的线程支持。序列化的编程模式拥有提升网络接口利用率的好处，但线程不同时进行 MPI 调用可能会造成空闲线程。以下代码展示了序列化的编程模式的主要形式：

```
1  #pragma omp parallel
2  {
3      work...
4      #pragma omp critical
5      {
6          ierror = MPI_Send(...);
7      }
8      work...
9  }
```

在多重的编程模式中，在一个并行区域内 (或外) 的任何线程都可以调用 MPI，并且对同时执行 MPI 调用的线程数量没有限制，这需要 MPI_THREAD_MULTIPLE 级别的线程支持。在多重的编程模式中，来自不同线程的消息可以同时被接收或发送，但一些 MPI 的实现在这种模式下表现不佳。如果线程安全通过全局锁粗糙地实现，那么加锁与 MPI 调用的序列化的开销可能与该模式带来的好处相抵。多重的编程模式具有以下形式：

```
1  #pragma omp parallel
2  {
3      work...
4      ierror = MPI_Send(...);
5      work...
6  }
```

在异步的编程模式中，MPI 调用发生在依赖 OpenMP 的任务中。由于多个线程可能并发地进行 MPI 调用（这是多重编程模式的特殊情况），因此需要 MPI_THREAD_MULTIPLE 级别的线程支持。以下代码展示了异步的编程模式的主要形式：

```
1  #pragma omp parallel
2  {
3      #pragma omp single
4      {
5          #pragma omp task depend (out:sbuf)
6          {write sbuf...}
7          ... more task
8          #pragma omp task depend (in:sbuf) depend (out:rbuf)
9          {MPI_SendRecv(sbuf, ..., rbuf, ...);}
```

```
10            ... more task
11            #pragma omp task depend (in:rbuf)
12            {... use rbuf}
13        } // end single
14    }     // end parallel
```

6.4.3 混合并行编程实例

在 OpenMP+MPI 混合并行编程时，多台机器之间采用基于 MPI 的消息传递编程模式，而每台机器上采用基于共享内存的 OpenMP 编程模式，综合两者的优点，来提高并行程序的性能，减少内存的使用。以下是一个简单的 OpenMP+MPI 混合并行编程程序的具体代码：

```
1  #include <stdio.h>
2  #include <omp.h>
3  #include <mpi.h>
4  int main(int argc, char **argv) {
5      int ntask, mytask;
6      //初始化MPI
7      MPI_Init(&argc, &argv);
8      //获取通信器的进程数
9      MPI_Comm_size(MPI_COMM_WORLD, &ntask);
10     //获取进程在通信器中的序号
11     MPI_Comm_rank(MPI_COMM_WORLD, &mytask);
12     #pragma omp parallel
13     {
14         printf("Thread %d on task %d\n", omp_get_thread_num(), mytask);
15     }
16     //终止MPI调用
17     MPI_Finalize();
18     return 0;
19 }
```

使用 mpicc 命令编译该程序需要加上-fopenmp 编译选项，如下：

```
1  mpicc -fopenmp -o OpenMP_MPI_example OpenMP_MPI_example.c
```

使用 mpiexec 命令启动 2 个 MPI 进程以运行程序，可得如下结果：

```
1  $ mpiexec -n 2 ./OpenMP_MPI_example
2  Thread 6 on task 1
3  Thread 5 on task 0
4  Thread 1 on task 0
5  Thread 3 on task 0
6  Thread 7 on task 0
7  Thread 2 on task 1
```

```
8 Thread 0 on task 1
9 Thread 6 on task 0
10 Thread 0 on task 0
11 Thread 4 on task 0
12 Thread 7 on task 1
13 Thread 2 on task 0
14 Thread 1 on task 1
15 Thread 5 on task 1
16 Thread 3 on task 1
17 Thread 4 on task 1
```

该程序首先进行 MPI 的初始化，然后在循环中加入了 OpenMP 的并行编译器指令，实现了 OpenMP 的并行，从而实现了 MPI+OpenMP 的混合并行编程。观察输出，看程序是否运行成功，以及每个节点是否成功实现并行的 OpenMP。

6.5 本章小结

在本章中，介绍了 MPI 编程的相关知识。MPI 使用消息传递对分布式内存系统进行编程，具有标准化、可移植性、可伸缩性的特点。首先，介绍了 MPI 的基本概念和 MPI 通信模式（如点对点通信、集合通信），并学习了 MPI 编程的基本函数。接着，通过一些程序实例，展示了如何进行 MPI 程序的编写、编译和运行。其次，介绍了 Pthreads 编程的主要知识。Pthreads 是线程的 POSIX 标准，提供了一系列用于多线程编程的函数。通过多个 Pthreads 程序展示了如何进行线程管理和线程同步（如线程阻塞、互斥量、条件变量等方法）。再次，介绍了 OpenMP 编程的相关知识。OpenMP 是一种基于共享内存的编程模型，其支持各种架构上的 C/C++ 和 FORTRAN。OpenMP 主要由编译器指令、运行时库函数和环境变量组成。通过对上述内容的详细解析以及穿插其中的范例代码的学习，可以深入了解 OpenMP 并行编程。最后，对 MPI+OpenMP 的混合并行编程模型进行了介绍。在该模型中，节点间采用 MPI 编程模型，而节点内部采用 OpenMP 编程模型，从而提高了系统工作效率。本章介绍混合并行编程的基本思想和常用的编程方法，并通过一些例子使读者熟悉 MPI+OpenMP 的混合并行编程。

课后习题

1. 编写一个 MPI 程序以实现向量和标量相乘以及向量点积的功能。用户需要输入两个向量和一个标量，它们都由进程 0 读入并分配给其他进程，计算结果由进程 0 计算和保存，并最终由进程 0 打印出来。假定向量的秩 n 可以被 comm_sz 整除。

2. 编写一个 MPI 程序，采用树形结构来计算全局和。首先计算 comm_sz 是 2 的幂的特殊情况，若能够正确运行，则改变该程序使其适用于所有 comm_sz 值。

3. 编写一个 Pthreads 程序以实现梯形积分。使用一个共享变量来表示所有线程计算结果的总和。

4. 编写一个 Pthreads 程序，计算系统创建和终止一个线程所需要的平均时间。

5. 使用 OpenMP 编写一个程序以实现高斯消元法。假定输入的方程组不需要行交换。

6. 使用 OpenMP 实现生产者-消费者程序，其中一些线程是生产者，另一些线程是消费者。在文件集合中，每个生产者针对一个文件，从文件中读取文本，并将读出的文本行插入到一个共享的队列中。消费者从队列中取出文本行，并对文本行进行分词。符号是被空白符分开的单词，当消费者发现一个单词后，将该单词输出。

7. 使用 MPI+OpenMP 混合并行编程，实现一个三维点阵求和程序，线程号的计算采用树形结构。

第 7 章　异构并行编程

近年来，随着人工智能与机器学习、大数据等计算机应用的发展，对计算机算力的需求也迅猛增长。虽然迄今为止 CPU 处理器的运算处理能力有了大幅度的提升，但处理器频率的进一步提高也变得越来越困难，单核计算能力的提升空间十分有限，且由于传统 CPU 体系结构的限制，一个处理器上的核心数量不宜过多，否则会产生过热、可靠性下降等问题，这导致了通过增加核心数来提高多核计算能力的方法也遭遇瓶颈。为了解决传统 CPU 处理器难以应对多样化计算需求的难题，图形处理器被用于提供更强大的计算能力，它通常拥有大量的计算核心，也称为众核处理器。GPU 区别于 CPU 的种种特性使其并行计算能力迅速提升，使用 GPU 进行通用计算已成为并行计算中最有前景的发展方向之一，且 GPU 与 CPU 组成的异构计算系统比传统的对称处理器系统更有性能优势。对于异构计算系统，研究者通常定义新的编程语言或者参照现有的语言进行改造，从而便于进行异构并行编程，本章将对 CUDA 和 OpenCL 两种主流异构并行编程方案进行介绍。

7.1　CUDA 编程

CPU+GPU 是一种典型的异构计算架构（图 7-1），CPU 和 GPU 两者具有截然不同的硬件特点。CPU 主要面向串行代码的执行，在硬件上做了大量针对性优化，擅长流程控制和逻辑处理，可以对各种不规则数据结构进行高效处理。而 GPU 则主要面向并行代码的执行，通常由数以万计的处理器核心组成，擅长处理数据密集型任务，能高效处理并行计算任务。一般而言，对于一个应用程序，可以把串行代码部分放到 CPU 上运行，而把并行代码部分放到 GPU 上执行。CPU 负责整个程序的总体执行流程，而 GPU 负责具体的数据密集性计算任务，GPU 可以被视为 CPU 的一种协处理器。

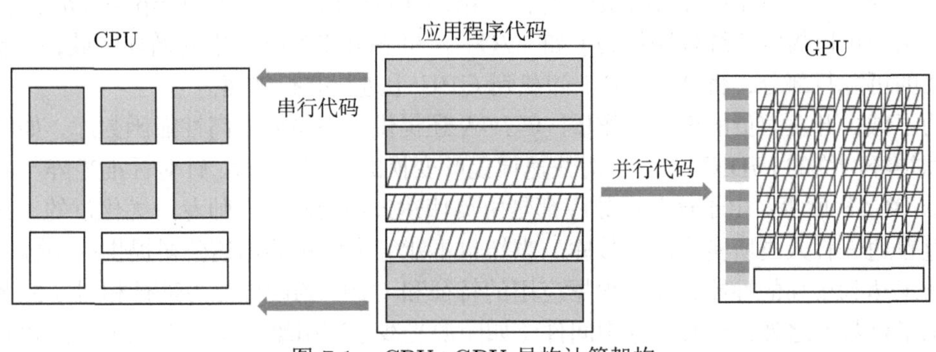

图 7-1　CPU+GPU 异构计算架构

计算统一设备架构（Compute Unified Device Architecture，CUDA）是由英伟达公司（NVIDIA）在 2006 年提出的一种私有并行计算编程模型。CUDA 是对传统编程语言（如 C、C++、FORTRAN）的一种扩展，以便于开发人员在异构计算系统上编程。CUDA 使开发人员能够利用 GPU 的能力来实现计算的并行化，从而加快计算密集型应用程序的运行速度，在人工智能、医学图像处理、计算流体力学、金融量化、环境大气等众多领域都有广泛应用。

整个 CUDA 平台模块如图 7-2所示，底层是支持 CUDA 的英伟达 GPU 硬件，中间是一系列支持 CUDA 的编程语言，以及库和中间件，最上面是程序员所开发的 GPU 应用程序。

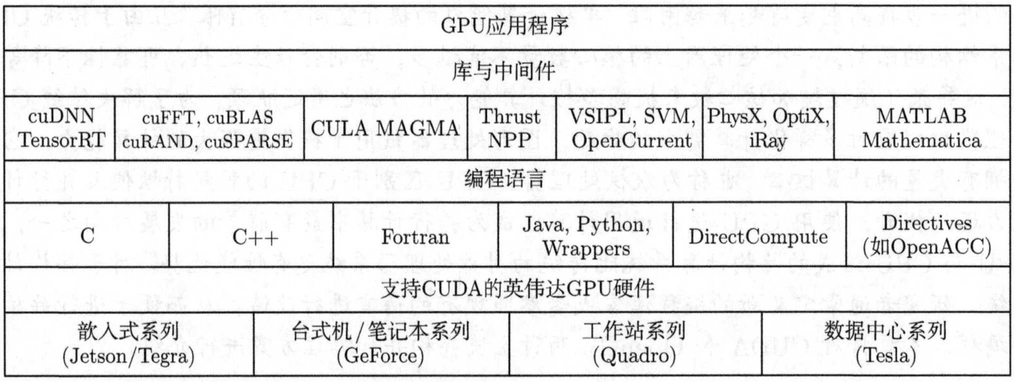

GPU应用程序

库与中间件

cuDNN TensorRT | cuFFT, cuBLAS cuRAND, cuSPARSE | CULA MAGMA | Thrust NPP | VSIPL, SVM, OpenCurrent | PhysX, OptiX, iRay | MATLAB Mathematica

编程语言

C | C++ | Fortran | Java, Python, Wrappers | DirectCompute | Directives (如OpenACC)

支持CUDA的英伟达GPU硬件

嵌入式系列 (Jetson/Tegra) | 台式机/笔记本系列 (GeForce) | 工作站系列 (Quadro) | 数据中心系列 (Tesla)

图 7-2　CUDA 平台模块

根据应用场景的不同，英伟达公司的 GPU 被划分多个不同的系列，包括嵌入式系列（如 Jetson/Tegra，一般为嵌入式芯片，功耗低）、台式机/笔记本系列（如 GeForce，主要用于图形图像显示）、工作站系列（如 Quadro，算力较高，用于专业图形图像处理）、数据中心系列（如 Telsa，拥有更高级别的专业显存，面向通用计算类任务）。基本上英伟达公司所有系列的 GPU 都支持 CUDA 编程框架。

CUDA 支持多种编程语言,开发人员既可以基于 C/C++ 和 FORTRAN 在支持 CUDA 的 GPU 上开发应用程序，也可以基于 Java、Python、第三方包装器（Wrappers）以及微软公司提供的 DirectCompute API 进行开发。另外，也可以基于指令（Directives）来对 GPU 进行编程。简单而言，指令是一种提供给编译器的简单提示（如 #pragma 指令），通过这些指令可以指定传统程序代码（如 C/C++ 和 FORTRAN）中的循环区域，一般为计算密集的可并行部分，将其从 CPU 卸载到 GPU 上进行并行加速。

为了减少开发人员的重复工作量，CUDA 还提供了一系列的高性能函数库，如针对深度卷积神经网络的 cuDNN 库、针对快速傅里叶变换的 cuFFT 库、针对标准矩阵与向量运算的 cuBLAS 库等。由于这些函数库都是由英伟达公司资深工程师专门优化过的，其性能也超过普通编程人员所实现的函数库。当然也不能完全依赖英伟达公司提供的函数库，有时候为了达到更高的性能，需要根据应用的特征和 GPU 的硬件能力进行相对应的手动优化。除了函数库之外，还有一些中间件（如闭源光线跟踪引擎 OptiX）也可以简化开发人员的工作。

7.1.1　CUDA 编程模型

在 CUDA 编程模型中（图 7-3），一般把 CPU 及系统内存称为“主机”（Host），GPU 及其内存称为“设备”（Device）。具体编程时，标准 C 和 CUDA C 的主要区别在于 CUDA C 引入了核函数（Kernel Function）。核函数是指在 GPU 设备上运行的函数代码，可以被 GPU 上多个线程并行执行，每个线程都会执行核函数中定义的代码。核函数一般通过声明标识符 __global__ 来定义。在调用核函数时，需要用 <<< ··· >>> 符号来指定线程组织（基于 CUDA 内置变量，如 threadIdx、blockDim 等），关于如何设置线程组织，将在之后章节进行介绍。核函数的返回值通常设置为 void，一般在 CPU 上调用核函数，在 GPU 上执行核函数。核函数在 GPU 上的执行和 CPU 代码执行是异步的，一般 CPU 在调用核函数后就可以返回，而不用等待核函数执行完毕才能执行后续的代码。

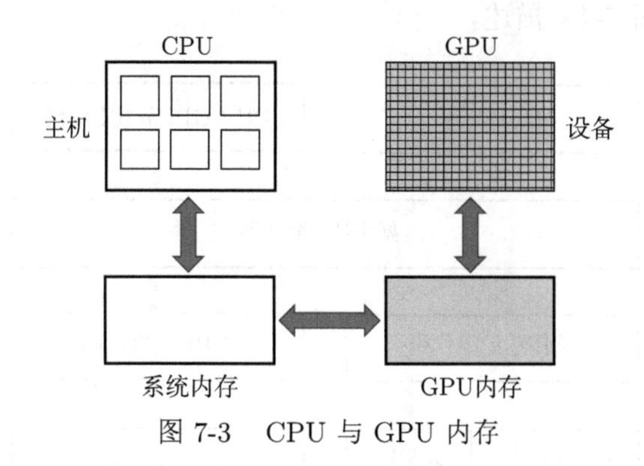

图 7-3　CPU 与 GPU 内存

1. CUDA 程序结构

下面通过一个简单的例子来说明 CUDA 的程序结构。为方便理解，下面的例子主要基于 CUDA C。

```
1  #include <stdio.h>
2
3  __global__ void hello_GPU()
4  {
5      printf("Hello from GPU!\n");
6  }
7
8  int main(int argc, char **argv)
9  {
10     printf("Hello from CPU!\n");
11     hello_GPU<<<1, 3>>>();
12     cudaDeviceReset();
13     return 0;
14 }
```

上述代码中包括了一个主函数 main 和一个通过 __global__ 定义的核函数 hello_GPU。在核函数中只打印一个简单的字符串。在主函数中，通过 hello_ GPU<<< 1,3 >>>() 对核函数进行调用，该调用将会在 GPU 上产生 3 个线程来同时执行核函数中的代码，因此输出了 3 次 “Hello from GPU!”。在核函数执行完后，通过调用 cudaDeviceReset 来释放程序所申请的显存空间并重置 GPU 设备。

假设把上述代码命名为 CUDA_hello.cu，其中扩展名 cu 用来标识该程序为 CUDA 程序。CUDA 程序可以通过英伟达 C 编译器（即 NVCC 编译器）来进行编译，从开发人员角度看，用 NVCC 来编译 CUDA 程序的过程与通过 GCC 来编译 C 语言程序类似。CUDA 程序源代码中包括了主机代码（即在主机上执行的代码）和设备代码（即在设备上执行的代码），英伟达 C 编译器首先将设备代码与主机代码分离，然后将设备代码编译为英伟达自己的汇编代码形式（即 PTX 代码），之后使用 CUDA 驱动来加载和执行汇编代码。对于主机代码，则通过调用标准 C 编译器将其编译为可在 CPU 执行的目标代码。整个 CUDA 代码编译过程可以用图 7-4来描述。

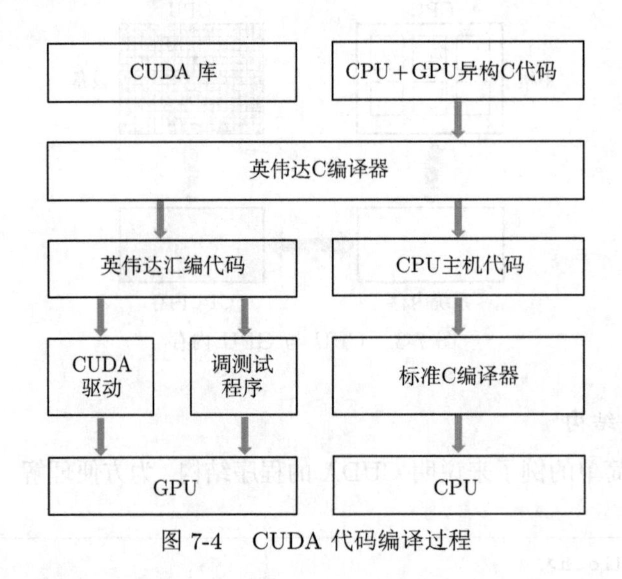

图 7-4　CUDA 代码编译过程

用 NVCC 编译器编译 CUDA 程序的命令如下：

```
1 $ nvcc -o CUDA_hello CUDA_hello.cu
```

运行产生的可执行文件./CUDA_hello，可得如下结果：

```
1 $ ./CUDA_hello
2 Hello from CPU!
3 Hello from GPU!
4 Hello from GPU!
5 Hello from GPU!
```

2. CUDA 线程组织

在前面的内容中，提到调用核函数时，需要通过 <<< ··· >>> 来指定线程组织。本部分将从概念入手一步步来介绍 CUDA 的线程组织。

CUDA 的线程组织有多个层次，从下到上依次为线程块（Thread Block）、线程（Thread）、网格（Grid）。

线程是 CUDA 程序执行的最基本单元。对于执行同一个核函数的所有线程，每个线程执行的代码是相同，所有线程是并行执行。CUDA 的并行计算就是通过成千上万个线程的并行执行来实现的。

线程块由一组线程组成，其大小和组织方式由程序在代码中指定，可以是一维的、二维的或三维的。同一个线程块中的线程之间通过共享内存的方式实现协作，不同块内的线程不能协作。

网格由一组线程块组成，每个网格内所包含的线程块的数量和组织方式也是由程序在代码中指定的，类似线程块的组织，也可以是一维的、二维的或三维的。线程块之间没有直接的同步机制，线程块之间的通信是由全局内存来实现的，线程块的执行顺序也是不确定的。一个核函数在调用后，会产生一个网格来执行核函数中的程序。

线程组织是指在调用核函数时需要指定每个网格内有多少线程块、每个线程块中有多少线程，以及网格内线程块之间和线程块中的线程之间的排列方式。一个典型的线程组织例子如图 7-5所示，其具体定义如下。

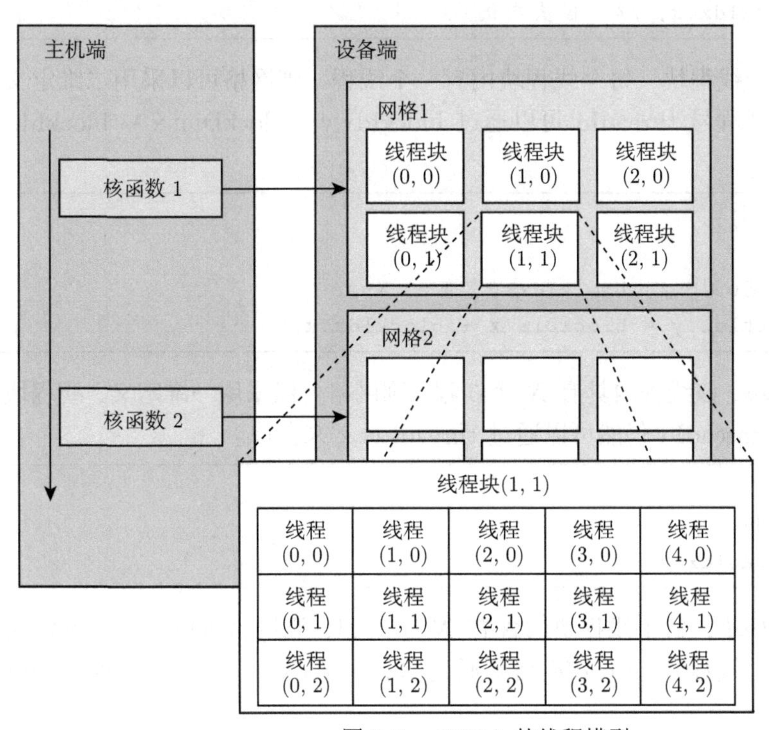

图 7-5 CUDA 的线程模型

UCDA的线程模型

```
1 dim3 grid(3,2), block(5,3)
2 kernel_func_name<<<grid, block>>>(⋯)
```

对于网格和线程块的概念，采用的数据类型是 dim3。该数据类型本质上是一个包括

了 x、y、z 三个坐标变量的结构体，通过这三个坐标变量来定义网格和线程块的组织结构。<<< ··· >>> 中的第一个参数 grid 指定了网格的组织结构，第二个参数 block 指定了线程块的组织结构。在上面例子中，网格是一个 3×2 二维结构，包括了 6 个线程块；而每个线程块是一个 5×3 二维结构，包含了 15 个线程；总共核函数调用时会创建 90 个（6×15）线程。

在核函数内部，可以使用 CUDA 的内置变量 threadIdx 来获取线程块内的线程号，通过 blockIdx 来获取网格中线程块的编号。另外，也可以通过内置变量 blockDim 来获取线程块的维度信息，即线程块中每个方向上线程的数目。内置变量 gridDim 提供了网格的维度信息，即网格中每个方向上线程块的数目。以上每个内置变量也是 dim3 类型的，包括了 x、y、z 三个变量。下面通过一些例子来展示如何设置 CUDA 的线程组织，以及如何获取线程号。

若使用 N 个线程块，每一个线程块内只有一个线程，则可以采用一维的定义方法，线程号 threadId 可以通过 threadIdx.x 来获取。

```
1 dim3 dimGrid(N);
2 dim3 dimBlock(1);
3 threadId = blockIdx.x; //线程块内的线程号
```

若使用 $M \times N$ 个线程块，每个线程块内有一个线程，则网格可以采用二维定义，线程块采用一维定义，线程号 threadId 可以通过 blockIdx.y * blockDim.x + blockIdx.x 来获取。

```
1 dim3 dimGrid(M,N);
2 dim3 dimBlock(1);
3 //blockIdx.x取值0到M-1, blockIdx.y取值0到N-1
4 threadId = blockIdx.y * blockDim.x + blockIdx.x;
```

若使用一个线程块，该线程内具有 N 个线程，则网格可以采用一维定义，线程块也采用一维定义，线程号 threadId 仍然可以通过 threadIdx.x 来获取。

```
1 dim3 dimGrid(1);
2 dim3 dimBlock(N);
3 threadId = threadIdx.x;
```

若使用 M 个线程块，每个线程块内含有 N 个线程，则网格可以采用一维定义，线程块也采用一维定义，线程号 threadId 需要通过 threadIdx.x + blockIdx*blockDim.x 来获取。

```
1 dim3 dimGrid(M);
2 dim3 dimBlock(N);
3 threadId = threadIdx.x + blockIdx*blockDim.x;
```

若使用 $M \times N$ 的二维线程块，每一个线程块具有 $P \times Q$ 个线程，则网格可以采用二维定义，线程块也采用二维定义，线程号 threadId 也是二维的。

```
1 dim3 dimGrid(M, N);
2 dim3 dimBlock(P, Q);
3 threadId.x = blockIdx.x*blockDim.x+threadIdx.x;
4 threadId.y = blockIdx.y*blockDim.y+threadIdx.y;
```

下面通过代码（example.cu）来具体说明不同线程组织的特点。在例子中，实现 5 个不同的核函数（分别为 kernel1、kernel2、kernel3、kernel4、kernel5），用于展示 5 种不同的线程组织的运行结果。

（1）kernel1：使用 N 个线程块，每一个线程块内只有一个线程。

（2）kernel2：使用 $M \times N$ 个线程块，每个线程块内有一个线程。

（3）kernel3：使用一个线程块，该线程块内有 N 个线程。

（4）kernel4：使用 M 个线程块，每个线程块内含有 N 个线程。

（5）kernel5：使用 $M \times N$ 的二维线程块，每一个线程块内具有 $P \times Q$ 个线程。

具体代码如下：

```
1  #include <stdio.h>
2
3  #define N 2
4  #define M 2
5  #define P 2
6  #define Q 2
7
8  __global__ void kernel1() {
9      // 使用N个线程块，每一个线程块内只有一个线程
10     int tid = threadIdx.x + blockIdx.x * blockDim.x;
11     printf("Kernel1: Thread %d in block %d\n", tid, blockIdx.x);
12 }
13
14 __global__ void kernel2(){
15     // 使用M×N个线程块，每个线程块内有一个线程
16     int bid_x = blockIdx.x;
17     int bid_y = blockIdx.y;
18     int bid = bid_x + gridDim.x * bid_y;
19     int tid = threadIdx.x + bid;
20     printf("Kernel2: Thread %d in block (%d, %d) \n", tid, bid_x,bid_y);
21 }
22
23 __global__ void kernel3() {
24     // 使用一个线程块，该线程块内有N个线程
25     int tid = threadIdx.x;
26     printf("Kernel3: Thread %d in block %d\n", tid, blockIdx.x);
27 }
28
```

```
29 __global__ void kernel4() {
30     // 使用 M 个线程块, 每个线程块内含有 N 个线程
31     int tid = threadIdx.x + blockIdx.x * blockDim.x;
32     int bid = blockIdx.x;
33     printf("Kernel4: Thread %d in block %d\n", tid, bid);
34 }
35
36 __global__ void kernel5() {
37     // 使用 M×N 的二维线程块, 每一个线程块内具有 P×Q 个线程
38     int bid_x = blockIdx.x;
39     int bid_y = blockIdx.y;
40     int tid_x = threadIdx.x + bid_x * blockDim.x;
41     int tid_y = threadIdx.y + bid_y * blockDim.y;
42     printf("Kernel5: Thread (%d, %d) in block (%d, %d) \n", tid_x,tid_y,
           bid_x, bid_y);
43 }
44
45 int main() {
46     // 使用N个线程块, 每一个线程块内只有一个线程
47     kernel1<<<N, 1>>>();
48     cudaDeviceSynchronize();
49     printf("---------------------------- \n");
50
51     // 使用M×N个线程块, 每个线程块内有一个线程
52     dim3 grid(M, N);
53     dim3 block(1);
54     kernel2<<<grid, block>>>();
55     cudaDeviceSynchronize();
56     printf("---------------------------- \n");
57
58     // 使用一个线程块, 该线程块内有N个线程
59     kernel3<<<1, N>>>();
60     cudaDeviceSynchronize();
61     printf("---------------------------- \n");
62
63     // 使用 M 个线程块, 每个线程块内含有 N 个线程
64     kernel4<<<M, N>>>();
65     cudaDeviceSynchronize();
66     printf("---------------------------- \n");
67
68     // 使用 M×N 的二维线程块, 每一个线程块内具有 P×Q 个线程
69     dim3 grid2(M, N);
70     dim3 block2(P, Q);
71     kernel5<<<grid2, block2>>>();
72     cudaDeviceSynchronize();
```

```
73
74     return 0;
75 }
```

在程序开始处定义 M、N、P、Q 均为 2，并依次执行上述 5 个不同的核函数，得到了不同的线程组织的运行结果。

```
1 $ nvcc -o example example.cu
2 $ ./example
3 Kernel1: Thread 0 in block 0
4 Kernel1: Thread 1 in block 1
5 ----------------------------
6 Kernel2: Thread 1 in block (1, 0)
7 Kernel2: Thread 0 in block (0, 0)
8 Kernel2: Thread 2 in block (0, 1)
9 Kernel2: Thread 3 in block (1, 1)
10 ----------------------------
11 Kernel3: Thread 0 in block 0
12 Kernel3: Thread 1 in block 0
13 ----------------------------
14 Kernel4: Thread 2 in block 1
15 Kernel4: Thread 3 in block 1
16 Kernel4: Thread 0 in block 0
17 Kernel4: Thread 1 in block 0
18 ----------------------------
19 Kernel5: Thread (2, 0) in block (1, 0)
20 Kernel5: Thread (3, 0) in block (1, 0)
21 Kernel5: Thread (2, 1) in block (1, 0)
22 Kernel5: Thread (3, 1) in block (1, 0)
23 Kernel5: Thread (0, 2) in block (0, 1)
24 Kernel5: Thread (1, 2) in block (0, 1)
25 Kernel5: Thread (0, 3) in block (0, 1)
26 Kernel5: Thread (1, 3) in block (0, 1)
27 Kernel5: Thread (0, 0) in block (0, 0)
28 Kernel5: Thread (1, 0) in block (0, 0)
29 Kernel5: Thread (0, 1) in block (0, 0)
30 Kernel5: Thread (1, 1) in block (0, 0)
31 Kernel5: Thread (2, 2) in block (1, 1)
32 Kernel5: Thread (3, 2) in block (1, 1)
33 Kernel5: Thread (2, 3) in block (1, 1)
34 Kernel5: Thread (3, 3) in block (1, 1)
```

3. CUDA 内存管理

在 CUDA 编程中，开发人员需要显式地管理主机和设备之间的数据移动，通过 CUDA 所提供的内存管理函数实现对设备内存的分配和释放，以及在主机和设备之间传输数据。

CUDA 内存管理函数的命名与标准 C 中的内存管理函数类似，区别在于函数名前会加上 cuda。

具体而言，在设备上进行内存的分配可以通过调用 cudaMalloc 函数来实现，其函数定义如下：

```
1  cudaError_t cudaMalloc((void**)&devptr, size_t count);
```

cudaMalloc 函数在 GPU 设备的全局内存中分配了 count 字节的空间，并用 devptr 指针指向该内存的地址，所分配的空间可以支持各种类型的变量（如整型、浮点型等）。cudaError_t 是一个枚举类型，用来表示 CUDA 函数执行期间发生的不同类型的错误。

如果一个应用程序不再使用所分配的设备内存，可以通过调用 cudaFree 函数来释放这部分内存空间，其函数定义如下：

```
1  cudaError_t cudaFree(void *devptr);
```

cudaFree 函数释放了 devptr 所指向的 GPU 设备全局内存。该内存空间在被释放前，要求必须先使用 cudaMalloc 函数对其进行分配。如果使用 cudaFree 函数释放一个未经分配的内存空间，会返回错误值。

如果开发人员希望把数据从主机传输到设备内存中，可以调用 cudaMemcpy 函数来完成，其定义如下：

```
1  cudaError_t cudaMemcpy(void *dst, const void* src, size_t nbytes, enum
       cudaMemcpyKind direction);
```

cudaMemcpy 函数调用行为类似于标准 C 中的 memcpy，但多了一个参数来指定设备内存指针究竟是源指针还是目的指针。cudaMemcpy 函数通过一个枚举类型的参数 direction 来表示传输方向，可以有下列取值：cudaMemcpyHostToHost、cudaMemcpyHostToDevice、cudaMemcpyDeviceToHost、cudaMemcpyDeviceToDevice。其中 cudaMemcpyHostToHost 表示从主机到主机 cudaMemcpyHostToDevice 表示从主机到设备，cudaMemcpyDeviceToHost 表示从设备到主机，cudaMemcpyDeviceToDevice 表示从设备到设备。

下面通过一个具体的代码实例来展示如何进行 CUDA 内存管理。在该例子中，把主机上分配的一个数组 host_a 中的每个元素先从主机传输到设备上分配的一个数组 device_a 中，然后将数组 device_a 中的每个元素乘以 2，结果写入设备上的另一个数组 device_b 中，之后把数组 device_b 中的每个元素从设备上复制回主机上的数组 host_b，最后把数组 host_b 中的每个元素打印输出。

```
1  #include <stdio.h>
2
3  #define N 1000    //数组元素的数目
4
5  __global__ void add(int *a, int *b) {  //在GPU上运行的kernel函数add
6      int i = blockIdx.x;
7      if (i<N) {
8          b[i] = 2*a[i];
```

```
9       }
10  }
11
12  int main() {
13      //在CPU侧创建数组host_a和host_b
14      int host_a[N], host_b[N];
15
16      //在GPU侧创建数组device_a和device_b，并分配GPU内存
17      int *device_a, *device_b;
18      cudaMalloc((void **)&device_a, N*sizeof(int));
19      cudaMalloc((void **)&device_b, N*sizeof(int));
20
21      //对数组host_a进行初始化
22      for (int i = 0; i<N; ++i) {
23          host_a[i] = i;
24      }
25
26      //把数组host_a从CPU复制到GPU
27      cudaMemcpy(device_a, host_a, N*sizeof(int), cudaMemcpyHostToDevice);
28
29      //调用kernel函数add，创建N个线程，每个数组元素对应一个线程
30      add<<<N, 1>>>(device_a, device_b);
31
32      //把输出结果device_b从GPU复制回CPU
33      cudaMemcpy(host_b, device_b, N*sizeof(int), cudaMemcpyDeviceToHost);
34
35      //打印输出数组host_b
36      for (int i = 0; i<N; ++i) {
37          printf("%d\n", host_b[i]);
38      }
39
40      //在GPU上释放数组device_a和device_b
41      cudaFree(device_a);
42      cudaFree(device_b);
43
44      return 0;
45  }
```

除了全局内存，GPU 的内存层次比 CPU 的内存层次要复杂很多，也提供给开发人员更多优化程序性能的空间，这些内存空间的层次结构大致如图 7-6所示，每种类型的内存都有不同的作用域、生命周期和缓存行为。下面将进行具体介绍一下。

整体而言，从开发人员的角度，计算机系统内的存储器可以分为两大类：一类是可编程存储器；另一类是不可编程存储器。对于可编程存储器而言，程序员可以显式地控制数据的存取和放置，如系统内存；而对于不可编程存储器，程序员没有权限来决定数据的存

放位置，通常由系统来自动决定，如传统计算机系统里的高速缓存。

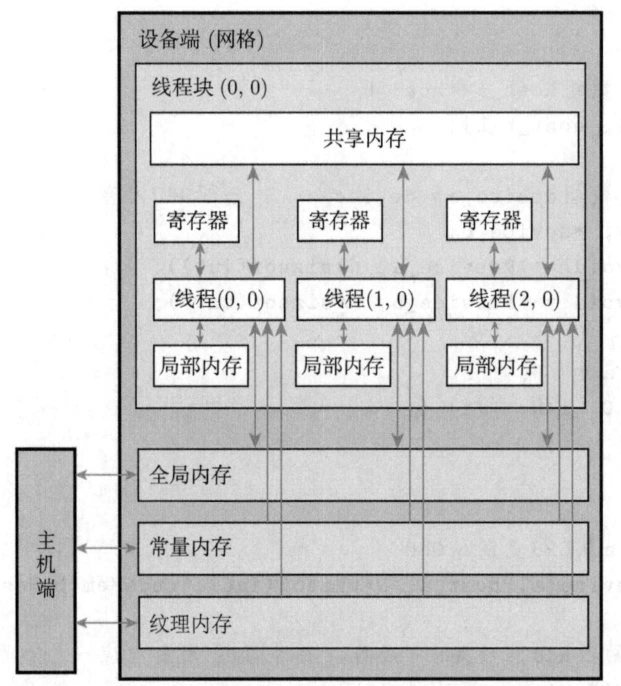

CUDA内存层次结构

图 7-6 CUDA 内存层次结构

在 CUDA 内存模型中，可编程存储器的类型主要有如下几种。

（1）寄存器（Register）：GPU 中访问速度最快的存储空间，但数量有限。一般来说，核函数中需要频繁访问的私有变量通常用寄存器来保存，其生命周期与核函数的生命周期相同。

（2）局部内存（Local Memory）：对于在核函数中由于寄存器空间有限而无法在寄存器中进行存储的变量（如使用未知索引引用的本地数组、较大的结构体或数组），有些会被放到局部内存中。局部内存和全局内存在同一物理区域，其访问速度远低于寄存器。对于一个核函数所生成的线程，每个线程都有自己的寄存器和局部内存。

（3）共享内存（Shared Memory）：访问速度仅次于寄存器，核函数中被 __shared__ 修饰符修饰的变量被存储到共享内存中。每个线程块都拥有自己的共享内存，所有属于该线程块的线程都能够访问该共享内存，共享内存中保存的数据内容可持续线程块的整个生命周期。

（4）常量内存（Constant Memory）：一般用于保存常量变量。常量变量用 __constant__ 修饰符来定义，用于保存所有线程都需要访问的常量参数（如计算圆面积用到的 π 值）。常量变量需要在主机端用 cudaMemcpyToSymbol 来进行初始化。

（5）纹理内存（Texture Memory）：一种只读存储器，由 GPU 内用于纹理渲染的图形专用单元发展而来，对二维空间局部性访问进行了专门优化，通过纹理内存访问二维矩阵的邻域会获得加速。

（6）全局内存（Global Memory）：GPU 设备上容量最大的存储空间，但其访问时延也是最高的。对于存放在全局内存中的变量，一个网格中的所有线程都可以访问，具有和应用程序相同的生命周期。全局内存变量既可以通过在主机代码里使用 cudaMalloc 函数进行动态声明，也可以通过 __device__ 修饰符在设备代码中静态地进行声明。

GPU 上有多种类型的缓存，其中包括一级缓存、二级缓存、只读常量缓存、只读纹理缓存等，这些缓存都属于不可编程存储器。

7.1.2　CUDA 执行模型

CUDA 执行模型定义了如何在一个特定的 GPU 计算架构下执行指令，是 GPU 并行架构的一个抽象视图。

通常，调用一个核函数后会产生一个线程网格来执行核函数中的代码，一个线程网格内包含了多个线程块。由于 GPU 采用 SIMT 架构来管理和执行线程，在执行时，CUDA 会把同一个线程块中的线程按照每 32 个为一组来进行划分，每一组称为一个线程簇（Warp）。在具体硬件上执行时，线程簇才是 GPU 的基本执行单元，而非线程块。网格、线程块与线程簇之间的逻辑关系可以用图 7-7来描述。

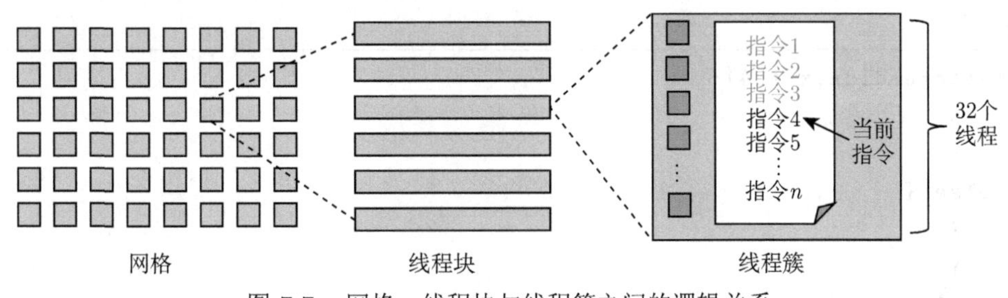

图 7-7　网格、线程块与线程簇之间的逻辑关系

当线程块被调度到 GPU 设备上的一个流多处理器（Stream Multiprocessor，SM）后，线程块中的线程就会被进一步划分为多个线程簇，每个线程簇类似一个 SIMD 指令，线程簇内的所有线程执行相同的代码指令。但线程簇内的线程仍然相对独立，各自拥有自己的寄存器和程序计数器（Program Counter，PC）。

虽然从逻辑角度（也是程序员的角度）来看，一个线程块是一组线程的集合，其组织方式可以是一维、二维或者三维的形态。但是从硬件角度（也是 GPU 执行线程代码的角度）来看，一个线程块则是一组线程簇的集合，整个线程块可以视为一种一维的组织结构，每 32 个连续的线程组成一个线程簇，之后由控制逻辑来进行调度，在流多处理器上进行执行，线程簇的调度执行如图 7-8所示。

控制流是高级语言的一种基本构造，CPU 与 GPU 都支持传统显式的控制流结构，如 if···then···else、for 和 while。但 CPU 拥有复杂的硬件结构来执行分支预测，即在每个条件检查中预测控制流会使用哪个分支，若预测正确，则只需要付出很小的性能代价；若预测不正确，则流水线可能会停止运行很多个周期，因为指令流水线被清空了。

不同于 CPU，GPU 没有复杂的分支预测机制和对应的硬件支持。在 GPU 设备上执行一个线程簇时，一个线程簇中的所有线程在同一时钟周期内必须执行相同的指令。如果一个线程簇执行的代码中包含了控制语句（如 if···then···else、for、while 等），则可能会导致不同线程的执行路径是不一致的。类似下面的代码中，其中线程号 threadIdx.x 小于 4 的线程会顺序执行 A 和 B 语句，而线程号大于等于 4 的线程会执行 X 和 Y 语句。对于这种同一个线程簇中，不同线程执行的语句不一致的情况，称为"线程簇分叉"（Warp Divergence）。

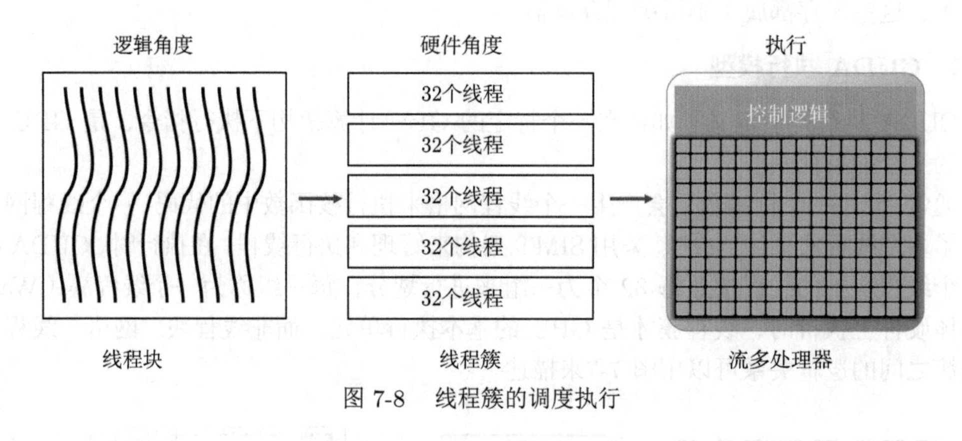

图 7-8　线程簇的调度执行

```
1 if (threadIdx.x < 4){
2       A;
3       B;
4 } else {
5       X;
6       Y;
7 }
8 Z;
```

线程簇分叉会严重影响 GPU 执行的性能，在执行存在分叉的代码时，线程簇会连续执行每个分支路径，而禁用不执行该分支路径的线程。如图 7-9所示，线程簇分叉会导致并行的线程数量减少到原来的一半。因此，为了优化性能，必须避免在同一线程簇内执行不同分支路径。

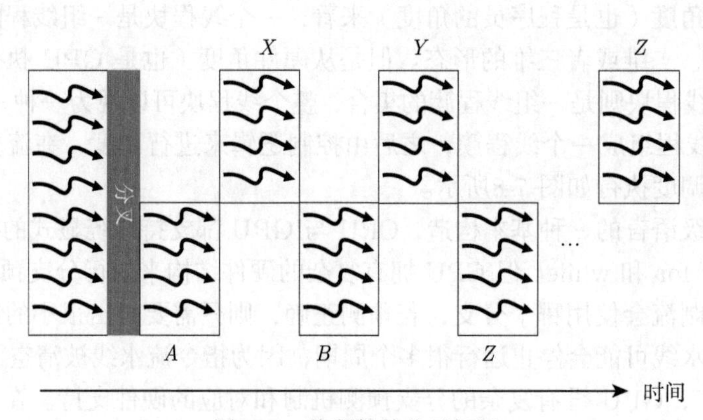

图 7-9　线程簇的分叉问题

7.1.3 CUDA 函数库

CUDA 提供了一系列高性能函数库，是一系列 API 的集合。常用的 CUDA 库如 NPP（加速图像、视频、信号处理的库）、cuRAND（生成随机数的库）、cuBLAS（加速矩阵运算的库）、cuDNN（加速深度神经网络运算的库）等，其他库的信息可以在英伟达公司的官网上查询。

对于程序员而言，利用 CUDA 库进行开发只需要编写主机代码，并调用相应 API 即可，可以节约很多开发时间。使用 CUDA 库的基本流程如下，不同的库之间可能有所差异，但基本步骤是相似的。

（1）创建一个库的句柄来管理上下文信息。

（2）分配设备内存空间给输入输出，若输入格式不被库中 API 所支持，则需要做转换。

（3）填充设备内存数据。

（4）配置函数库计算参数以便执行。

（5）调用库函数使 GPU 设备工作。

（6）获取设备内存中的结果，若结果不是应用的原始格式，则需要做一次转换。

（7）释放设备资源。

（8）继续其他工作。

下面通过将 CUDA 中专门用于进行傅里叶变换的函数库 cuFFT 的使用作为一个例子，来介绍如何使用 CUDA 库。

以下为基于 cuFFT 库的一维 FFT 算法的 CUDA 实现关键代码：

```
1  #include <cufft.h>            //cuFFT文件头
2  #define NX 1024
3  #define BATCH 1
4
5  cufftDoubleComplex *data;    //显存数据指针
6
7  //在显存中分配空间
8  cudaMalloc((void**)&data, sizeof(cufftDoubleComplex)*NX*BATCH);
9
10 //创建cuFFT句柄
11 cufftHandle plan;
12 cufftPlan1d(&plan, NX, CUFFT_Z2Z, BATCH);
13
14 //执行cuFFT
15 cufftExecZ2Z(plan, data, data, CUFFT_FORWARD);  //傅里叶变换
16
17 //销毁句柄，并释放空间
18 cufftDestroy(plan);
19 cudaFree(data);
```

7.2　OpenCL 编程

开放计算语言（Open Computing Language，OpenCL）是一种面向异构计算平台的免费开放编程框架，最早由苹果（Apple）公司在 2009 年提出，后期由众多业界著名厂商（如英特尔公司、高通公司、AMD 公司、ARM 公司等）跟进支持，目前由非营利性组织 Khronos Group 负责维护。OpenCL 支持的硬件包括 CPU、GPU、DSP、FPGA 等并行处理器，可用于对各种类型的平台（如高性能计算机、嵌入式系统中）中的异构加速器进行跨平台并行编程。OpenCL 能够很好地适配底层硬件，充分发挥硬件中各个层次的并行性。区别于 CUDA，OpenCL 是一个开放的标准，得到了几乎所有相关主流硬件厂商的支持，其设计目标是能够在各种类型的并行处理器上使用一个统一的编程模型，而 CUDA 是英伟达公司自有的一个异构编程开发框架。

OpenCL 主要包括平台模型、编程模型、执行模型、内存模型，下面从这几个方面来介绍 OpenCL。

7.2.1　OpenCL 平台模型

OpenCL 平台模型是针对使用 OpenCL 的异构平台的一个高层描述。在 OpenCL 平台模型中，一个 OpenCL 平台由主机和一个或多个 OpenCL 设备（如 GPU、FPGA）组成（图 7-10），其中，主机一般为 CPU，负责整体流程的控制并管理所有的 OpenCL 设备。OpenCL 设备主要负责异构计算中的数据运算操作，接收主机的指令并进行相应的数据处理。该设备可以是任何 OpenCL 平台支持的计算设备，如 CPU、GPU、FPGA 及 DSP 等。OpenCL 设备通常包含多个计算单元（Compute Unit，CU)，每个计算单元又包含多个处理单元，而处理单元则为 OpenCL 设备运算的基本单位。

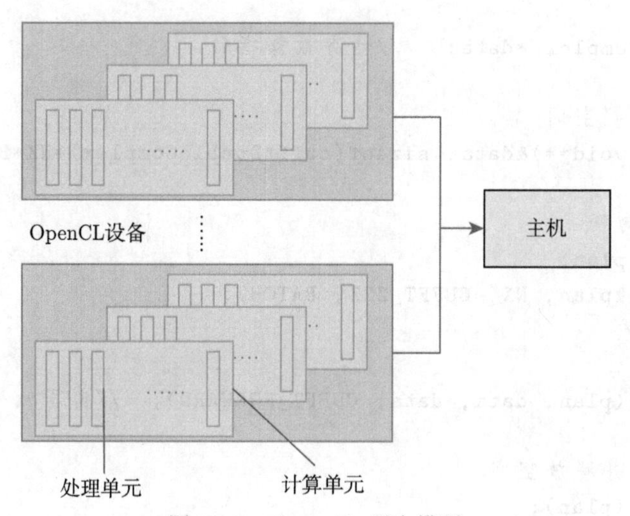

图 7-10　OpenCL 平台模型

平台模型保证了 OpenCL 代码的可移植性，程序员在开发 OpenCL 应用时，不同的设备架构会被抽象为同一种平台模型。OpenCL 底层会将抽象的主机和设备映射到具体的物理硬件上，通过这种方式，可以允许一个 OpenCL 应用选择不同的计算设备，从而在相应设备上运行。

7.2.2 OpenCL 编程模型

通常来说，程序的执行流程是首先由主机发起相应的计算任务，根据计算任务选择相应的 OpenCL 设备并部署计算环境，接下来将数据及任务通过相关 I/O 单元发送到 OpenCL 设备，然后通过计算单元执行计算任务，最终 OpenCL 设备将计算结果返回给主机，同时结束该任务。

设备内核函数被主机启动后将被发送到 OpenCL 设备上运行，在运行过程中 OpenCL 将创建一个整数索引空间，该索引空间是一个 N 维的网格，称为 NDRange，类似于 CUDA 中的线程网格的概念，用于组织线程。内核代码由很多个“工作项”(Work Item) 来并行执行，每个工作项执行内核的一个实例，OpenCL 中的工作项对应于 CUDA 中的线程概念。工作项在索引空间中的相关坐标可用来唯一标识该工作项。多个工作项可组合成为一个“工作组” (Work Group)，而工作组中工作项的个数在设备内核程序启动时就已经被决定了，工作组对应于 CUDA 中的线程块的概念。每个工作组被指定了唯一的编号。同一个工作组的工作项可以通过栅栏来实现同步，对应于 CUDA 中的线程同步函数。

OpenCL 定义了两种不同的编程模型，分别是任务并行编程模型、数据并行编程模型。在任务并行编程模型中，可将总的工作任务划分成多个子任务，每个工作项独立地执行内核程序以分别完成相应的子任务。通过执行多个内核程序可以实现任务并行。在数据并行编程模型中，当用户需要对大量数据进行相同的操作运算时，可将总的数据分成不同的数据集，从而同时在多个计算单元上分别对不同的数据集进行相同的运算操作，最终完成对所有数据的运算操作。OpenCL 中的数据并行包括工作组与工作组之间的并行，以及同一个工作组中的不同工作项之间的并行。在该编程模型中，工作项及其要处理的数据存在一一对应的关系，工作项可以通过自身的索引号来寻址数据。

7.2.3 OpenCL 执行模型

OpenCL 执行模型定义了如何协调主机和设备来执行 OpenCL 应用程序，其目标在于通过合理地调度并使用各种 OpenCL 设备上的计算资源来进行高效计算。类似于 CUDA 程序，OpenCL 程序同样可分为主机程序和设备上运行的内核程序。其中，主机程序用于执行 OpenCL 应用程序中的主机运算部分，通过上下文及命令队列管理 OpenCL 设备，并控制设备上执行的内核程序。内核程序在 OpenCL 应用程序中处于核心地位，主要用于完成程序中的并行计算部分。

如图 7-11所示，在 OpenCL 执行模型中，每个内核程序 (对应一个 NDRange) 被分配到一个 OpenCL 计算设备上运行；每个工作组被分配到一个计算单元 (CU) 上运行；每个工作项被分配到一个处理单元 (PE) 上运行。

为了让内核程序能够运行在设备上，还需要对 OpenCL 上下文进行设置。这里，上下文 (Context) 一般视为内核程序的执行环境 (图 7-12)，包括设备、内核对象、程序对象和内存对象。OpenCL 主机程序通过上下文来协调主机与设备之间的交互，同时管理 OpenCL 设备及其内核程序以及内存对象。上下文则通过选择相应的软硬件资源来确定 OpenCL 应用程序的工作环境，由主机程序利用 API 函数创建并管理。

命令队列主要用于主机向 OpenCL 设备发送命令（图 7-12）。这些命令通常包括内核程序启动命令、同步命令以及内存命令等。一个命令队列只能对应一个 OpenCL 设备，而同一时刻一个 OpenCL 设备中可存在多个命令队列。当主机指定了运行内核程序的 OpenCL 设备并为之新建了上下文之后，每个 OpenCL 设备都必须新建一个命令队列用于接收来自主机的请求。

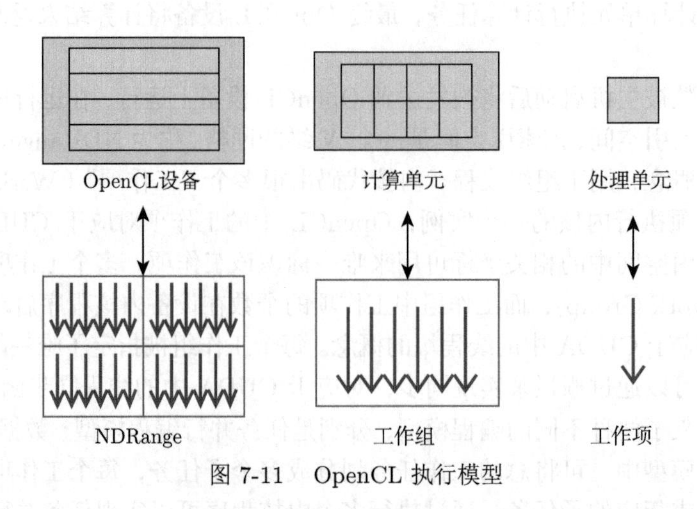

图 7-11　OpenCL 执行模型

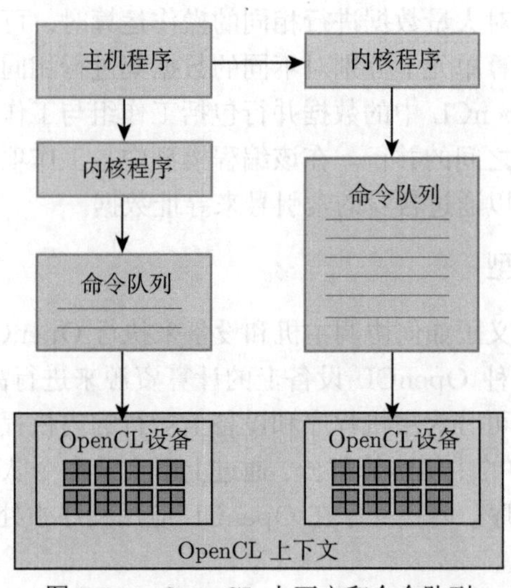

图 7-12　OpenCL 上下文和命令队列

7.2.4　OpenCL 内存模型

OpenCL 内存模型定义了面向 OpenCL 程序的抽象存储层次，包括 OpenCL 平台上各种内存的结构、内容和行为，使得程序员在编程时无须考虑实际的存储架构。

整个 OpenCL 内存模型如图 7-13所示，其中包括全局内存、常量内存、局部内存、私有内存等。对于全局内存，每一个工作项均可对其工作空间进行读写操作。对于常量内存，同一个工作空间中的所有工作项只能进行读操作，而无法进行写操作。该存储器也可以通过主机初始化，且其中保存的数据在内核程序运行过程中始终保持不变。对于局部内存，每一个工作项均可对其工作组对应的局部内存进行读写操作，且不可见其他工作组对应的局部内存。对于私有内存，每个工作项都有各自专属的私有内存，该内存对其他工作项是透明的，且只能通过内核程序分配。

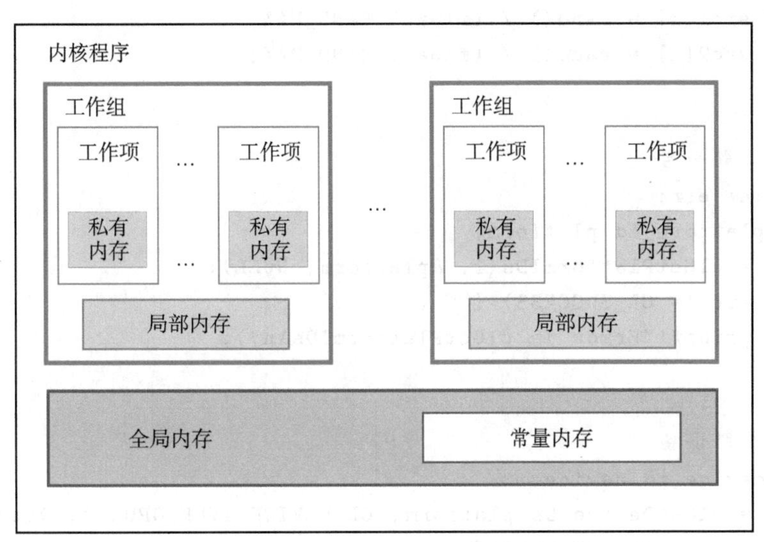

图 7-13　OpenCL 内存模型

7.2.5　OpenCL 编程实例

OpenCL 基本执行流程包括设置主机环境、准备数据和内核函数、执行内核函数、获取结果。具体过程可细分为参数设置、初始化数据、获取平台、获取设备、创建上下文、创建命令队列、创建内存对象、创建程序对象、编译程序对象、创建内核对象、设置内核参数、执行内核函数、获取返回结果和打印结果。OpenCL 中的内核函数必须单列为一个文件，OpenCL 的编程一般步骤如上，对照着上述步骤，可以理解 OpenCL 程序是如何设计的。接下来，通过一个基于 OpenCL 的向量加法的程序来进行具体说明。

主函数文件 OpenCL_main.cpp 如下：

```
1  #include <CL/cl.h>
2  #include <stdio.h>
3  #include <stdlib.h>
4  #include <time.h>
5
6  int main() {
7      // 参数设置
8      const int LENGTH = 8;
9      const char *filename = "VectorAdd.cl";
10     srand(time(0));
11
```

```
12      // 初始化数据
13      float *src1, *src2, *dst;
14      src1 = (float *) malloc(sizeof(float) * LENGTH);
15      src2 = (float *) malloc(sizeof(float) * LENGTH);
16      dst = (float *) malloc(sizeof(float) * LENGTH);
17      for (int i = 0; i < LENGTH; i++) {
18          src1[i] = rand() / (float) RAND_MAX;
19          src2[i] = rand() / (float) RAND_MAX;
20      }
21
22      // 获取平台
23      cl_int err;
24      cl_platform_id platform;
25      err = clGetPlatformIDs(1, &platform, NULL);
26      if (err != CL_SUCCESS) {
27          printf("Error in clGetPlatformIDs\n");
28      }
29
30      // 获取设备
31      cl_device_id device;
32      err = clGetDeviceIDs(platform, CL_DEVICE_TYPE_GPU, 1, &device,NULL);
33      if (err != CL_SUCCESS) {
34          printf("Error in clGetDeviceIDs\n");
35      }
36
37      // 创建上下文
38      cl_context context;
39      context = clCreateContext(0, 1, &device, NULL, NULL, &err);
40      if (err != CL_SUCCESS) {
41          printf("Error in clCreateContext\n");
42      }
43
44      // 创建命令队列
45      cl_command_queue command_queue;
46      command_queue = clCreateCommandQueue(context, device, 0, &err);
47      if (err != CL_SUCCESS) {
48          printf("Error in clCreateCommandQueue\n");
49      }
50
51      // 创建内存对象
52      cl_mem dev_src1, dev_src2, dev_dst;
53      cl_int err1, err2, err3;
54      dev_src1 = clCreateBuffer(context, CL_MEM_READ_ONLY |
            CL_MEM_COPY_HOST_PTR, sizeof(cl_float) * LENGTH, src1, &err1);
55      dev_src2 = clCreateBuffer(context, CL_MEM_READ_ONLY |
```

```
        CL_MEM_COPY_HOST_PTR, sizeof(cl_float) * LENGTH, src2, &err2);
56      dev_dst = clCreateBuffer(context, CL_MEM_WRITE_ONLY, sizeof(cl_float
            ) * LENGTH, NULL, &err3);
57      if (err1 | err2 | err3 != CL_SUCCESS) {
58          printf("Error in clCreateBuffer\n");
59      }
60
61      // 创建程序对象
62      FILE *file;
63      size_t filesize, count;
64      char *buffer;
65      file = fopen(filename, "r");
66      fseek(file, 0, SEEK_END);
67      filesize = ftell(file);
68      rewind(file);
69      buffer = (char *) malloc(sizeof(char) * filesize);
70      count = fread(buffer, 1, filesize, file);
71      if (count != filesize) {
72          printf("Error in fread\n");
73      }
74      fclose(file);
75
76      // 编译程序对象
77      cl_program program;
78      program = clCreateProgramWithSource(context, 1, (const char **) &
            buffer, (size_t *) &filesize, &err);
79      err = clBuildProgram(program, 0, NULL, NULL, NULL, NULL);
80      if (err != CL_SUCCESS) {
81          printf("Error in clBuildProgram\n");
82      }
83
84      // 创建内核对象
85      cl_kernel kernel;
86      kernel = clCreateKernel(program, "VectorAdd", &err);
87      if (err != CL_SUCCESS) {
88          printf("Error in clCreateKernel\n");
89      }
90
91      // 设置内核参数
92      err = clSetKernelArg(kernel, 0, sizeof(cl_mem), (void *) &dev_src1);
93      err |= clSetKernelArg(kernel, 1, sizeof(cl_mem), (void*) &dev_src2);
94      err |= clSetKernelArg(kernel, 2, sizeof(cl_mem), (void *) &dev_dst);
95      err |= clSetKernelArg(kernel, 3, sizeof(cl_int), (void *) &LENGTH);
96      if (err != CL_SUCCESS) {
97          printf("Error in clSetKernelArg\n");
```

```
98      }
99
100     // 执行内核函数
101     size_t global_size = LENGTH;
102     size_t local_size = 1;
103     err = clEnqueueNDRangeKernel(command_queue, kernel, 1, NULL, &
            global_size, &local_size, 0, NULL, NULL);
104     if (err != CL_SUCCESS) {
105         printf("Error in clEnqueueNDRangeKernel\n");
106     }
107
108     // 获取返回结果
109     err = clEnqueueReadBuffer(command_queue, dev_dst, CL_TRUE, 0, sizeof
            (cl_float) * LENGTH, dst, 0, NULL, NULL);
110     if (err != CL_SUCCESS) {
111         printf("Error in clEnqueueReadBuffer\n");
112     }
113
114     // 打印结果
115     printf("Vector 1\n");
116     for (int i = 0; i < LENGTH; i++) {
117         printf("%.2f ", src1[i]);
118     }
119     printf("\n");
120
121     printf("Vector 2\n");
122     for (int i = 0; i < LENGTH; i++) {
123         printf("%.2f ", src2[i]);
124     }
125     printf("\n");
126
127     printf("Vector Sum\n");
128     for (int i = 0; i < LENGTH; i++) {
129         printf("%.2f ", dst[i]);
130     }
131     printf("\n");
132
133     // 释放资源
134     clReleaseKernel(kernel);
135     clReleaseProgram(program);
136     clReleaseCommandQueue(command_queue);
137     clReleaseContext(context);
138     clReleaseMemObject(dev_src1);
139     clReleaseMemObject(dev_src2);
140     clReleaseMemObject(dev_dst);
```

```
141
142     free(src1);
143     free(src2);
144     free(buffer);
145     return 0;
146 }
```

内核函数文件 VectorAdd.cl 的代码如下：

```
1  __kernel void VectorAdd(__global const float* src1, __global const float
       * scr2, __global float* dst, int length) {
2      // 获取全局索引编号
3      int gid = get_global_id(0);
4
5      // 检查数组边界
6      if (gid >= length) {
7          return;
8      }
9
10     // 对向量元素作加法操作
11     dst[gid] = src1[gid] + scr2[gid];
12 }
13 }
```

编译 OpenCL 程序需要加上编译参数-lOpenCL，编译命令如下：

```
1  $ gcc -o OpenCL_main OpenCL_main.cpp -lOpenCL
```

运行编译链接后产生的可执行文件 OpenCL_main，可得如下结果：

```
1  $ ./OpenCL_main
2  Vector 1
3  0.43 0.14 0.65 0.92 0.09 0.91 0.05 0.29
4  Vector 2
5  0.11 0.30 0.83 0.67 0.37 0.90 0.36 0.92
6  Vector Sum
7  0.55 0.44 1.49 1.59 0.46 1.80 0.41 1.22
```

7.3　本章小结

异构计算系统由使用不同类型的指令集和体系架构的计算单元（如 CPU、GPU、DSP、ASIC、FPGA 等）组成，针对异构计算系统进行编程可以发挥异构计算系统的最优效能。本章主要对 CUDA 编程和 OpenCL 编程分别进行了介绍。CUDA 编程主要面向基于 CPU+GPU 的异构计算架构，由英伟达公司设计提出，并成为目前市场上主流的异构编程模型。首先对 CUDA 编程模型进行了重点介绍，包括其程序结构、线程组织、内存管理；

之后介绍了 CUDA 的执行模型，以及 CUDA 函数库，并通过一系列实例代码来展示如何编写 CUDA 程序。OpenCL 是由非营利性组织 Khronos Group 维护的一个开放异构编程标准，获得了大量业界厂商的支持，具有良好的可移植性。本章介绍了 OpenCL 的平台模型、编程模型、执行模型以及内存模型。在对这些概念有了一定了解后，通过一个代码实例让读者对 OpenCL 编程有个直观的认识。

课后习题

1. 请基于 CUDA 编程模型实现两个数组元素的相加操作，数组元素的规模为百万级。在确保运算结果正确的情况，进一步评测运行在 GPU 上的 CUDA 内核的性能，最简单的方式是使用 CUDA 工具包自带的 nvprof 命令。

2. 数组的奇偶排序是指对于给定的数据排序，奇数在前，偶数在后，原奇数、偶数之间的相对位置不能发生变化。请编写一个 CUDA 程序，实现对数组的奇偶排序。

3. 归约操作是一种常见的并行算法，它作用在规模为 N 的输入数据上，并产生 1 个输出。常见的规约操作符包括取最大/小值、逻辑与/或、求和等。请编写一个 CUDA 程序，用于实现快速归约。

4. 二维卷积操作是一种常见的图像处理操作，主要用于提取图像特征。请分析卷积操作的潜在并行性，将其映射到 OpenCL 的执行模型上，并分析潜在的性能瓶颈，提出可行的优化方案。

5. 迪杰斯特拉（Dijkstra）算法是图论中经典的最短路径算法，可用于求解带权重图中某个顶点到其他顶点的最短路径。但是 Dijkstra 算法在 CPU 上的运行较慢，请基于 OpenCL 编写一个 Dijkstra 算法的并行实现程序。

6. 矩阵乘法的性能优化在实际应用中有着重要意义。它的时间复杂度与两个矩阵的维度成正比，这使得大规模的矩阵乘法操作在 CPU 上的执行效率非常低。请基于 OpenCL 编写一个矩阵乘法程序，并测试其相对于 CPU 代码的性能提升。

第四部分 典型并行应用案例与应用软件介绍

第 8 章 典型并行应用案例

本章将介绍更多并行计算的具体应用案例，旨在让读者更加了解前面提到的几种编程框架的使用，并根据具体的问题选择合适的编程模型。下面将会介绍使用上述几种并行编程框架对通用矩阵乘法和经典排序算法进行并行化的方法，并介绍生产者消费者问题并行化的一般模型。最后，将介绍分布式机器学习的重要技术，包括单机计算与并行模型、任务划分与聚合及分布式架构与网络通信等。

8.1 通用矩阵乘法并行化

通用矩阵乘法 (General Matrix Multiply，GEMM) 是一种常见的底层算法，广泛应用于线性代数、机器学习、统计学等领域。它实现了矩阵之间的基本乘法运算，是目前主流卷积算法的基础，它的效率直接影响上层模型的性能表现，故对 GEMM 的优化至关重要。在高性能计算领域，对 GEMM 的优化是一个非常重要的课题，GEMM 非常广泛地应用于航空航天、流体力学等科学计算领域，是 HPC 的主要应用场景。因此 GEMM 并行化是一个非常经典的算法并行化案例，将基于不同并行计算框架对其开展讨论。

在介绍通用矩阵乘法并行化的方法之前，先对通用矩阵乘法给出一个通用定义：数学上，一个 $m \times n$ 的矩阵是一个由 m 行 n 列元素排列成的矩形阵列，GEMM 通常定义为

$$C_{m\times n} = A_{m\times k}B_{k\times n} \tag{8-1}$$

$$C_{i,j} = \sum_{t=1}^{k} A_{i,t}B_{t,j} \tag{8-2}$$

下面给出一个由 C 语言编写的 GEMM 串行程序：

```
1 for (int i = 0; i < M; i++)
2     for (int j = 0; j < N; j++)
3         for (int k = 0; k < K; k++)
4             C[i][j] += A[i][k] * B[k][j]
```

8.1.1 基于 OpenMP 并行化实现

OpenMP 是共享内存模型，在这种模型下，多个处理器或任务共享同一块内存，并且可以异步地对内存进行读写操作。相较于其他模型，共享内存模型的优势在于编程者不必显式地指定数据之间的通信，因为所有的处理器都可以平等地看到和存取共享内存，这种模型缺少数据“拥有者”的概念，使得开发变得更加容易。但这样也会带来一些问题，如数据竞争。多个线程同时对同一个数据进行修改的现象叫作数据竞争，数据竞争会给程序

造成很多不可预料的结果，使程序出现许多漏洞。因此很多机制被用来控制对内存的存取，如锁/信号量等，以解决访问冲突以及避免竞争。

现在来讨论基于 OpenMP 对通用矩阵乘法进行并行化的方法。GEMM 中存在 3 个 for 循环，根据矩阵乘法的串行算法，结果矩阵 C 的每个元素需要且仅需要通过矩阵 A 的一行和矩阵 B 的一列对应乘加而得，不存在某个结果的计算需要依赖前面循环计算结果的情况，因此不存在循环依赖。此外，并行的各个线程对矩阵 A、B 只有读操作而没有写操作，对矩阵 C 有针对不同位置的写操作，因此也不会产生数据竞争。对于开发者来说，可以简单地声明哪一段代码需要并行，使用 parallel for 指令进行并行化，并以全局变量的方式实现通信。具体来说，只需要在上述代码的最外层 for 循环外加上以下命令即可，其中，thread_count 由开发者指定。

```
#pragma omp parallel for num_threads(thread_count)
```

8.1.2 基于 Pthreads 并行化实现

使用 Pthreads 进行并行化的思路是先通过调用 pthread_create 函数来生成 thread_count 个线程，然后将矩阵 A 按行分配给每个线程，同时将矩阵 B 定义为全局变量，以便每个线程都能计算相应部分的矩阵乘积结果。接着，子线程将计算结果返回给主线程，主线程使用 pthread_join 函数等待所有线程结束，得到最终结果。这种并行化方法可以加速矩阵相乘的计算，并且能够更有效地利用计算机的多核处理器。按照上述思路，下面给出 Pthreads 并行化时主函数部分的示例代码：

```
1  int thread;
2  pthread_t* thread_handles;
3  thread_handles =
4  (pthread_t*)malloc(thread_count*sizeof(pthread_t));
5
6  for(thread=0;thread<thread_count;thread++)
7      pthread_create(&thread_handles[thread],NULL,
8      pthreads_mul,(void*)thread_num);
9  for(thread=0;thread<thread_count;thread++)
10     pthread_join(thread_handles[thread],NULL);
11 free(thread_handles);
```

上述代码中，pthreads_mul 是线程函数，传入的参数是 (void*)thread_num，即当前线程号，每个线程要根据自己的线程号确定各自负责计算矩阵 C 的哪一部分。接下来具体来看线程函数：

```
1  void *pthreads_mul(void * thread_num){
2          int block_size=M/thread_count;
3          int my_first_row=block_size*(ll)thread_num;
4          int my_last_row=((ll)thread_num==thread_count?
5              M:block_size*((ll)thread_num+1));
6          for (int i = my_first_row; i < my_last_row; i++)
```

```
7           for (int j = 0; j < N; j++)
8               for (int k = 0; k < K; k++)
9                   C[i][j] += A[i][k] * B[k][j]
10      return NULL;
11  }
```

（1）注意，当前线程号 thread_num 是以 void* 的类型传参进来的，如果要对 void* 进行强制类型转换，则需要使用 long long 类型，否则如果地址值过大，使用 long、int 类型进行转换会导致内存越界。

（2）my_first_row 和 my_last_row 分别表示当前线程需要计算的第一行和最后一行对应的行号。对于 my_last_row，若当前线程为最后一个线程，则直接赋值 M，即最后一个线程负责计算 C 矩阵剩下的所有行；否则赋值 block_size* ((ll)thread_num+1)，即负责计算 block_size 行。这么做是因为要考虑 M 不能整除 thread_count 的情况。

8.1.3　基于 MPI 并行化实现

不同于以上两种并行化方法，MPI 是一种基于消息传递的并行模型，使用分布式内存。当启动一组 MPI 进程后，每个进程都执行同样的代码，并且每个进程都有一个 rank 用于标记当前进程号。使用 MPI 对 GEMM 进行并行化的主要思想是，把相乘的矩阵进行任务分解（可以按行分解或者按块分解，这里以按行分解为例展开讨论），分别分给不同的进程进行计算，然后把它们的计算结果汇总到一个进程上。在程序上实现则使用主从模式，人为地把进程分为主进程和工作进程（从进程），主进程负责对原始矩阵进行初始化赋值，并把数据均匀分发到工作进程上进行相乘运算。这种并行化方法可以更充分地利用计算机的多核处理器，以提高计算效率。

先给出一个最简单的 MPI 实现版本，使用 MPI_Send 函数和 MPI_Recv 函数进行点对点通信。首先看程序主体部分的代码。在主体部分中，进行必要的 MPI 初始化，根据不同的进程号来进行不同的工作，最后调用 MPI_Finalize 来结束 MPI 程序，具体的程序示例如下：

```
1  int main(){
2      ... //定义变量；申请矩阵A、B、C空间；生成矩阵A、B
3      int comm_sz,my_rank;
4      MPI_Comm comm=MPI_COMM_WORLD;
5      MPI_Comm_size(comm, &comm_sz);
6      MPI_Comm_rank(comm, &my_rank);
7      MPI_Status starus;
8
9      int first_row,last_row, avg_rows;
10     avg_rows=M/(comm_sz-1);
11
12     if(my_rank==0)  {...}
13     else if(my_rank!=0) {...}
14
15     MPI_Finalize();
16     ...//释放矩阵A、B、C空间
17 }
```

现在来看主进程代码（这里人为指定 0 号为主进程），主进程不参与计算，只负责分发和收集数据。在主进程中，矩阵 A 按行划分为大致相等的部分，然后将部分的矩阵 A 和全部的矩阵 B 使用点对点通信传递给工作进程。在工作进程进行计算后，主进程再接收由工作进程发送来的部分结果矩阵，将其收集并报告结果。

```
1  if(my_rank==0){
2      for(i=1;i<comm_sz;i++){
3          first_row = avg_rows * (i-1);
4          //最后一个进程负责计算剩余所有行；其他进程负责计算avg_rows行
5          last_row = i==comm_sz-1? M-1 : avg_rows*i-1;
6          MPI_Send(&A[first_row * K], (last_row - first_row) * K,
7              MPI_FLOAT, i, 1, MPI_COMM_WORLD);
8          MPI_Send(B, K * N, MPI_FLOAT, i, 2, MPI_COMM_WORLD);
9      }
10     for(i=1;i<comm_sz;i++){
11         first_row = avg_rows * (i-1);
12         last_row = i==comm_sz-1? M-1 : avg_rows*i-1;
13         MPI_Recv(&C[first_row * N], (last_row - first_row) * N,
14             MPI_FLOAT, i, 3, MPI_COMM_WORLD, &status);
15     }
16 }
```

再来看工作进程的代码，即计算部分乘法并将结果返回给主进程。

```
1  else if(my_rank!=0){
2      first_row = avg_rows * (my_rank - 1);
3      last_row = my_rank==comm_sz-1? M-1 : avg_rows*my_rank-1;
4      localA = (float *)malloc(sizeof(float) * (last_row-first_row)*K);
5      localB = (float *)malloc(sizeof(float) * K * N);
6      localC = (float *)malloc(sizeof(float) * (last_row-first_row)*N);
7
8      MPI_Recv(localA, (last_row-first_row) * K,
9          MPI_FLOAT,0, 1,MPI_COMM_WORLD, &status);
10     MPI_Recv(localB, K * N, MPI_FLOAT, 0, 2, MPI_COMM_WORLD,&status);
11
12     ...//计算localA和localB的矩阵乘，结果存在locaAlC中
13
14     MPI_Send(localC,(last_row-first_row)*N,MPI_FLOAT,3,MPI_COMM_WORLD);
15
16     free(localA);
17     free(localB);
18     free(localC);
19 }
```

在点对点通信实现方式中，在主进程内使用循环依次将数据 MPI_Send 给其他进程，并且在主进程中 MPI_Recv 其他进程返回的数据。这样做是将通信过程串行化了（主进程

只能按指定顺序依次和其他单个进程通信)，这显然是低效的。

接下来使用新的通信方式——集合通信来实现 MPI 的通用矩阵乘法优化。集合通信函数使用树形通信结构或蝶式通信结构等集合通信方式来加快集合间的通信过程，从而比直接使用点对点通信更加高效。例如，可以使用 MPI_Scatter 集合通信函数来将数据从主进程分发到其他进程中，使用 MPI_Gather 集合通信函数来将结果数据从其他进程聚集到主进程中。

假定矩阵 A 的行数为 comm_sz 的倍数。在分发矩阵 A 时，采用 MPI_Scatter 函数，它用于将某个进程的数据分配/散播给所有进程，发送的部分数据按照进程 rank 值依次发送给各进程；在广播矩阵 B 时，采用 MPI_Bcast 函数，它用于将一个进程的 buffer 中的数据广播到其他进程的相同 buffer 变量中；在收集矩阵 C 时，采用 MPI_Gather 函数，它用于将所有进程的某个变量值发送给某一个进程，并按照进程 rank 值排序。要注意的是，以上这些集合通信函数是所有进程（包括主进程和工作进程）都要调用的。使用集合通信进行优化后，程序示例如下：

```
1  int main(){
2      ... //定义变量；申请矩阵A、B、C内存空间；初始化矩阵A、B
3      int comm_sz,my_rank;
4      MPI_Comm comm=MPI_COMM_WORLD;
5      MPI_Comm_size(comm, &comm_sz);
6      MPI_Comm_rank(comm, &my_rank);
7      MPI_Status starus;
8
9      localA = (float *)malloc(sizeof(float)*(last_row-first_row)*K);
10     localC = (float *)malloc(sizeof(float)*(last_row-first_row)*N);
11
12     MPI_Scatter(A, avg_rows * K, MPI_FLOAT, localA,
13         avg_rows * K, MPI_FLOAT, 0, MPI_COMM_WORLD);
14     MPI_Bcast(B, K * N, MPI_FLOAT, 0, MPI_COMM_WORLD);
15
16     ...//计算localA和localB的矩阵乘，结果存在localC中
17
18     MPI_Gather(localC, avg_rows * N, MPI_FLOAT, C,
19         avg_rows * N, MPI_FLOAT, 0, MPI_COMM_WORLD);
20
21     free(localA);
22     free(localC);
23
24     MPI_Finalize();
25     ...// 释放矩阵A、B、C的内存空间
26 }
```

至此，基于 OpenMP、Pthreads 和 MPI 对通用矩阵乘法进行并行化已讨论完毕。除此之外，GEMM 并行化还有其他可优化的方向，比如，使用 CUDA 对其进行更细粒度的并行化或从汇编层面开展优化等，感兴趣的读者可以自行学习和探索。

8.2 经典排序算法并行化

排序是算法领域的经典问题，也是一项非常常用的操作，应用程序在运行时可能需要频繁地进行排序操作，而且这些操作可能会持续进行。但大部分的排序算法都是串行执行的，当排序的元素很多时，串行执行的排序算法容易造成程序的性能瓶颈。由于很多串行排序算法中的数据依赖性，将串行算法修改为并行算法并不容易，甚至会极大地增加原有算法的复杂度，在本节介绍几种相对简单的排序算法并行化思路。

8.2.1 奇偶排序并行化：消除数据相关性

在讨论奇偶排序之前，先来看冒泡排序。冒泡排序是最经典的排序算法之一，算法按对逐个比较元素的大小，arr[0] 与 arr[1] 比较、arr[1] 与 arr[2] 比较，以此类推，如果顺序不对，就调换位置；每一次遍历数组，都可以将序列中待排序的最大值移动到最右边；n 次遍历后就可以使数组有序。该算法非常简单，但其固有的串行特征（即在交换过程中，对于每个元素，它既可能与前面的元素交换，也可能与后面的元素交换）存在数据相关性使其很难直接改造成并行算法。如果能够消除这种数据相关性，就可以使用并行的思想来实现类似的排序。

奇偶排序可以看作冒泡排序的升级版，它基于消除数据相关性的思想。奇偶排序将排序过程分为两个阶段——奇交换和偶交换。在奇交换阶段，将比较奇数索引和相邻的后续元素；在偶交换阶段，将比较偶数索引和相邻的后续元素。这两个阶段将成对出现，以确保比较和交换涉及数组中的每一个元素。图 8-1 是一个简单的奇偶排序的迭代示意图。

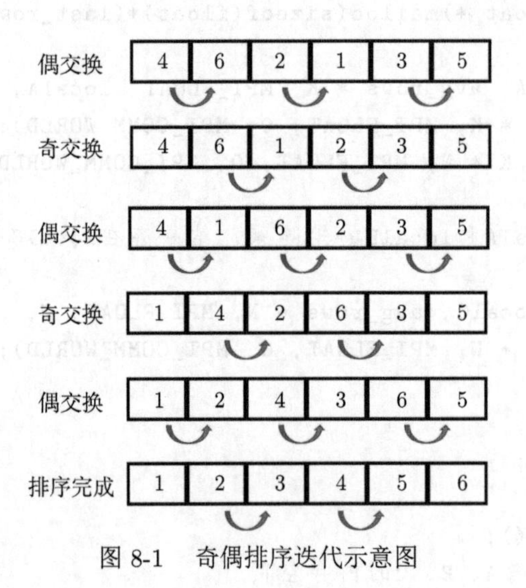

图 8-1 奇偶排序迭代示意图

根据奇偶排序的思路，先给出一个奇偶排序的串行实现：

```
1  for(int phase = 0; phase < n; phase++){
2      // 偶阶段，对0、1和2、3…等进行交换
3      if(phase % 2 == 0){
```

```
4         for(int i = 0; i < n; i += 2){
5             if(arr[i-1] > arr[i]){
6                 swap(arr[i], arr[i-1]);
7             }
8         }
9     }
10    // 奇阶段，对1、2和3、4…等进行交换
11    else{
12        for(int i = 1; i < n-1; i += 2){
13            if(arr[i] > arr[i+1]){
14                swap(arr[i], arr[i+1]);
15            }
16        }
17    }
18 }
```

从图 8-1可以看出，整个排序操作独立分割为若干个奇交换阶段和偶交换阶段。在每一个阶段内，所有的比较和交换都是没有数据相关性的，因此每个阶段中的比较和交换都可以独立执行，可以使用多个进程并行对元素进行比较和交换操作；但每个阶段之间是需要串行执行的，也就是在下一个交换阶段开始之前，必须等上一个交换阶段完成。下面对并行排序算法的流程进行总结：

（1）各个进程将自己的本地数据用串行算法排序。

（2）分奇偶阶段交换数据，需要通过进程通信来交换数据，以拿到对方进程的数据。

（3）两个进程中编号较小的进程保存较小的一半数据，两个进程中编号较大的进程保存较大的一半数据。

（4）重复奇偶阶段交换数据，直至全局有序。

该算法可以用伪代码来描述：

```
1  sort local keys;
2  // 按照奇偶阶段进行数据交换
3  for(int phase = 0; phase < n; phase++){
4      // 获取数据交换的进程号
5      parter = Get_Partner(phase, my_rank);
6      if(partner != -1 && partner != comm_sz){
7          // 进行数据交换
8          send(keys);
9          recv(keys);
10         // 对于进程号较小的进程，保存较小的一半数据
11         if(my_rank < partner){
12             merge_low();
13         }
14         // 否则，保存较大的一半数据
15         else{
```

```
16            merge_high();
17        }
18    }
19 }
```

8.2.2 二路归并排序并行化

归并排序是分治法（Divide and Conquer）的一个典型的应用，分治法由三部分组成。

（1）分解：将原问题分解为一系列子问题。

（2）解决：递归地解决各个子问题；若子问题足够小，那么直接求解。

（3）归并：将子问题的结果归并成原问题的结果。

归并排序完全依照了上述模式，直观的操作如下。

（1）分解：将含有 n 个元素的序列分成两个各含 $n/2$ 个元素的子序列。

（2）解决：用归并排序法对两个子序列递归地排序。

（3）归并：归并两个已经排序的子序列，以得到排序结果。

图 8-2是一个简单的二路归并排序的迭代示意图，根据归并排序的思路，下面先给出一个归并排序的串行实现。

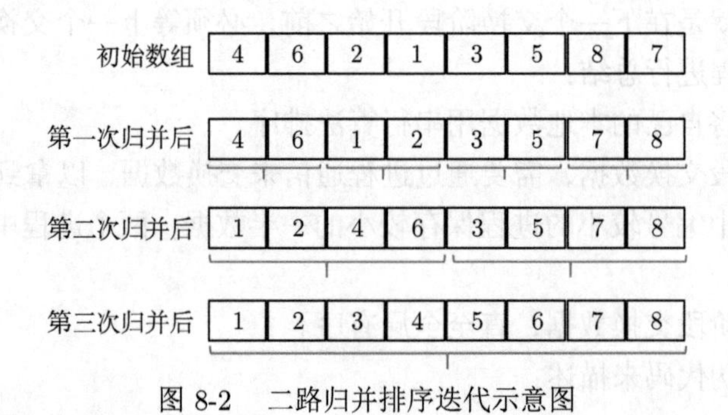

图 8-2　二路归并排序迭代示意图

```
1 // 将有两个有序数列 arr[first...mid] 和 arr[mid...last] 归并 //
2 void mergearray(int arr[], int first, int mid, int last, int temp[])  {
3     int i = first, j = mid + 1, k =0;
4     while (i <= mid && j <= last) {
5         if (arr[i] <= arr[j])
6             temp[k++] = arr[i++];
7         else
8             temp[k++] = arr[j++];
9     }
10    while (i <= mid)
11        temp[k++] = arr[i++];
12    while (j <= last)
13        temp[k++] = arr[j++];
14
```

```
15      for (i=0; i < k; i++)
16          arr[first+i] = temp[i];
17  }
18
19  /* 实现给定数组区间的二路归并排序 */
20  void mergesort(int arr[], int first, int last, int temp[]) {
21      if (first < last) {
22          int mid = (first + last) / 2;
23          mergesort(arr, first, mid, temp);    //左半部分有序
24          mergesort(arr, mid + 1, last, temp); //右半部分有序
25          mergearray(arr, first, mid, last, temp);//归并两个有序数组
26      }
27  }
```

由串行归并排序算法可知，在分治的过程中子问题是相互独立、可以独立求解的，即进行归并的各个数据区间没有依赖关系，因此归并排序非常适合并行化操作。并行化方案是先将待排序区间划分成若干个相等的小区间，然后将这些小区间传递给多个线程以并行地对它们进行排序，最后通过归并的方法，将所有排好序的小区间归并成一个有序序列。

但这个并行算法的缺点也很明显，由其特性可知，最后一次归并必然只有 1 个线程工作，倒数第二次归并必然只有 2 个线程工作，以此类推；而越到后面的归并，排序数组越长。因此，整体而言这个算法对多核的利用率一般。

8.3　生产者消费者问题并行化

生产者消费者问题是线程同步问题中的一个经典案例。该问题描述了共享固定大小缓冲区的两个线程，在实际运行中会出现的问题。生产者的作用是产生数据，然后将其放在缓冲区，消费者则会消耗这些数据 (图 8-3)。

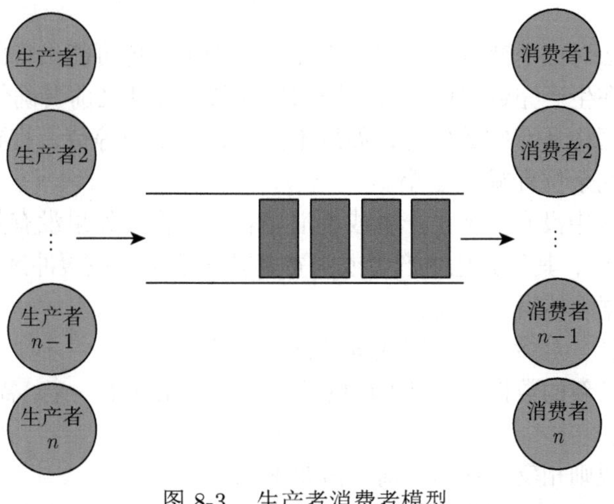

图 8-3　生产者消费者模型

有一个或多个生产者生产某种类型的数据（记录、字符），并将其放置在缓冲区，有一个消费者从缓冲区中取数据，每次取一项；系统保证避免对缓冲区的重复操作，即在任何时候只有一个主体（生产者或消费者）可访问缓冲区。问题的关键是要确保这种情况：当缓存已满时，生产者不会继续向其中添加数据；当缓存为空时，消费者不会从中移走数据。比较经典的解决方法是迪杰斯特拉的有界缓冲区方法。

```
1  begin integer number of queueing portions, number of empty positions,
2        buffer manipulation;
3        number of queueing portions:= 0;
4        number of empty positions:= N;
5        buffer manipulation:= 1;
6        parbegin
7        producer: begin
8                again 1: produce next portion;
9                         P(number of empty positions);
10                        P(buffer manipulation);
11                        add portion to buffer;
12                        V(buffer manipulation);
13                        V(number of queueing portions); goto again 1 end;
14       consumer: begin
15               again 2: P(number of queueing portions);
16                        P(buffer manipulation);
17                        take portion from buffer;
18                        V(buffer manipulation) ;
19                        V(number of empty positions);
20                        process portion taken; goto again 2 end
21       parend
22 end
```

以上生产者消费者模型伪代码用到了操作系统中的 PV 操作，即同步与互斥的一些操作。

可以看到该算法对三个变量进行 PV 操作，是为了避免可能出现的死锁操作。

对于生产者，在生产完数据后，将数据添加到共享缓冲区前要确保：

（1）此时缓冲区中还有空的位置，如果不满足，则不断等待，直到有位置，然后执行 P 操作，让缓冲区剩余位置减少 1 个。

（2）此时缓冲区中没有其他生产者或者消费者在操作，如果没有其他生产者或消费者在操作，则用 P 操作，其间其他生产者或消费者就无法进入该缓冲区。

生产者完成数据上传后，需要：

（1）释放缓冲区，对缓冲区控制变量进行 V 操作。

（2）因为写入了新的数据，所以可读的缓冲区数量增加了一个，需要用 V 操作进行标识，并通知消费者。

对于消费者来说则相反，在消费前，需要确保：

（1）此时缓冲区中有数据等待被读取，如果没有，则需要等生产者把数据放进来。

（2）此时缓冲区中没有其他生产者或者消费者在操作，如果没有其他生产者或消费者操作，则用 P 操作，其间其他生产者或消费者就无法进入该缓冲区。

消费者完成消费后，需要：

（1）释放缓冲区，对缓冲区控制变量进行 V 操作。

（2）因为取走了数据，所以可写的缓冲区数量增加了一个，需要用 V 操作进行标识，并通知生产者。

该算法有多种方式实现，也支持了多个生产者和消费者。这里采用多线程实现了一个生产者消费者模型。现实场景中也会使用多线程进行实现，在这里通信方式使用信号量。

首先是定义一些宏，以及生产者和消费者的基本操作：

```
1  #include <semaphore.h>
2
3  #include <iostream>
4  #include <thread>
5
6  #define ASSERT_EQ(x, y)                                                      \
7      if (x != y)                                                              \
8      {                                                                        \
9          std::cerr << __FILE__ << ":" << __LINE__ << ":"                      \
10                   << "Expect " << x << " but " << y << std::endl; \
11         exit(1);                                                             \
12     }
13
14 #define BUFFER_SIZE 64
15
16 class producerConsumer
17 {
18 public:
19     static sem_t bufferManipulation;
20     static sem_t numberOfQueueingPortions;
21     static sem_t numberOfEmptyPositions;
22     static int produceCount;
23     static int consumeCount;
24
25     int ret;
26     void produce()
27     {
28         std::cout << "produce " << produceCount++ << std::endl;
29         return;
30     }
31     void consume()
32     {
33         std::cout << "consume " << consumeCount++ << std::endl;
34         return;
```

```
35      }
36
37      void producer()
38      {
39          while (1)
40          {
41              ret = sem_wait(&numberOfEmptyPositions);
42              ASSERT_EQ(ret, 0);
43              ret = sem_wait(&bufferManipulation);
44              produce();
45              ret = sem_post(&bufferManipulation);
46              ASSERT_EQ(ret, 0);
47              ret = sem_post(&numberOfQueueingPortions);
48              ASSERT_EQ(ret, 0);
49          }
50      }
51
52      void consumer()
53      {
54          while (1)
55          {
56              ret = sem_wait(&numberOfQueueingPortions);
57              ASSERT_EQ(ret, 0);
58              ret = sem_wait(&bufferManipulation);
59              ASSERT_EQ(ret, 0);
60              consume();
61              ret = sem_post(&bufferManipulation);
62              ASSERT_EQ(ret, 0);
63              ret = sem_post(&numberOfEmptyPositions);
64              ASSERT_EQ(ret, 0);
65          }
66      }
67  };
```

生产者和消费者的类定义涉及伪代码中描述的加锁和解锁行为。此外，需要对类中成员进行初始化，在 main 函数中，创建一个或者多个线程启动生产者和消费者。

```
1  sem_t producerConsumer::bufferManipulation;
2  sem_t producerConsumer::numberOfQueueingPortions;
3  sem_t producerConsumer::numberOfEmptyPositions;
4  int producerConsumer::produceCount = 0;
5  int producerConsumer::consumeCount = 0;
6  int main()
7  {
8      int ret;
```

```
9       ret = sem_init(&producerConsumer::bufferManipulation, 0, 1);
10      ASSERT_EQ(ret, 0);
11      ret = sem_init(&producerConsumer::numberOfQueueingPortions,
12      0, 0);
13      ASSERT_EQ(ret, 0);
14      ret = sem_init(&producerConsumer::numberOfEmptyPositions,
15          0, BUFFER_SIZE);
16      ASSERT_EQ(ret, 0);
17      producerConsumer instance1;
18      producerConsumer instance2;
19      std::thread t1([&]()
20                     { instance1.producer(); });
21      std::thread t2([&]()
22                     { instance2.consumer(); });
23
24      t1.join();
25      t2.join();
26  }
```

8.4 分布式机器学习并行化

在过去的十年中，得益于硬件设备的发展，人工智能技术取得了显著的进步。然而，为了使机器学习解决方案适用于更复杂的应用以及提高预测的质量，训练数据和机器学习模型的规模越来越大，超过了单台计算机的计算能力。因此，利用超算等高性能集群来实现分布式机器学习有着十分重要的现实意义。本节将介绍有关分布式机器学习的重要技术，具体包括单机计算与并行模式、任务划分与聚合以及分布式架构与网络通信。

8.4.1 单机计算与并行模式

尽管机器学习有着许多不同的概念与实现，但一般来讲，可以将其分为训练阶段与预测阶段。如图 8-4所示，在训练阶段，通过提供大量的训练数据以及使用机器学习算法来不断更新模型的参数（同时需要为所选算法找到一组最优的超参数），以得到一个满足期望的训练模型。在预测阶段，把经过训练的模型部署到实践中，将新数据作为输入以生成预测结果。考虑到近年来深度学习成为机器学习领域中发展最为迅速的方向，本节所介绍的分布式机器学习技术特指以神经网络模型为基础的深度学习技术。

从数学表达来看，深度学习可以定义为如下的优化问题：

$$\min_{\omega \in \mathrm{R}^N} f_s(\omega) := \mathbb{E}_{\xi_i \sim D} L(\omega; \xi_i) \tag{8-3}$$

其中，随机变量 ξ_i 表示数据集中的一个数据样本并且具有概率分布 D；ω 表示模型的所有参数；N 是参数的数量；$L(\omega; \xi_i)$ 表示损失函数；$f_s := \mathrm{R}^N \to \mathrm{R}$ 则是目标函数。

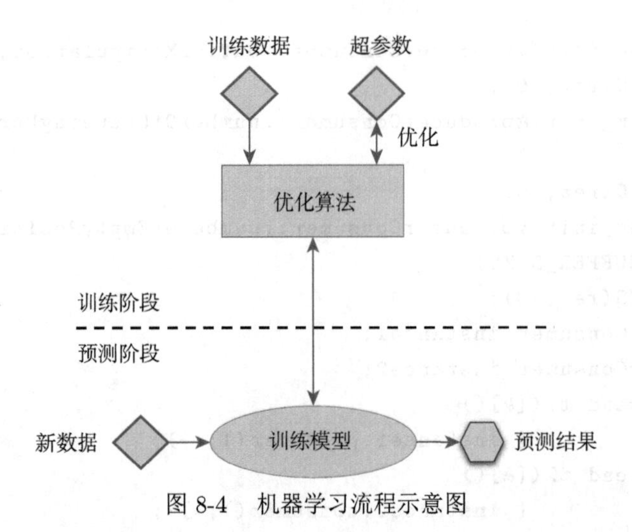

图 8-4　机器学习流程示意图

在解决上述优化问题时，基于梯度的优化算法应用最为广泛。由于二阶梯度下降法的计算复杂度高，一阶梯度下降法，特别是随机梯度下降法（Stochastic Gradient Descent，SGD），常用于深度学习的模型训练中。SGD 的更新规则具有如下形式：

$$\omega_{t+1} = \omega_t - \eta \nabla L(\omega_t; \xi_i) \tag{8-4}$$

其中，ω_t 是在第 t 次迭代时的模型参数；η 为学习率。迭代过程通常包含如下步骤：①采样获取样本数据 ξ_i；②执行前向计算以计算目标函数的损失值 $L(\omega_t; \xi_i)$；③执行反向传播以计算梯度 $\nabla L(\omega_t; \xi_i)$；④通过更新规则来更新模型参数 ω。SGD 的一个改进算法是小批量随机梯度下降法（Mini-Batch SGD），其在保证计算效率的同时（事实上，还可以充分利用硬件设备的向量计算特性），通过降低损失值的方差来提高模型收敛的速度。该算法每次迭代时会随机选择 M 个样本（M 的典型取值有 32、64、128 等），并使用式 (8-5) 来更新权重：

$$\omega_{t+1} = \omega_t - \eta \frac{1}{M} \sum_{i=1}^{M} \nabla L(\omega_t; \xi_i) \tag{8-5}$$

在上面的算法中，学习率的大小对训练过程有着十分重要的影响。好的方面，较小的学习率可以增大模型参数的搜索空间，较大的学习率则可以加快迭代训练过程。坏的方面，学习率过小可能导致模型陷入局部最优，学习率过大则可能导致模型在最优值附近振荡而无法收敛。因此，开发者可能需要多次尝试才能找到合适的学习率。近年来，一系列自适应算法被提了出来，如 RMSProp 算法和 Adam 算法等。这些算法可以自适应地调整学习率，并且使用历史的梯度信息来更新权重，从而进行更高效的深度学习模型的训练。

在了解单机优化算法的基础上，需要知道应该何时采用分布式方法。事实上，在预测阶段中，仅使用较少的计算就可以完成推理过程。但是在训练阶段中，往往需要大量耗时的迭代计算。当训练数据太多或者模型规模很大，单台机器很难完成相应的存储与计算任务时，就需要借助分布式集群，让多台机器合作完成机器学习模型的训练。

如图 8-5所示，分布式机器学习的实现主要包括如下部分：数据或模型的划分、单机计算、网络通信以及数据或模型的聚合。根据划分对象的不同，分布式机器学习的并行模式可以分为以下三种。

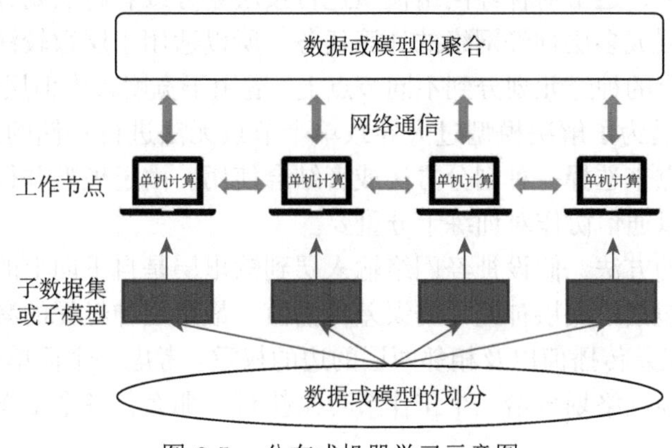

图 8-5　分布式机器学习示意图

（1）数据并行模式下，完整的训练数据集被划分为多个较小的训练数据集，每个节点拿到不同的训练数据集，其适用于训练数据过多但模型规模不是很大的情况。训练时，各个节点使用局部训练数据来完成前向计算和反向传播，对本地的模型参数进行独立更新。同步模式下，需要定期聚合各个节点的模型副本，以获得参数一致的全局模型，并用该模型来更新各个节点的模型副本。

（2）模型并行模式下，完整的机器学习模型被拆分成不同的部分（子模型），每个节点负责其中一个部分的更新，其适用于模型很大但训练数据规模不是很大的情况。相比数据并行模式，模型并行模式下的节点之间具有较强的依赖关系，例如，一个节点上子模型的输出是后继节点上子模型的输入。

（3）混合并行模式融合了数据并行模式与模型并行模式，适用于训练数据和模型的规模都很大的情况。由于混合并行模式的相关技术可以参考前两者，后面不再对其进行单独介绍。

下面，对与分布式相关的部分进行展开介绍。

8.4.2　任务划分与聚合

为了实现多节点的并行计算，首先要对训练数据或者机器学习模型进行划分，并将其分配到各个工作节点上。数据并行模式中，数据的划分方法主要是随机采样法和置乱切分法。

（1）随机采样法中，各个节点通过有放回的方式对原始训练数据进行随机采样，以获取适量的局部训练样本。该方法的优点是采集的样本与原始数据是独立同分布的，符合许多机器学习算法的假设，缺点是全局采样的计算复杂度较高。

（2）置乱切分法中，首先对训练数据进行随机打乱（即 Shuffle 操作），然后根据节点数量，将原始训练数据划分为相应的份数并分发给各个节点。与随机采样法不同的是，当各个节点的局部数据被完全使用一遍之后，通常需要随机打乱局部数据或者再次对全局数据进行置乱切分。

有研究表明，将随机梯度下降法作为优化算法时，由于置乱切分导致样本的独立性受到破坏，算法的收敛效率会慢于随机采样法。但是，置乱切分法相比随机采样法有着更低的计算复杂度，所以实际工程中更多的是使用置乱切分法。

模型并行模式中，通常对神经网络模型进行按层划分或者跨层划分。按层划分是让每个工作节点承担一层或多层神经网络的计算任务，所以适用于层数较深的神经网络。跨层划分是将每个隐藏层的神经元划分到不同节点上，适用于宽度较大但层数较少的神经网络。这两种划分方法都是为了解决模型过大导致单个节点无法进行存储的情况。实际开发时，需要根据模型的特点来选择一种划分方法或者结合使用。由于模型并行使节点之间具有较强的依赖关系，所以通信协作对训练十分重要。

考虑按层划分的方法，假设神经网络输入层到输出层是自下向上的，那么每个工作节点记录的信息主要包括最底层神经元的误差传播值，最顶层神经元的激活函数值，其余各层的激活函数值、误差传播值以及相邻两层的边的权重。考虑一个简单的例子，如图 8-6所示，将一个四层神经网络划分给三个工作节点来执行，那么，各个工作节点所记录的信息如下。

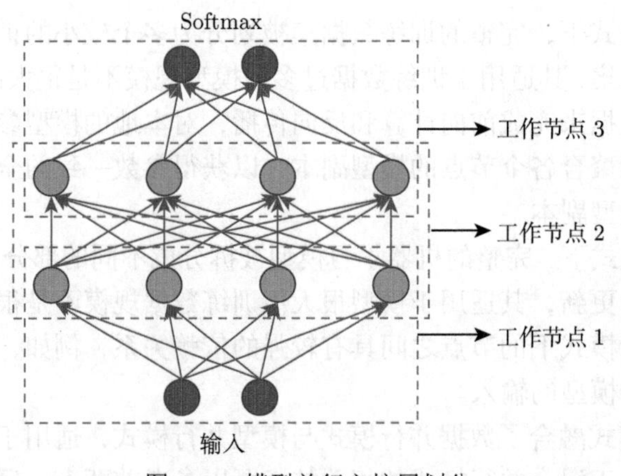

图 8-6 模型并行之按层划分

（1）工作节点 1：输入层数据样本的取值、输入层与第一个隐藏层之间的边的权重、第一个隐藏层中各个神经元的激活函数值。

（2）工作节点 2：两个隐藏层之间边的权重、第一个隐藏层中各个神经元的误差传播值、第二个隐藏层中各个神经元的激活函数值。

（3）工作节点 3：第二个隐藏层与输出层之间边的权重、第二个隐藏层中各个神经元的误差传播值、输出层的 Softmax 值和误差传播值。

训练过程中，各个工作节点的计算与参数更新的协作方式为：前向计算时，工作节点 2 需要从工作节点 1 处获取第一个隐藏层的激活函数值，从而计算更新第二个隐藏层的激活函数值。同样地，工作节点 3 也需要从工作节点 2 处获取第二个隐藏层的激活函数值，进而计算更新输出层的 Softmax 值。反向传播时，工作节点 2 需要从工作节点 3 处获取第二个隐藏层的误差传播值，从而计算更新隐藏层之间的边的权重以及第一个隐藏层的误差传播值。同样地，工作节点 1 需要从工作节点 2 处获取第一个隐藏层的误差传播值，从而计算更新输入层与第一个隐藏层之间边的权重。

可以想象到，如果朴素地使用模型并行模式，会出现计算设备利用率不足的情况，这是因为一个时间段内只有一个计算设备处于活动状态。考虑将四层神经网络的各个层分别放置到四个计算设备上，如图 8-7所示，横轴表示训练时间，纵轴表示计算设备，F_0 和 B_0 分别表示第 0 次迭代的前向计算与后向传播，可以看到，一个时间段内仅使用了一个计算设备。

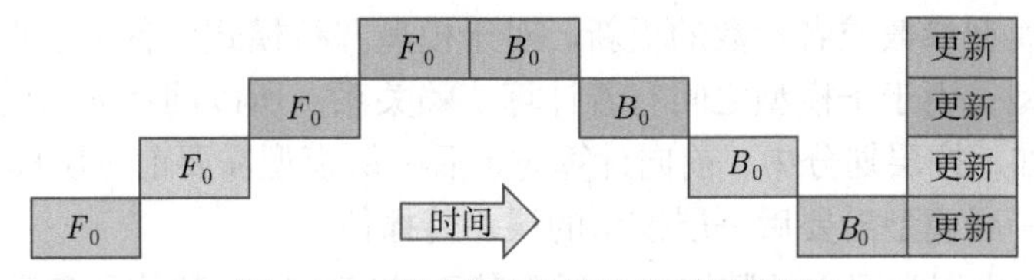

图 8-7　模型并行计算设备利用情况

为了缓解这个问题，研究者提出的流水线并行将输入的小批量数据拆分成多个微批量数据，进而将其执行过程流水化到多个计算设备上。如图 8-8所示，$F_{i,j}$ 和 $B_{i,j}$ 分别表示计算设备 i 在第 j 次迭代的前向计算与后向传播。可以看到，计算设备的利用率有了很大的提升。

			$F_{3,0}$	$F_{3,1}$	$F_{3,2}$	$F_{3,3}$	$B_{3,3}$	$B_{3,2}$	$B_{3,1}$	$B_{3,0}$				更新
		$F_{2,0}$	$F_{2,1}$	$F_{2,2}$	$F_{2,3}$			$B_{2,3}$	$B_{2,2}$	$B_{2,1}$	$B_{2,0}$			更新
	$F_{1,0}$	$F_{1,1}$	$F_{1,2}$	$F_{1,3}$					$B_{1,3}$	$B_{1,2}$	$B_{1,1}$	$B_{1,0}$		更新
$F_{0,0}$	$F_{0,1}$	$F_{0,2}$	$F_{0,3}$							$B_{0,3}$	$B_{0,2}$	$B_{0,1}$	$B_{0,0}$	更新

图 8-8　流水线并行计算设备利用情况

模型并行模式中，各个节点只需要更新局部模型，而数据并行模式中，需要定期聚合各个节点的模型副本。这里对聚合算法进行简单的介绍。

如表 8-1所示，模型平均（MA）是一种常用且简单的模型聚合算法，其通过对各个节点的模型副本进行平均来获取全局模型。块模型更新过滤法（BMUF）在模型平均的基础上引入了冲量的概念，其获取平均参数之后，通过冲量更新来进一步调整全局模型。弹性随机梯度下降法（EASGD）的主要思想是保留一定的历史信息，因为该算法并不是直接用全局模型来更新各个节点的模型副本的，而是将全局模型与节点处的最新模型副本进行加权计算。除此之外，还有许多其他的聚合算法，如基于部分模型的算法以及去中心化的方法等，读者可根据需要进一步学习。

表 8-1　聚合算法

聚合算法	计算公式
MA	$\omega_{t+1} = \dfrac{1}{M}\sum\limits_{m=1}^{M}\hat{\omega}_t^m$
BMUF	$\bar{\omega}_{t+1} = \dfrac{1}{M}\sum\limits_{m=1}^{M}\hat{\omega}_t^m,\ \ \Delta_t = \eta_t\Delta_{t-1} + \xi_t(\bar{\omega}_t - w_t),\ \ \omega_{t+1} = \omega_t + \Delta_t$
EASGD	$\bar{\omega}_{t+1} = \dfrac{1}{M}\sum\limits_{m=1}^{M}\hat{\omega}_t^m,\ \ \omega_{t+1}^m = (1-\beta)\omega_t^m + \beta\bar{\omega}_{t+1}$

8.4.3 分布式架构与网络通信

网络通信作为分布式机器学习中节点之间交互信息的基本途径，其效率的高低对于整个训练过程有着决定性的影响。下面将从不同的角度对相关技术进行介绍。

首先，需要明确分布式机器学习中网络通信的内容。对于数据并行模式，各个节点使用不同的局部训练数据来训练本地的模型副本，由于需要定期聚合各个模型副本，所以网络通信的内容是模型参数或者参数的更新。对于模型并行模式，各个节点使用相同的训练数据来训练子模型，由于子模型之间有着计算依赖关系，所以网络通信的内容通常是计算的中间结果。例如，按层划分中，前向计算时，后一层模型需要前一层模型的激活函数值；反向传播时，前一层模型需要后一层模型的误差传播值。

其次，分布式机器学习中的数据并行通常基于 AllReduce 架构和参数服务器（Parameter Server，PS）架构来实现，通信的方式则与不同架构下节点的组织方式（即逻辑拓扑结构）有着紧密的联系。

MPI 作为高性能计算领域中十分重要且流行的并行编程模型，具有丰富的集合通信接口。其中，AllReduce 原语的作用是对所有机器上的数据进行归约操作（如求和、求平均、求最大/最小值等），然后将结果分发给各个机器。在分布式机器学习中，由于求和以及求平均是模型聚合的常用方法，所以可以用 AllReduce 原语来实现这一过程。AllReduce 作为一个标准接口的定义，根据不同的通信拓扑，其可以有不同的实现方式，如星形拓扑、树形拓扑等。百度公司的 DeepSpeech 系统所实现的 Ring AllReduce 架构具有十分优异的性能。如图 8-9所示，这是由于 AllReduce 可以通过 ReduceScatter 和 AllGather 这两个更基本的集合通信操作来实现。各个工作节点在逻辑上呈现环状布局时，可以更高效地实现这两个过程。

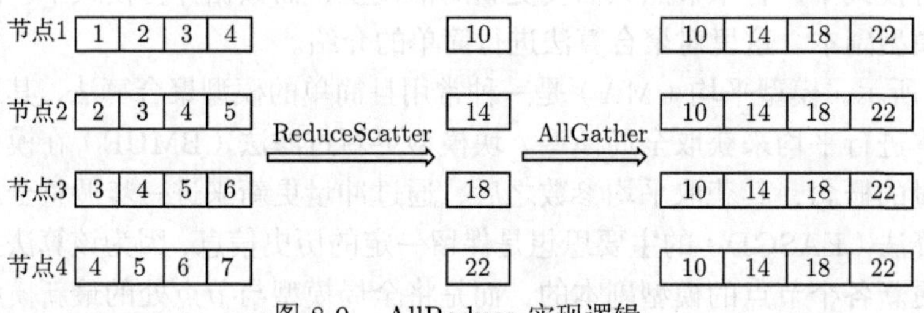

图 8-9 AllReduce 实现逻辑

AllReduce 架构简单易用，随着节点的增多，每个节点的通信量并不会增加，所以也具有较好的可扩展性。但是也存在着一些问题。一方面，AllReduce 只支持同步的并行，所以整个系统的性能被最慢的节点所决定。另一方面，和 MPI 的特性一样，AllReduce 架构不具有容错性，当一台机器宕机时，整个训练过程就无法继续进行。

在 PS 架构中，集群中所有的节点被分为两类，分别是服务器节点和工作节点。具体而言，各个工作节点负责完成本地的训练任务，工作节点之间不进行通信，通常使用如下两种方式来与服务器节点进行通信，如图 8-10所示：一是通过推送（Push）操作将本地参数发给服务器节点；二是通过拉取（Pull）操作从服务器节点获取最新的模型参数以更新本地的模型副本。需要说明的是，实际工程中，可以根据需要来配置多个服务器节点。

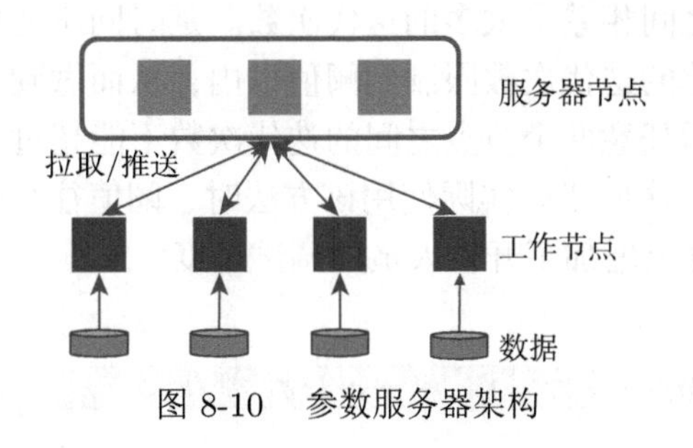

图 8-10　参数服务器架构

通过将计算以及参数聚合隔离到不同的节点上，PS 架构可以实现异步的并行以及简单的容错。但是由于采用中心式架构，PS 架构容易受到网络带宽的限制，可扩展性较差。

事实上，在前面的介绍中已经提及了同步以及异步并行，这里对其进行更为具体的介绍。分布式机器学习的训练中，由于数据量、硬件能力等，各个节点的训练进度是很难完全一样的，所以是定期对各个节点进行同步操作还是完全让各个节点按照自己的节奏进行训练呢？具体的实践中，主要使用以下三种方式。

（1）同步通信：当任意一个工作节点完成本次迭代之后，需要等待所有其他节点完成计算，即下一次迭代时，所有节点要在同一时间开始，如图 8-11所示。同步通信的优点是可以保证各个节点上模型副本的一致性，有利于分析与实现以及调试；缺点则是当节点的算法存在差异，或者负载不均衡时，整个训练过程被最慢的节点所约束，即存在掉队者（Straggler）的问题。

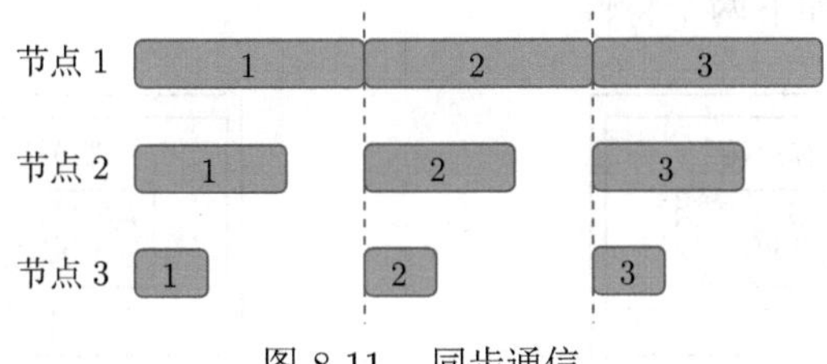

图 8-11　同步通信

（2）异步通信：以参数服务器架构为例，异步通信时，任意一个工作节点完成本次迭代之后，直接与参数服务器通信，发送更新的参数或者获取最新的模型，避免同步通信中单点约束的问题，如图 8-12所示。但由于没有同步过程，可能存在节点之间迭代次数相差过多的情况，这样，当很慢的节点与参数服务器通信时，其较旧的参数可能会导致全局模型的收敛速率被减慢。

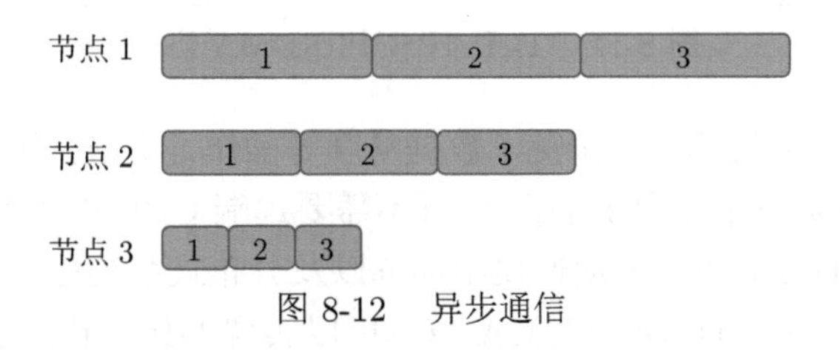

图 8-12　异步通信

（3）延时同步通信：结合了同步通信与异步通信的思想。众所周知，异步通信的问题在于最快节点与最慢节点之间相差了太多的迭代次数。延时同步通信通过设置一个阈值，将最快节点与最慢节点相差的迭代次数限制到阈值以内，从而做到了训练效率与性能之间的折中，例如，图 8-13表示任意两个节点之间的迭代次数不能超过 2，因此节点 3 的第 3 次迭代需要与节点 1 进行一次同步。实际使用该方法时，阈值往往需要针对具体的模型与算法来设置，这在一定程度上增加了开发人员的调试难度。

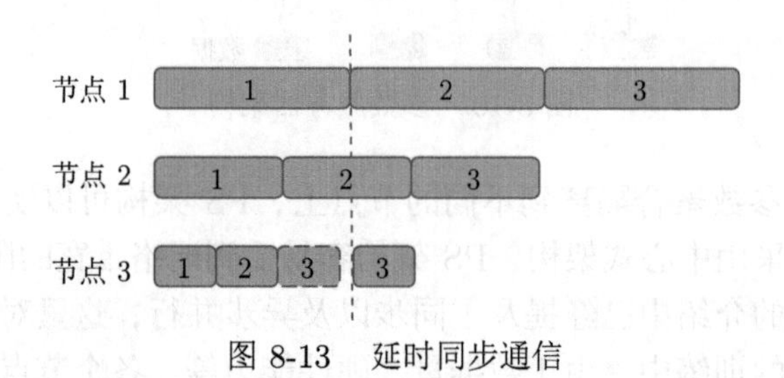

图 8-13 延时同步通信

最后，一般的网络通信都是基于 TCP/IP 的，底层的硬件设施是以太网卡。而在超算中，集群的各个节点上通常配有 IB（Infiniband）网卡，该网卡支持远程直接内存访问（Remote Direct Memory Access，RDMA）协议。

如图 8-14所示，传统的 TCP/IP 协议栈中，发送方在发送数据时，首先需要将数据从用户空间复制到内核空间，然后，网卡通过直接内存访问（Direct Memory Access，DMA）技术来获取数据并将其发送到网络中。同样地，接收方也需要进行类似的操作。可以看到，这个过程涉及多次的内存复制以及上下文切换。相比之下，RDMA 协议则实现了高性能的网络数据传输，其具有如下两个特性。

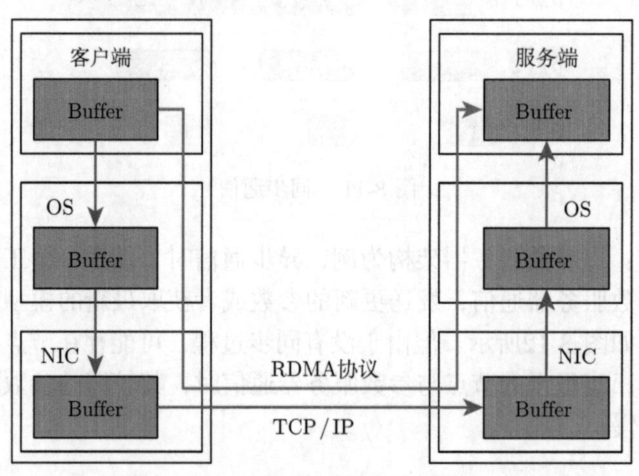

图 8-14 TCP/IP 对比 RDMA 协议

（1）可以绕过操作系统内核，避免了数据复制等操作，将毫秒级的时延降低至微秒级。

（2）可以直接访问远端机器的内存，并且不需要远端 CPU 的参与，节省了 CPU 资源。

事实上，使用 RDMA 协议来加速模型训练以及分布式系统已经有了许多研究与实例。例如，英伟达推出的 GPU Direct RDMA 技术可以实现 GPU 显存之间基于 RDMA 协议的数据交换，不仅避免了 GPU 显存到 CPU 内存的数据复制，而且大大降低端到端的通信时延。

8.5　本 章 小 结

本章介绍了一些经典并行应用的案例。首先基于不同并行模型对几种经典算法的并行化展开了讨论，介绍了包括通用矩阵乘法、经典排序算法和生产者消费者问题在内的几种算法在并行化实践中的具体实现方式。并行计算模型是硬件和内存架构之上的一种抽象模型，并不依赖特定的机器和内存架构。在具体并行化时，并行模型和框架的选择往往取决于现有计算设备、问题的特点和开发者的偏好。

随后对分布式机器学习技术进行了简单的介绍，具体包括并行模式、数据与模型的划分和聚合、分布式架构与网络通信等。事实上，分布式机器学习作为一个新方向，无论在算法层面还是系统层面，都处于快速发展中，相关的研究工作层出不穷。这里无法对所有内容进行细致的介绍，主要目的是让读者对实现分布式机器学习的一般流程具有一定的了解与认识，进一步的细节仍需要读者自己进行探索。

课 后 习 题

1. 请说明二路归并排序并行算法更适合用 Pthreads、OpenMP、MPI 中的哪一种编程模型来实现，并给出相应的实现，以提高二路归并排序算法的性能。

2. 快速排序是一种常用的排序算法，采用了分治思想，它通过将一个序列分成两个子序列，然后递归地对子序列进行排序，最终得到一个有序序列。在大规模数据的情况下，快速排序算法的性能往往受限于单个处理器的处理能力，因此，需要使用并行计算来加速快速排序算法的执行。请选一种并行编程模型来实现快速排序算法的并行化。

3. 请基于 MPI 实现生产者消费者问题的并行化。其中，生产者不断生成随机数并将其放入缓冲区，消费者从缓冲区中取出数据并计算其平方根。

4. 请叙述分布式机器学习的常用方法及其适用场景。请选择一种深度学习框架（如 PyTorch、TensorFlow 等）以及一个神经网络模型训练场景（比如，在 CIFAR-10 数据集上训练 ResNet 模型），尝试实现基于数据并行的分布式训练。注意，可以使用参数服务器架构并且通过单节点多进程（比如，使用 Python 的 multiprocessing 模块）来模拟多节点的并行，此外，可以使用远程过程调用框架（如 gRPC）来实现进程间的通信。

5. 请叙述流水线并行的典型实现方式及其优点。请查询相关资料，了解当前分布式机器学习系统的前沿进展（如加利福尼亚大学伯克利分校研发的 Ray 框架、Google 研发的 Pathways 框架以及国产自研的 Oneflow 框架等）。

第 9 章　超算基础软件库和应用开发框架

超级计算机是目前计算能力最强大的计算机，其主要应用于需要进行大量计算和数据处理的科学计算领域。在超级计算机上运行的应用软件需要具备高度的并行性和可扩展性，以充分利用超级计算机的计算资源。同时，为了简化开发和优化应用程序的性能，超算计算库也被广泛使用。

超级计算机上的应用软件的使用范围广泛，包括科学计算、天气预报、地震模拟、分子动力学、图像处理等领域。这些软件具有高性能和高并发性，能够快速处理大量数据和复杂的计算任务。典型的应用特征包括并行计算、分布式存储、高速通信等。超级计算机上的应用软件对科学研究和工程领域具有重要意义，是现代科技进步的重要推动力量。

在本章中，将探讨超级计算机上的应用软件和典型应用特征，介绍一些非常常用的软件库的基本功能、设计原理以及使用方法。此外，还将介绍在超算上使用的一些典型应用开发框架，其可以是开源的或闭源的商业软件，它们往往是针对特定研究领域而设计的。本章列举了多个领域，包括分子动力学、流体力学、材料化学，并介绍相关的超算应用软件。

9.1　超算基础软件库

9.1.1　ScaLAPACK

ScaLAPACK（Scalable Linear Algebra PACKage）是一个由 FORTRAN 语言编写的高性能线性代数例程库，是 LAPACK 在分布式计算环境中的扩展。它主要针对密集和带状线性代数系统，提供若干线性代数求解功能，如各种矩阵运算、矩阵分解、线性方程组求解、最小二乘问题、本征值问题、奇异值问题等。它具有高效性、可扩展性、高可靠性、可移植性、灵活性、用法简便等优点，利用它的求解库可以开发出基于线性代数运算的并行应用程序。

ScaLAPACK 适用于分布式存储和消息传递机制的 MIMD 并行计算机以及支持 PVM 或 MPI 的集群。对于这类机器，除了每个处理器上的寄存器、高速缓存和本地内存的层次结构之外，存储层次结构还包括其他处理器的内存。与 LAPACK 类似，ScaLAPACK 例程基于分块算法，以此来最小化不同内存层次之间数据移动的频率，提高数据重用性。

ScaLAPACK 的基本构建模块是一组基本线性代数通信子程序（Basic Linear Algebra Communication Subprograms，BLACS）和串行 BLAS 的分布式版本——并行基本线性代数子程序（Parallel Basic Linear Algebra Subprograms，PBLAS）。在 ScaLAPACK 例程中，所有处理器间的通信都发生在 PBLAS 和 BLACS 中，因此 ScaLAPACK 顶层软件层的源代码看起来与 LAPACK 非常相似。图 9-1描述了 ScaLAPACK 与其他软件库的层次结构。虚线下面标记为本地的组件在单个处理器上调用，参数只存储在单个处理器上。虚线上面标记为局部的组件是同步并行的例程，其参数包含在多个处理器上以二维块循环布局分布的矩阵和向量，下面简单介绍图 9-1中所提到的几种库。

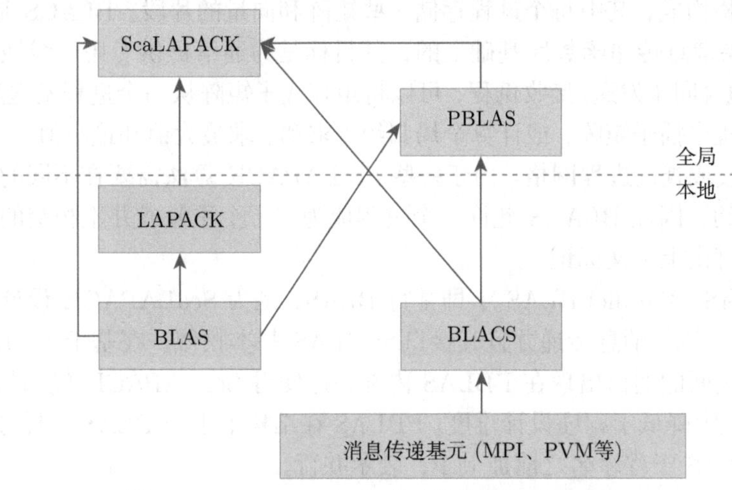

图 9-1　ScaLAPACK 与其他软件库的层次结构

（1）BLAS 是一组高质量的基本向量矩阵运算子程序，如向量点积、矩阵和向量乘积、矩阵和矩阵乘积等。它是实现跨串行和并行环境的可移植性与效率的关键，其从结构上分成以下 3 部分。

① Level 1 BLAS：向量和向量、向量和标量之间的运算，如 $y \leftarrow \alpha x + y$。

② Level 2 BLAS：向量和矩阵间的运算，如 $y \leftarrow \alpha Ax + \beta y$。

③ Level 3 BLAS：矩阵和矩阵之间的运算，如 $C \leftarrow \alpha AB + \beta C$，其中，$A$、$B$、$C$ 是矩阵，α、β 是标量。

BLAS 支持四种浮点格式运算：单精度实数（REAL）、双精度实数（DOUBLE）、单精度复数（COMPLEX）和双精度复数（COMPLEX*16），对应的子程序的首字母分别为 S、D、C 和 Z。

（2）LAPACK 是建立在 BLAS 库基础上的线性代数函数库。LAPACK 提供了求解联立的线性方程组、线性方程组的最小二乘解、特征值问题和奇异值问题的例程，它可以处理稠密矩阵和带状矩阵，但不能处理一般的稀疏矩阵。LAPACK 项目的最初目标是让广泛使用的 EISPACK 和 LINPACK 库在共享内存向量和并行处理器上高效运行。在这些机器上，LINPACK 和 EISPACK 是低效的，因为它们的内存访问模式忽略了机器的多层内存层次，因此花费了太多的时间移动数据，而不是进行有用的浮点操作。LAPACK 通过重新组织算法来解决这个问题，在最内层循环中使用分块矩阵操作，这些操作可以针对不同的体系结构进行优化，以适应不同的存储层次。因此 LAPACK 提供了一种可移植的方法来在不同的现代机器上实现高效性。LAPACK 子程序可以分成 3 类。

① 驱动例程（Driver Routine）：用于解决一个完整问题，如线性方程组求解。

② 计算例程（Computational Routine）：用于完成一个特定的计算任务，如矩阵的 LU 分解。

③ 辅助例程（Auxiliary Routine）：被驱动程序和计算程序调用的子程序，主要完成对子块的操作和一些常用的底层计算，如计算矩阵范数等。

（3）BLACS 是一个为线性代数运算而设计的消息传递函数库。计算模型由一个一维或二维的进程网格构成，其中每个进程存储一些矩阵和向量的片段。BLACS 是建立在 PVM 或 MPI 等底层消息传递函数库基础上的，其目标是为通信提供专用于线性代数的可移植层。BLACS 包含同步发送/接收例程，可以将矩阵或子矩阵从一个进程发送到另一个进程，以及向多个进程广播子矩阵，或计算全局归约（求和、求最大值和最小值）。还有一些例程可以构建、更改或查询进程网格。由于一些 ScaLAPACK 算法需要在不同的进程子集之间进行广播或归约，因此 BLACS 允许一个进程成为若干个重叠或并不相交的进程网格的成员，每个进程都由上下文标记。

（4）PBLAS（Parallel BLAS），即并行 BLAS，是为 ScaLAPACK 设计的一个分布式内存 BLAS 库，执行消息传递并且其接口与 BLAS 基本相似。在基于 ScaLAPACK 库的程序中，进程之间的通信出现在 PBLAS 内部，这使得 ScaLAPACK 代码与 LAPACK 代码几乎一样，大大降低了程序设计难度。PBLAS 在结构上也与 BLAS 一样分成三部分，其子程序名为 BLAS 子程序名之前加上 P，表示并行。

使用 ScaLAPACK 的基本步骤如下。

（1）初始化进程网络。

（2）分配数据至进程网络。

进程网络实际上就是将各个进程映射成了一个 $p \times q$ 的二维数组（矩阵），数据以一种块状循环的方式进行分布。图 9-2展示了将一个 8×8 的数据矩阵以块状循环方式分布到一个 2×4 的进程网格上的结果，可见分布后每个进程本地的子数据矩阵是原矩阵中的不连续的部分，例如，进程 P_{02} 的本地数据是原整体矩阵的第 1、3、5、7 行和第 3、7 列所划分的子矩阵。

（3）调用 ScaLAPACK 函数。

（4）释放进程网络，退出应用。

9.1.2 Trilinos

Trilinos 是由美国桑迪亚（Sandia）国家实验室开发，致力于解决新兴高性能计算（HPC）体系结构上的大规模、复杂的多物理工程和科学问题的计算库。同时 Trilinos 还是可重复使用的科学软件库的集合，尤其是线性求解器、非线性求解器、瞬态求解器、优化求解器和不确定性定量（Uncertainty Qunatification，UQ）求解器等。Sandia 国家实验室的研究人员注意到以往开发的求解器难以移植的通用问题，认识到对过去相对成熟的求解器的工作进行适度协调可以对软件的质量和可用性产生巨大的积极影响，从而加强新求解器算法的研究、开发和集成。随着 Trilinos 的出现，开发新的并行求解器所需的工作量已大大减少，为超算的公共软件基础设施提供了一个很好的出发点。

Trilinos 作为 HPC 上典型的通用库，具有很多的优点。首先，大多数 Trilinos 算法和软件都是基于稀疏线性求解器来构建的，且具备解决稀疏问题的能力，在 Trilinos 中这些求解器是可并行计算的，大大提高了 Trilinos 的计算效率。其次，它能够适应多种并行架构，包括 MPI、常规的多核架构、常规和新型的加速器和向量化并行架构。Trilinos 支持编译时多态，因此只要算法和问题规模具有足够的可并行性，Trilinos 的代码就可以在常见的混合分布式架构（MPI，多核，加速器，向量化）上被编译运行。最后，它提供了多种软件包，Trilinos 软件包架构支持在联合系统中同时开发许多新功能。

接下来将会详细介绍 Trilinos 的设计理念和 Trilinos 中的软件包，并简单展示 Trilinos 的使用方法。

A_{11}	A_{12}	A_{13}	A_{14}	A_{15}	A_{16}	A_{17}	A_{18}
A_{21}	A_{22}	A_{23}	A_{24}	A_{25}	A_{26}	A_{27}	A_{28}
A_{31}	A_{32}	A_{33}	A_{34}	A_{35}	A_{36}	A_{37}	A_{38}
A_{41}	A_{42}	A_{43}	A_{44}	A_{45}	A_{46}	A_{47}	A_{48}
A_{51}	A_{52}	A_{53}	A_{54}	A_{55}	A_{56}	A_{57}	A_{58}
A_{61}	A_{62}	A_{63}	A_{64}	A_{65}	A_{66}	A_{67}	A_{68}
A_{71}	A_{72}	A_{73}	A_{74}	A_{75}	A_{76}	A_{77}	A_{78}
A_{81}	A_{82}	A_{83}	A_{84}	A_{85}	A_{86}	A_{87}	A_{88}

（a）矩阵分块

	0		1		2		3	
0	A_{11}	A_{15}	A_{12}	A_{16}	A_{13}	A_{17}	A_{14}	A_{18}
	A_{31}	A_{35}	A_{32}	A_{36}	A_{33}	A_{37}	A_{34}	A_{38}
	A_{51}	A_{55}	A_{52}	A_{56}	A_{53}	A_{57}	A_{54}	A_{58}
	A_{71}	A_{75}	A_{72}	A_{76}	A_{73}	A_{77}	A_{74}	A_{78}
1	A_{21}	A_{25}	A_{22}	A_{26}	A_{23}	A_{27}	A_{24}	A_{28}
	A_{41}	A_{45}	A_{42}	A_{46}	A_{43}	A_{47}	A_{44}	A_{48}
	A_{61}	A_{65}	A_{62}	A_{66}	A_{63}	A_{67}	A_{64}	A_{68}
	A_{81}	A_{85}	A_{82}	A_{86}	A_{83}	A_{87}	A_{84}	A_{88}

（b）矩阵数据被分配到进程网格中

图 9-2　分配矩阵数据到进程网格上的过程

1. Trilinos 的设计理念

Trilinos 由多个软件包组成，每个包都是独立的，它们有自己的依赖集，以及开发人员和用户群。因此，Trilinos 在设计过程中尽力保留包的自主性。Trilinos 为特定的包提供了多种与其他 Trilinos 包交互的方式。它还提供了一组工具，可以帮助开发人员跨平台开发、测试和生成文件。目前 Trilinos 包的组成如图 9-3所示。

为了让开发人员能够更好地将新的软件包集成到 Trilinos，Trilinos 还提供了很多实用的服务，具体如下。

1）配置管理

在 2003 年以前，基本上 Trilinos 所有的包都是用 Autoconf 和 Automake 来构建的；在 2003 年之后，Trilinos 的开发团队也开发了对 Libtool 的支持。Autoconf、Automake 和 Libtool 提供了一套健壮的、功能齐全的工具集，用于在多种类型的超算平台上构建软件。

2）回归测试

Trilinos 提供了各种回归测试功能。将新测试集成到 Trilinos 中是通过在 CVS 存储库中创建专门命名的目录并创建运行包测试的脚本来完成的。这些脚本可以手动执行，也可以作为自动回归测试工具的一部分来执行。

3）自动测试

使用 AutoTools 配置和构建的 Trilinos 包可以很容易地利用 Trilinos 测试工具。每年，测试工具都会构建最新版本的 Trilinos 库，并运行已集成到测试工具中的所有测试。

4）用于 BLAS 和 LAPACK 的简洁接口

BLAS 和 LAPACK 接口是 FORTRAN 规范，从 C/C++ 调用 FORTRAN 接口的机制因计算平台而异。Epetra（和 Teuchos）为 BLAS 和 LAPACK 提供了一组简单、可移植的接口，可跨多种平台统一访问 BLAS 和 LAPACK。其他包也可以访问这些接口。

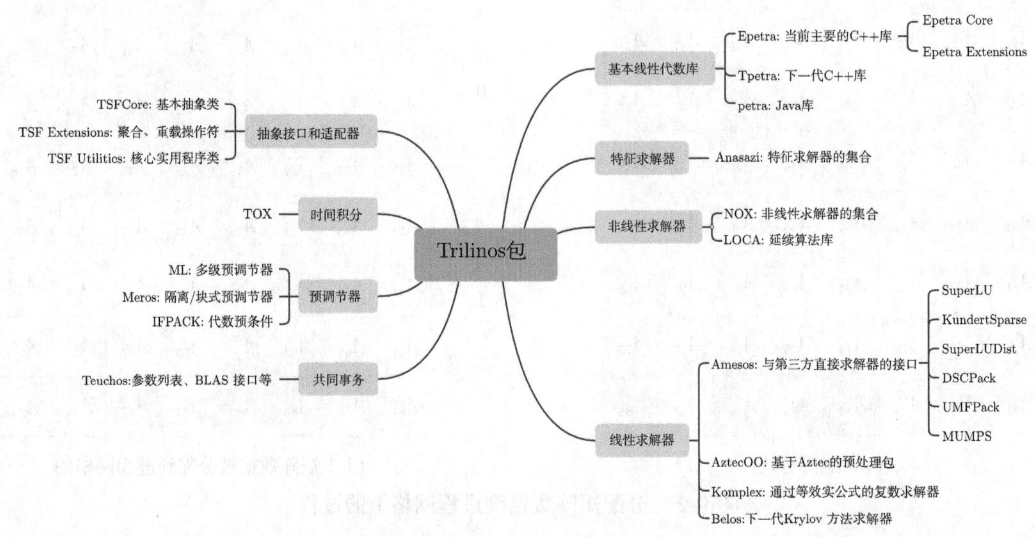

图 9-3　当前 Trilinos 包的组成

5）源代码存储库和其他软件处理工具

Trilinos 源代码保存在 CVS 存储库中，可从互联网上的任何位置通过安全连接进行访问。它还可以通过名为 Bonsai 的基于 Web 接口的包进行浏览。使用 Bugzilla 跟踪特性和错误报告，并为整个 Trilinos 和每个包维护电子邮件列表，可以很容易地添加对新包的支持。所有工具均可从 Trilinos 主网站进行访问。

6）快速入门指引

通过 Trilinos 中的 new_package 包，新的或现有的软件项目可以快速适配各种有用的软件过程和工具。

2. Trilinos 的软件包

Trilinos 将所有软件包分成了六个大类，具体如下。

1）数据服务程序

Trilinos 求解器、分区器和离散化工具建立在支持有效并行执行的数据容器和函数集合之上，而这些数据容器和函数集合多由数据服务程序软件包提供。数据服务程序软件包支持 MPI、线程化、向量化以及在分布式内存机器、多核 CPU 和 GPU 上的执行，包括 Kokkos、Tpetra 和 Epetra。

2）线性求解器

Trilinos 为线性求解系统和特征求解系统提供了多种求解方法。线性求解器软件包提供迭代和直接求解器、预处理器、高级接口和特征求解器。同时还支持各种各样的预调节器，如不完全分解、域分解预调节器和多网格方法。

3）非线性求解器

Trilinos 嵌入式非线性分析工具功能区收集计算模拟或设计研究中的算法最顶层（最外层循环）。其中包括非线性方程的解、时间积分、分支跟踪、参数延续、优化和不确定性量化。Trilinos 的算法研发工作的一个共同主题是超越模拟的分析理念，它旨在自动化许多计算任务，这些计算任务通常由应用程序代码用户通过试错或重复模拟来执行。可以自动化的任务包括执行参数研究、灵敏度分析、校准、优化、时间步长控制和定位不稳定性。非线性求解器领域中还包括自动区分技术，该技术可以在应用程序代码中使用，以提供对分析算法至关重要的导数。该领域的软件包包括 Piro、NOX、LOCA、Rythmos、MOOCHO、Aristos、Sacado、Stokhos 和 TriKota。

4）离散计算

离散计算软件包的目标是为积分和微分方程的离散化提供模块化、互操作和可扩展的工具。在最先进的数值和高性能计算编程模型的帮助下，离散计算软件包在研究和生产应用领域都表现优异，其包括基于网格的离散化工具（如有限元分析），以及无网格的离散化工具（如广义移动最小二乘）。

5）框架构建

框架构建软件包为用户和开发人员提供资源。这个软件包与其他大多数软件包不同，因为其提供的资源超出了包的范围，并集中于帮助构建、维护和记录 Trilinos 的工具。

6）项目管理

项目管理软件包是 Trilinos 中各个部分的单一联络点。它提供了横跨产品领域的重要角色，并促进了为客户提供用户支持的更协调的工作。

3. Trilinos 的使用

WebTrilinos 提供了简单驱动程序的源代码复制-粘贴，针对 Trilinos 的预构建副本进行编译和链接，并在浏览器窗口内执行生成的可执行文件。这种使用 Trilinos 的方法在教程设置中特别有用，只要浏览器窗口启动，使用 Trilinos 就变得更加简单且更具有互动性。对于仅仅想尝试 Trilinos 的使用而不想花费时间进行环境配置的用户，WebTrilinos 是一种很好的选择。WebTrilinos 可通过 Docker 映像使用。

在这里以 Ubuntu 20.04.3 LTS 为例，展示如何使用 WebTrilinos 的 AztecOO 包进行线性方程的求解。首先需要用 service start 指令开启 docker 服务，之后拉取 WebTrilinos 的映像，并从映像启动一个新的容器，指令代码如下：

```
1    //开启docker服务
2    sudo service docker start
3    //拉取映像
4    sudo docker pull sjdeal/webtrilinos:12_2
5    //启动新容器
```

```
6     //把容器的9999端口绑定到主机的80端口
7     //在容器中启动Apache，9999端口可以更改为其他的端口
8     sudo docker run -d -p 9999:80 --name=WebTrilinos  \
9         sjdeal/webtrilinos:12_2 usr/sbin/apache2ctl   \
10        -D FOREGROUND
```

完成上述步骤后，进入浏览器，在地址栏中输入“http://localhost:9999/WebTrilinos”即可进入 WebTrilinos 界面。效果如 9-4所示。

webtrilinos
Welcome to WebTrilinos!
This is the default home page of your personal installation of WebTrilinos. First, you have to fix a few things, and specify a few installation parameters. Please follow the links below and the contained instructions.
• Check the basic requirements.
• Go to the setup page.
• Check the testing.
Important note: Remember to add a password protection to the directories WebTrilinos/c++ and WebTrilinos/python! Instructions on how to do it can be found, for example, here.
At this point you can use your installation of WebTrilinos. Currently, WebTrilinos offers the following three modules:
1. Matrix Portal: a guided problem solving environment (PSE) for the direct and iterative solution of sparse linear systems. You can either use already-defined model problems, or upload you own problem, in Harwell/Boeing or XML format. MatrixPortal allows you to solve an arbitrary number of problems, and each problem can be solved using different techniques.
2. The C++ interface: a development environment for testing basic Trilinos programs, without having to install any Trilinos package. Several basic examples for several Trilinos packages are included.
3. The Python interface: as for the C++ interface, but for testing PyTrilinos. Examples of usage of PyTrilinos are included.
For more details, please check the official WebTrilinos' web page.

图 9-4　WebTrilinos 界面

可以单击 The C++ interface 选项进入 C++ 编程界面，这一界面的组成如图 9-5所示，使用蓝色的字体标注出各个部分的功能。可以在 Insert template 中根据自己的需求选择各种变成模板。下面以 AztecOO 包为例，讲解使用 Trilinos 进行编程以求解线性方程组的过程。Aztec 库是由 Sandia 国家实验室开发的一个传统的迭代求解器，AztecOO 包是对 Aztec 库的扩展，引入 C++ 类结构来实现更复杂的功能。AztecOO 包是用于对下述形式的线性方程求迭代解的求解器：

$$AX = B \tag{9-1}$$

其中，$A \in \mathrm{R}^{n\times n}$；$X$ 是方程的解。

使用 Epetra 中提供的 Epetra_RowMatrix 来定义矩阵 A，用 Epetra_Vector 或 Epetra_MultiVector 来定义向量 X 和 B。在代码的最开始我们需要引入需要使用的库，具体如下：

```
1       #include "Epetra_ConfigDefs.h"
2   #ifdef HAVE_MPI
3       #include "Epetra_MpiComm.h"
4   #else
5       #include "Epetra_SerialComm.h"
6   #endif
7       #include "Epetra_CrsMatrix.h"
8       #include "Epetra_MultiVector.h"
9       #include "Epetra_LinearProblem.h"
10      #include "Galeri_Maps.h"
11      #include "Galeri_CrsMatrices.h"
```

```
12      #include "Teuchos_ParameterList.hpp"
13      #include "AztecOO.h"
```

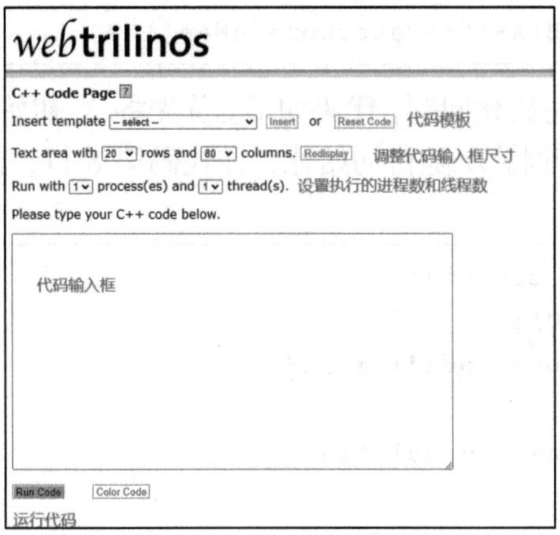

图 9-5　WebTrilinos 的 C++ 编程界面

下一步是在主函数中定义要求解的问题，根据上述对问题的定义，设定整个问题是二维的，矩阵 A 的尺寸是 $nx \times nx$，向量 X 和向量 B 的尺寸都是 nx。利用 Teuchos::ParameterList 来对问题的参数进行管理。Teuchos::ParameterList 是一个容器，可用于对给定代码段所需的所有参数进行分组。设置好参数后，定义矩阵 A、向量 X 和向量 B，具体代码如下。在如下代码中的第 1~6 行，根据 AztecOO 是否是以 MPI 模式构建的，将 MPI 初始化并构建一个 Epetra_MpiComm 对象，或者将构建一个 Epetra_SerialComm 对象。请注意，原则上，即使 AztecOO 是在 MPI 模式下构建的，此示例的串行版也可以工作。串行模式始终可用。第 11~15 行设置了问题规模，第 16 ~21 行分别定义了矩阵 A、向量 X 和向量 B。

```
 1  #ifdef HAVE_MPI
 2      MPI_Init(&argc,&argv);
 3      Epetra_MpiComm Comm( MPI_COMM_WORLD );
 4  #else
 5      Epetra_SerialComm Comm;
 6  #endif
 7
 8      Teuchos::ParameterList GaleriList;
 9
10      // The problem is defined on a 2D grid, global size is nx * nx
11      int nx = 30;
12      GaleriList.set("n", nx * nx);
13      GaleriList.set("nx", nx);
14      GaleriList.set("ny", nx);
15      Epetra_Map* Map = Galeri::CreateMap("Linear", Comm, GaleriList);
16      Epetra_RowMatrix* A = \
```

```
17              Galeri::CreateCrsMatrix("Laplace2D", Map, GaleriList);
18
19      // defines X and B
20      Epetra_Vector X(A->OperatorDomainMap());
21      Epetra_Vector B(A->OperatorDomainMap());
```

在完成问题的定义后，来初始化问题，代码如下。首先将 X 初始化为所有元素都是 1.0，之后将 X 和 B 进行绑定，并将 B 随机初始化，在代码第 8 行，根据矩阵 A、向量 X 和 B 定义并初始化问题。

```
1       // solution is constant
2       X.PutScalar(1.0);
3       // now build corresponding RHS
4       A->Apply(X,B);
5       // now randomize the solution
6       B.Random();
7       // need an Epetra_LinearProblem to define AztecOO solver
8       Epetra_LinearProblem Problem(A,&X,&B);
```

有了上述工作的基础，在下面的代码中，定义 AztecOO 的求解器，并设置一定的参数。AztecOO 提供的 SetAztecOption 接口可以对问题的参数进行很多设置。在代码的第 11 行，调用 Iterate 方法，传入可以执行的最大迭代次数和应该用于测试收敛的容差。根据 Aztec 参数和选项的值，此方法将尝试使用规定的预条件（如果有）和指定的迭代方法来解决问题。如果用户要求，它还将打印中间结果。

```
1       // now we can allocate the AztecOO solver
2       AztecOO Solver(Problem);
3       // specify options
4       Solver.SetAztecOption(AZ_solver,AZ_gmres);
5       Solver.SetAztecOption(AZ_output,32);
6       Solver.SetAztecOption(AZ_precond, AZ_dom_decomp);
7       Solver.SetAztecOption(AZ_subdomain_solve, AZ_ilut);
8       Solver.SetAztecOption(AZ_graph_fill, 3);
9       Solver.SetAztecOption(AZ_overlap, 0);
10      // ... and here we solve
11      Solver.Iterate(1550,1e-8);
```

最后释放之前所申请的空间，程序结束。

```
1       // delete memory
2       delete Map;
3       delete A;
4   #ifdef HAVE_MPI
5       MPI_Finalize() ;
6   #endif
7       return(EXIT_SUCCESS);
```

以上给出了一个使用 Trilinos 中的 AztecOO 包求解线性方程组的简单例子，在这个过程中还使用到 Epetra、Teuchos 等诸多其他的 Trilinos 包，这不仅展示了 Trilinos 中不同的工具包之间的合作十分密切，也展示了 Trilinos 功能的全面性。

9.1.3 TAO

高级优化工具包（The Toolkit for Advanced Optimization，TAO）是一个广泛应用的开源并行优化算法库，用于设计和实现并行优化软件，以解决高性能架构上的大规模优化问题。TAO 由美国阿贡国家实验室（ANL）开发，适用于单处理器和大规模并行架构，其应用领域包括无约束和有界约束优化、非线性最小二乘问题、具有偏微分方程约束的优化问题以及变分不等式和互补约束等。

1. 设计理念

当前优化软件缺乏对并行计算的统一支持和对外部工具包的重用，于是 TAO 应运而生。TAO 的目标是为不同的计算环境（从工作站、笔记本电脑到大规模高性能并行架构）开发高质量的优化软件，主要关注可移植性、性能、可扩展的并行性以及独立于架构的接口。

TAO 的设计理念强调在适当的情况下重用外部工具包，其设计实现了与较低级别的线性代数支持（如并行稀疏矩阵数据结构）以及较高级别的应用程序框架的双向连接，使得可以在这些工具包上构建代码，而不用重新进行开发。图 9-6 说明了 TAO 软件如何与外部库和应用程序一起工作。使用大规模分布式内存架构的固有挑战和特定应用存在的大型且结构不良的遗留代码问题都会影响 TAO 的设计。

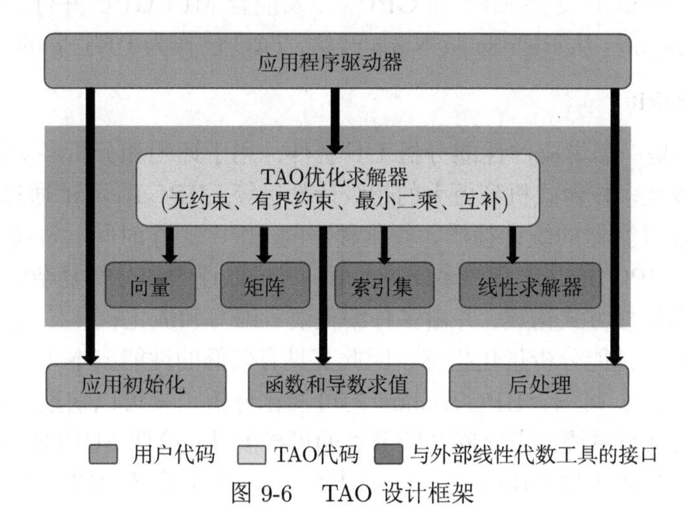

图 9-6　TAO 设计框架

2. TAO 求解器

TAO 包括无约束最小化求解器、有界约束最小化求解器、非线性互补求解器、非线性最小二乘求解器和具有偏微分方程约束的优化问题的求解器，并且包含了针对这些问题的各种优化算法。

TAO 求解器使用基本的 PETSc 对象（向量、矩阵、索引集和线性求解器）来定义和求解优化问题。向量和矩阵是标准概念，索引集是一组用于标识向量或矩阵特定元素的整数。优化算法是对这些对象的一系列定义明确的操作，包括向量和、内积和矩阵乘法。凭借灵活的抽象接口，PETSc（相关概念将在后面介绍）可以支持各种数据结构和算法的实现，这些抽象使得能够更轻松地针对实际问题尝试各种算法和数据结构选项。这些功能对于高性能优化软件适应并行和分布式架构的持续发展和研究人员发现利用功能特性的新算法至关重要。

3. PETSc 项目[①]

许多应用代码依靠高性能数学库来求解仿真过程中生成的方程组。由于这些求解器通常决定仿真的计算时间，因此这些数学库必须在即将推出的百亿亿次级硬件架构上高效运行且可扩展。可移植可扩展科学计算工具包（Portable Extensible Toolkit for Scientific Computation，PETSc）为应用程序开发者提供了高效的数学库，用于稀疏线性和非线性方程组、时间积分和并行离散化。PETSc 是一系列软件和库的集合，三个基本组件 SLES、SNES 和 TS 基于 BLAS、LAPACK、MPI 等库实现，同时为 TAO、ADIC/ADIFOR、MATLAB、ESI 等工具提供数据接口或互操作功能，具有极好的可扩展性。对于线性方程组求解，PETSc 提供了几乎所有的高效求解器。对于大规模线性方程组，PETSc 提供了大量基于 Krylov 子空间方法和各种预条件子的成熟有效的迭代方法，以及其他通用程序和用户程序的接口。PETSc 具有高性能、可移植的优点，其内部功能部件的使用非常方便，接口简单且广泛适用。

目前 PETSc 支持由 FORTRAN 77/90、C 和 C++ 编写的串行和并行代码。它通过 CUDA、HIP 或 OpenCL 支持 MPI 和 GPU，以及混合 MPI-GPU 并行，还支持 NEC-SX Tsubasa Vector Engine。从 PETSc 版本 3.5 开始，TAO 已作为 PETSc 的一部分包含在内。

9.1.4 HPCToolkit

HPCToolkit 是一套集成的性能分析工具套件，用于评测和分析各类计算机在程序运行时的性能，范围从多核台式机到更大的超级计算机等。HPCToolkit 通过使用 CPU 上的定时器和硬件性能计数器的统计抽样，收集程序的 CPU 工作时间、资源消耗和低效率的精确采样等信息。HPCToolkit 有很多优点：第一，可以评测和分析复杂的应用程序，这些程序由静态或动态链接方式构成，并由多种编程语言编写和优化；第二，由于 HPCToolkit 使用采样的方式收集性能分析量化指标，因此其具有较低的性能成本（约 1%~5%），可以扩展至大型并行系统；第三，HPCToolkit 的可视化分析工具可以快速分析程序的执行成本、执行效率以及并行系统节点之间和跨节点的可扩展性；第四，HPCToolkit 支持对串行代码、多线程并行代码（如 Pthreads、OpenMP）、MPI 混合（MPI + Pthreads）并行代码进行测量和分析。

图 9-7给出了 HPCToolkit 的主要组件及工作流程。下面将详细介绍各个组件的主要功能。

（1）hpcrun: 以非常低的成本（1%~5%）为优化后的应用程序收集准确和精确的调用上下文相关性能采样信息。它使用由系统计时器和性能监视单元事件触发的异步采样来驱动调用路径配置文件和可选跟踪的收集。

① PETSc 项目也是由美国阿贡国家实验室开发的。

（2）hpcstruct：为了将调用上下文敏感采样信息与源代码结构相关联，hpcstrust 分析完全优化的应用程序二进制文件，并恢复有关它们与源代码的关系的信息。特别地，hpcstruct 将目标代码与源代码文件、过程、循环嵌套相关联，并标识内联代码。

（3）hpcprof：使用 hpcstruct 计算的程序结构覆盖调用路径配置文件和跟踪，并将结果与源代码关联起来。hpcprof-mpi 通过并行执行这种关联处理来自并行执行的数千个配置文件。hpcprof 和 hpcprof-mpi 生成了一个性能数据库，可以使用 hpcviewer 用户界面进行研究。

（4）hpcviewer：是一个图形用户界面，通过三个互补的以代码为中心的视图（自上而下、自下而上和平面）交互显示性能数据，同时也是一个图形视图，它可以评估线程和进程之间的性能可变性。hpcviewer 的设计目的是使用导出的采样信息来促进快速的自上而下分析，这些度量强调诊断可扩展性损失和效率低下的代码段，而不是只关注程序性能热点。

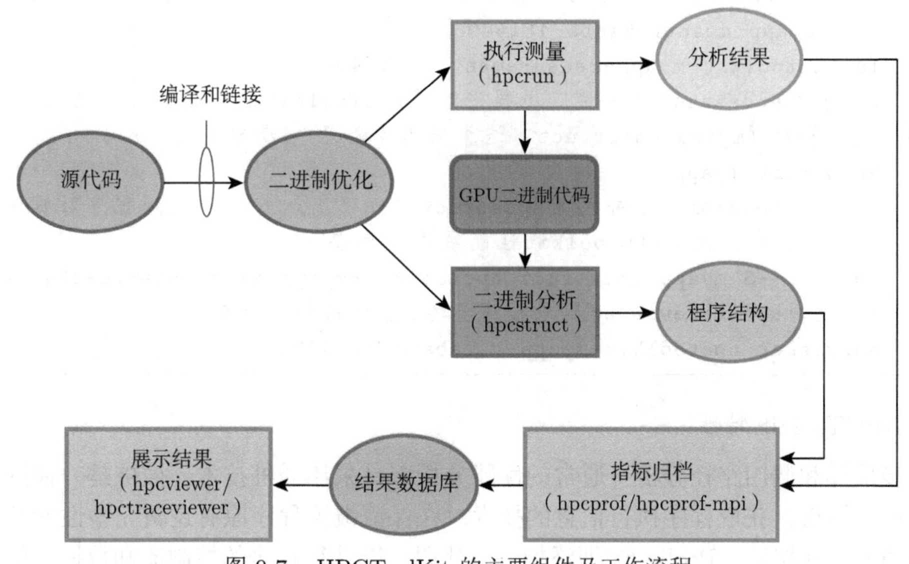

图 9-7　HPCToolKit 的主要组件及工作流程

1. HPCToolkit 工作流程

HPCToolkit 遵循的工作流程如图 9-7 所示。HPCToolkit 的工作流程围绕四个主要功能进行组织。

（1）执行测量：在应用程序执行时使用调用堆栈展开来测量上下文敏感的性能指标。

（2）二进制分析：从应用程序二进制文件、共享库和 GPU 二进制代码中恢复程序结构。

（3）指标归档：通过将动态性能指标与静态程序结构相关联来确定性能指标的归属。

（4）展示结果：展示性能指标结果和相关的源代码。

使用 HPCToolkit 来测量和分析应用程序的性能。第一，要使用全面优化并包含调试参数来编译和链接应用程序以产生可执行文件。第二，使用 HPCToolkit 的测量工具 hpcrun 启动应用程序，该工具使用统计抽样来收集性能信息。第三，调用 hpcstruct。hpcstruct 是 HPCToolkit 的工具，用于分析应用程序二进制文件以及在数据收集过程中使用的共享库和 GPU 二进制代码，存储在 measurement 目录中。它恢复有关源文件、过程、循环和内联代码的信息。第四，使用 hpcprof-mpi 的 hpcprof 将有关应用程序结构的信息与动态性能度量结合起来，以生成一个性能数据库。第五，使用 HPCToolkit 的 hpcviewer 和/或 Trace 视图图形表示工具分析性能数据。

```
1   // 编译生成可执行文件，这里使用一个名为myapp.c的程序举例，它是一个
        MPI程序，因此需要使用mpicc进行编译，编译的时候加上调试参数-g和优
        化参数-O3
2   mpicc -g -O3 -o myapp myapp.c
3   // 用hpcrun运行程序，因为运行的是MPI程序，所以需要在相应的MPI启动命
        令下运行hpcrun，-e参数后指明本次运行需要收集的参数
4   srun -n4 hpcrun -e CYCLES -e CACHE-MISSES myapp
5   // 当任务完成时，HPCToolkit将生成一个度量数据库，其中包含应用程序中
        每个MPI等级和线程的单独度量信息。本例中得到的结果名 为hpctoolkit
        -myapp-measurements-1814406
6   ls hpctoolkit-myapp-measurements-1814406
7   // 使用hpcstruct命令为应用程序生成HPCToolkit结构的文件，结果文件会被
        命名为myapp.hpcstruct，这个结果会在下一步被用到
8   hpcstruct myapp
9   // 使用hpcprof命令并指定hpcstruct文件（上一步）和应用程序数据库目录
        的名称，生成HPCToolkit性能数据库摘要
10  hpcprof -S myapp.hpcstruct hpctoolkit-myapp-measurements-1814406
11  // 使用hpctracewiewer实用程序查看/分析跟踪文件数据
12  hpcviewer hpctoolkit-myapp-database-1814406
```

2. HPCToolkit 特性

异步采样和调用路径分析：通常的性能分析工具采用插桩技术，插桩是一种测试程序性能、检测错误、获取程序执行信息的技术。在保证被测程序原有逻辑完整性的基础上在程序中插入一些探针（Probe），即添加一些代码，以获得程序的控制流和数据流信息。但是插桩技术会干扰内联和模板优化，从而影响应用程序的性能。因此 HPCToolkit 避免使用插桩，支持使用异步采样来度量性能指标。在程序执行期间，样本事件由间隔计时器或硬件性能计数器溢出引起的周期性中断触发。可以对反映工作情况、资源消耗或效率低下的指标进行采样。对于合理的采样频率，基于采样的测量所造成的开销和失真通常比插桩低得多。此外，将每个过程所产生的开销与调用过程的上下文联系起来是很重要的。因为在应用程序和库中经常有分层的实现，所以在任何一层进行插桩或仅根据直接调用者来区分开销都是不够的。因此，HPCToolkit 使用调用路径分析将开销定位到产生开销的完整调用上下文。与其他工具不同，为了在优化代码执行期间支持异步调用堆栈展开，hpcrun 使用在线二进制分析来定位过程边界，并为每个过程中的每个代码范围展开分析。这些分析使 hpcrun 能够在除应用程序的机器代码之外几乎没有其他信息的情况下展开优化代码的调用堆栈。

恢复静态程序结构：为了将测量数据与完全优化的可执行文件的静态结构相关联，需要在目标代码和与其关联的源代码结构之间建立映射。HPCToolkit 使用二进制分析建立

此映射，这个过程称为恢复程序结构。为了恢复程序结构，HPCToolkit 的 hpcstruct 实用程序会解析二进制文件的机器指令，重建控制流图，将关于内联的线图和 DWARF 信息与控制流图上的区间分析结合起来，以便能够在优化后将机器代码关联到原始源代码。这种方法有一个重要的好处是 HPCToolkit 可以在源代码不可用的情况下揭示出代码的结构，并为实际执行的代码分配指标。

展示测试结果：为了能够快速分析执行的性能瓶颈，HPCToolkit 精心设计了一个以代码为中心的可视化工具——hpcviewer，同时它也包括以时间为中心的选项。hpcviewer 结合了一组相对较小的互补表示技术，这些技术结合在一起可以迅速将分析人员的注意力集中在性能瓶颈上，而不是不重要的信息上。为了实现快速将分析人员的注意力集中在性能瓶颈上，hpcviewer 扩展了几种现有的表示技术，主要包括：

（1）综合呈现了调用上下文敏感采样信息的三个互补视图；

（2）将过程的静态结构作为性能度量和视图构造的一级信息；

（3）支持大量用户定义的度量来描述性能低效率；

（4）基于任意性能指标自动扩展热点路径以快速突出重要的性能数据。

9.1.5　ADIOS

ADIOS（Adaptable I/O System）是一个高性能的 I/O 库，其提供了一种简单、灵活的方式来描述代码中可能需要在正在运行的模拟之外进行写入、读取或处理的数据。通过提供一个 XML 文件，主机代码中的例程可以透明地改变它们处理数据的方式。该文件描述了各种元素、例程的类型以及其在运行时的处理方式。下面主要介绍 ADIOS 2 版本，它兼容 ADIOS 1.11 及之后的版本。这一全新架构继承了 ADIOS 1 的性能，并扩展了其功能，以应对科学数据 I/O 的极端挑战。

ADIOS 2 是由美国能源部资助，由美国橡树岭国家实验室、Kitware 公司、劳伦斯伯克利国家实验室、佐治亚理工学院、罗格斯大学合作开发的一个项目。它是一个开源框架，用于解决科学数据管理的问题，例如，在高性能计算 (HPC) 接近百亿亿次级的时代，如何高效实现可扩展并行 I/O。ADIOS 2 支持 C+ +、C、FORTRAN 和 Python，可用于超级计算机、个人计算机以及运行在 Linux、macOS 和 Windows 上的云系统。ADIOS 2 对 MPI 和串行环境有开箱即用的支持。

目前最新发布的 ADIOS 2.8 版本新增了 GPU-Aware I/O 功能，它支持使用 CUDA 从设备读取数据或向设备写入数据。

ADIOS 2 统一应用程序编程接口 (API) 侧重于科学应用程序在 n 维变量、属性和步骤方面产生和消费的内容，同时隐藏了数据字节流如何尽可能高效地从应用程序内存传输到 HPC 网络、文件、广域网和直接内存访问媒体的底层细节。典型的用例包括用于检查点重新启动和分析的文件存储、用于代码耦合的数据流以及用于现场分析和可视化的工作流。ADIOS 2 还提供了类似于 Python（file）和 C++（fstream）中的原生 I/O 库的高级 API，以便与丰富的数据分析生态系统轻松集成。此外，其还提供了 XML 和 YAML 运行时配置文件，因此用户可以对可用参数进行微调，从而在不重新编译代码的情况下实现有效的数据移动。ADIOS 2 还支持使用第三方库，包括有损数据压缩（ZFP、SZ、MGARD）和无损数据压缩（blob、bzip2、PNG）等。

软件特性如下。

（1）统一的高性能 I/O 框架：使用相同的抽象 API，ADIOS 2 可以跨不同媒体 (文件、广域网、内存缓存等) 传输和转换自描述数据变量和属性组，以性能和易用性为主要目标。

（2）基于 MPI：并行 MPI 应用程序以及串行代码都可以使用它。

（3）面向流：ADIOS 2 倾向于在任何可能的情况下异步传输一组变量的代码。以同步方式一次移动一个变量是特殊情况。

（4）基于步骤：无论流媒体还是随机访问 (文件) 媒体，都以变量组的“步骤”来模拟数据的实际生产。

（5）免费和开源：ADIOS 2 提供了免费的使用方式，方便用户使用。

（6）超大规模 I/O：ADIOS 2 被用于超级计算机应用程序，在一次模拟运行中可以写入和读取高达几拍字节的数据。ADIOS 2 旨在为世界上最大的超级计算机提供可扩展的并行 I/O 能力。

9.1.6 Kokkos

现有的并行计算体系下，并行计算的实现较为复杂，在不同体系结构的设备上会有着各种各样的编程框架，如 NVIDIA GPU 专用的 CUDA 编程模型、AMD 领导开源的 ROCm 编程模型、Apple 芯片使用的 Metal 编程模型以及华为昇腾 AI 处理器使用的 AscendCL 编程模型，此外还有用于 CPU 并行的编程模型，如 OpenMP 和 Pthread。编程模型的多样化给并行应用的开发人员带来了很大的负担，开发人员不仅需要精通各种硬件的底层架构，还需要同时维护多个代码库，这给并行应用的开发和维护带来了越来越大的成本，阻碍了并行应用的发展。因此开发统一的、性能可移植的异构并行编程模型成为推进并行应用发展的重要部分。

Kokkos 是一个用于科学计算的库，旨在提供一种方便的方法来并行化算法。它是由可扩展的计算引擎驱动的，可以在多种平台上运行，包括超级计算机、科学工作站、笔记本电脑和小型嵌入式设备，其核心是一组 C++ 模板类，通过模板元编程的方式把 Kokkos 代码在编译期转换为指定设备的底层代码，从而实现了性能可移植性。目前 Kokkos 支持的并行后端有 CUDA、OpenMP、Abstraction of Pthread、HIP、SYCL。

1. Kokkos 机器抽象模型

Kokkos 设计了一套机器抽象模型，结合了现有的计算机体系结构以及其未来可能的发展趋势，来尽可能兼容已有的计算机，并在可以预见的未来根据新的体系结构进行扩展，只要新的体系结构符合这个较为宽泛的计算机模型，就可以使用 Kokkos 对该架构进行编程。

机器抽象模型是一种描述共享内存计算体系结构的抽象概念。它假设计算节点中可能有多个执行单元，每个执行单元都可以有自己的存储器。这个模型允许应用程序开发人员针对异构硬件架构的不同部分编写代码。这种抽象模型为 Kokkos 提供了一种与底层硬件无关的方法来描述并行代码的执行。例如，程序员可以使用 Kokkos 的 Execution Space 抽象来描述将代码执行在 CPU 内核上的意图，而无须关心特定的 CPU 架构。这使得 Kokkos 的代码更加可移植，因为它可以在不同的硬件平台上运行，而无须修改代码。此外，Kokkos 的机器抽象模型还允许应用程序开发人员通过使用抽象数据类型和并行操作来描述和操作内存空间，而无须关心底层硬件的细节。这使得应用程序开发人员可以使用相同的代码在不同的存储空间中进行操作，并可以在不同的执行空间上并行执行相同的代码。图 9-8 的布局是这种抽象模型的一个实例，用来描述一种单个节点内多种类型的计算引擎和内存的可能的架构。

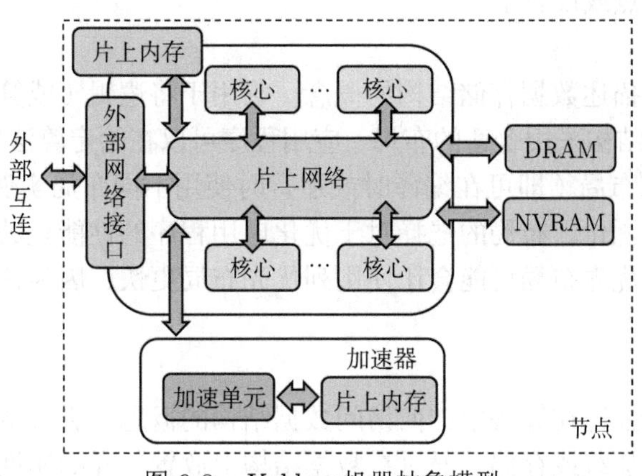

图 9-8　Kokkos 机器抽象模型

2. Kokkos 编程模型

Kokkos 的编程模型是一种使用 C++ 实现的编程风格，旨在帮助程序员在共享内存硬件上开发高性能应用程序。它基于 Kokkos 的机器抽象模型，提供了一组抽象数据类型、并行操作和同步机制，使程序员能够在不同的存储空间和执行空间上进行操作。Kokkos 提供了一组数据结构，用于支持并行编程。这些数据结构与标准 C++ 数据结构（如数组、向量和链表）类似，并且为并行化做了更好的适配。在 Kokos 开发过程中，主要需要确定数据存储在哪里，以及计算在哪里执行。Kokkos 编程模型的特点是 6 个核心抽象：内存空间、内存布局、内存特性、执行空间、执行模式、执行策略 (图 9-9)。这些抽象允许制定通用算法和数据结构，然后将其映射到不同类型的体系结构。事实上，它们允许算法在编译时进行转换，以允许不同程度的硬件并行性以及内存层次结构的自适应。

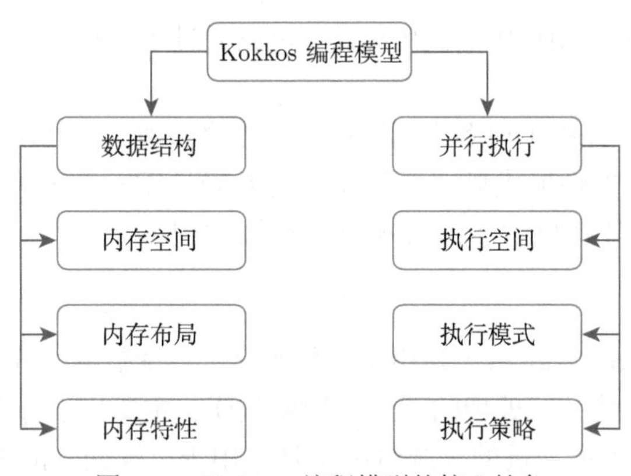

图 9-9　Kokkos 编程模型的核心抽象

1）内存空间

内存空间是用于描述存储数据的内存区域的概念。它指定了数据存储在哪个物理内存区域中，以及如何访问存储在该内存区域中的数据。内存空间还可能提供一些机制来维护数据的一致性，并指定数据的持久性范围。它可以扩展，用于描述远程内存区域，即数据存储在不同的计算节点或设备上。

2）内存布局

内存布局是用于描述数据存储结构的概念。它用于将逻辑（或算法）索引映射到地址偏移量。通过为内存结构采用合适的布局，应用程序可以在给定算法中优化数据访问模式。如果实现提供了多态布局（即可在编译时或运行时使用不同布局实例化数据结构），则可以执行与架构相关的优化。布局的选择对于优化应用程序的性能至关重要。例如，在矩阵乘法运算中，使用行优先布局可能会比使用列优先布局更快，因为这样可以更有效地利用缓存。

3）内存特性

内存特性是用于描述在算法中如何访问数据结构的概念。它表达了使用场景，如原子访问、随机访问和流加载或存储。通过在数据结构上放置这样的属性，编程模型的实现可以插入最优的加载和存储操作。内存特性的选择对于优化应用程序的性能至关重要，因为它可以帮助确定最优的加载和存储。

4）执行空间

执行空间是代码可以真正执行的地方。它提供了一种方法，使应用程序开发人员可以将工作目标放在异构硬件体系结构的不同部分。例如，在混合 GPU/CPU 系统中，有两种类型的执行空间：GPU 内核和 CPU 内核。用户可以通过 API 指定代码在哪里执行，从而避免编写复杂的异构代码。

5）执行模式

执行模式是应用程序必须表示的基本并行算法。它提供了用于表示数据并行化和代码并行化的抽象，并允许底层实现或使用的编译器对有效转换进行推理。执行模式包括 parallel_for、parallel_reduce、parallel_scan 和 task 等。

6）执行策略

执行策略决定了函数如何执行，并且与执行模式一起使用。有些策略可以嵌套在其他策略中。此处类似于 OpenMP 中的调度策略，可以通过改变它来改变函数执行的一些具体策略。

总的来说，Kokkos 提供了很多机制以使用户更容易地高效利用硬件优势，进而充分发挥不同体系结构的硬件的性能优势。现阶段，如 LAMMPS 等科学应用中也有 Kokkos 的实现，这也会帮助 HPC 在科学计算领域发挥更大的作用。

9.1.7 VTK-m

VTK（Visualization Toolkit）是用于操作和显示科学数据的开源软件。它是开源、跨平台、可自由获取、支持并行处理的图形应用函数库，主要用于计算机图形学、图像处理和可视化。VTK 配备了最先进的三维渲染工具、用于三维交互的组件和强大的二维绘图功能。创建于 1993 年的基于 CPU 的 VTK 获得了广泛的成功，并且由于其开源，被科学界广泛采用。然而 VTK 并没有针对多核、多线程进行性能优化。如今高性能计算依赖于细粒度的线程，处理器包括越来越多的内核、超线程、带有集成内核块的加速器以及特殊的向量化指令，这些都需要更多的并行处理才能实现更好的性能。传统的可视化解决方案无法支持这种大规模的并行计算。为了解决这些问题，美国能源部的研究人员推出了 VTK-m。

VTK-m 是用于新兴处理器架构的科学可视化算法工具包，其通过为数据和执行过程提供抽象模型来支持驱动超大规模计算所需的数据分析和可视化算法的细粒度并行，这些模型可以应用于跨不同处理器架构的各种算法。简单来说，VTK-m 提供了一个框架，用于简化当前和未来体系结构上可视化算法的设计。VTK-m 还提供了一个灵活的数据模型，可以适应许多科学数据类型，并在多线程设备上良好地运行。VTK-m 通过提供支持功能，使开发人员能够专注于可视化操作，从而简化了并行科学可视化算法的开发过程。VTK-m 包含了大量的算法实现，以满足许多科学领域的可视化需求。

现代超级计算机利用多核处理器和大规模 GPU 来提高能效、可扩展性和 Exascale 级（百亿亿次级，E 级）性能。为了跟上其发展的步伐，VTK-m 库更新了众多算法的内存管理、负载均衡功能和性能，以支持新架构上的科学可视化。此外，VTK-m 旨在与现有工具集成，并且其具有强大的多个供应商支持，这使其成为一个核心库，在即将推出的美国 E 级超级计算机上运行时，所有 ECP（The Exascale Computing Project）可视化工作负载都将使用该库。

VTK-m 的可移植性强，可以部署到提供细粒度并行服务并具有 GPU 加速器的异构计算平台上。开发人员可以使用 VTK 编写应用程序，并在最新的并行架构上实现 VTK-m 支持可视化。VTK-m 团队还提供了一个接口来使用原始的 VTK 应用程序编程接口（API）。由于其开源特性，VTK-m 为所有基于 GPU 的科学用户提供了对三维科学可视化的多供应商 GPU 支持。

与 VTK 的兼容为 VTK-m 在新的可视化技术（如 in situ 和 in transit 可视化）中使用 GPU 提供了自然的基础。这些技术可显著减少或消除数据移动，从而大大加快可视化任务的执行速度并降低数据中心的功耗。

9.2　超算应用开发框架

9.2.1　VASP

VASP（Vienna Ab-Initio Simulation Package）是由维也纳大学 Hafner 小组开发的用于进行电子结构计算和量子力学-分子动力学模拟的软件包。VASP 功能强大、计算速度快、精度高、稳定性好且易于应用，是材料模拟和计算物质科学研究中最流行的商用软件之一。VASP 是基于赝势（Pseudo-Potential，PP）平面波基组的第一性原理密度泛函计算程序，不仅能够计算得到各种体系的平衡结构和能量，还能够对材料的电子性质进行精确的预测，深度剖析材料的各种理化性质。

VASP 通过近似求解薛定谔方程得到体系的电子态和能量，可以在密度泛函理论（Density Functional Theory，DFT）框架内求解 Kohn-Sham 方程，也可以在 Hartree-Fock（HF）

的近似下求解 Roothaan 方程。VASP 还实现了将 Hartree-Fock 方法与密度泛函理论相结合的混合泛函。此外，VASP 也支持格林函数方法（GW 准粒子近似、ACFDT-RPA）和微扰理论（二阶 Møller-Plesset）。

在 VASP 中，中心量（如单电子轨道）、电子电荷密度和局部电位以平面波基集表示。电子和离子之间的相互作用使用范数守恒、超软赝势或投影缀加波（Projector Augmented Wave，PAW）方法进行描述。为了求解电子基态，VASP 利用了高效的迭代矩阵对角化技术，如 RMM-DIIS 或 DAV 算法。这些与高效的 Broyden 和 Pulay 密度混合方案相结合，以加快自洽循环的收敛。

1. 功能

VASP 的功能非常强大，主要包括以下几点。

（1）采用周期性边界条件（或超原胞模型）处理原子、分子、团簇、纳米线（或纳米管）、薄膜、晶体、准晶和无定性材料，以及表面体系和固体。

（2）计算材料的结构参数（键长、键角、晶格常数、原子位置等）和构型。

（3）计算材料的状态方程和力学性质（体弹性模量和弹性常数）。

（4）计算材料的电子结构（能级、电荷密度分布、能带、电子态密度和电子定域化函数（Electron Localization Function，ELF））。

（5）计算材料的光学性质。

（6）计算材料的磁学性质。

（7）计算材料的晶格动力学性质（声子谱等）。

（8）表面体系的模拟（重构、表面态和 STM 模拟）。

（9）从头计算分子动力学模拟。

（10）计算材料的激发态（GW 准粒子修正）。

2. 特征分析

作为最高效的第一原理材料计算与模拟软件之一，VASP 的最大优势是采用了投影缀加波方法，既保留了赝势方法的计算效率，又获得了逼近全势（Full-Potential，FP）方法的计算精度，使得 VASP 软件具有很强的第一原理计算效能；另外，VASP 软件中集成的多种迭代优化算法，大大加速了自洽场方法（Self-Consis tent Field，SCF）和从头算分子动力学（Ab Initio Molecular Dynamics，AIMD）的计算收敛。PAW 方法和优化算法相结合，大大扩大了 VASP 软件计算体系的规模。

与同类的电子结构计算软件相比，VASP 具有以下特征：

（1）具有可用性很高的赝势库，提供了周期表中几乎全部元素的赝势。

（2）实现的优化算法（RMM-DISS、blocked Davidson 和共轭梯度法）效率高、稳定性好。

（3）使用文档详细，便于初学者入门。

（4）支持的计算平台非常广泛，包括单机、计算集群和超级计算机等，几乎在所有架构的计算机器上都有非常高的运行效率。

计算方面，VASP 具有以下特点。

（1）能够实现大规模的高效率并行计算，支持多核多节点并行计算，对核数和节点数均没有限制，支持多用户同时使用。

（2）对 CPU、内存的要求较高，内存容量和内存带宽对其计算性能的影响较大。

（3）要求低通信延迟，磁盘 I/O 相对较少。

需要说明的是，VASP 是商业软件，使用时需要获得 VASP license，并且该许可证只发放给研究组，不对学生和机构发放。一般来说，研究组中的研究人员会激活用户的身份，帮助用户远程登录并连接到学校或研究单位的计算机集群或者超级计算机上。连接完成后，通过输入代码、上传文件等就可以实现计算。

9.2.2　Gaussian

Gaussian 是一个功能强大的量子化学计算程序包，是目前化学领域最流行、应用最广泛的计算化学软件之一。它由约翰·波普尔（John A. Pople）[①] 在 1970 年开发，名称 Gaussian 来自 Pople 在软件中使用的高斯型基组[②]。Gaussian 软件基于量子力学，致力于把量子力学理论应用于实际问题。它的出现降低了量子化学计算的门槛，使得从头计算方法广泛使用，极大地推动了其在方法学上的进展。该软件的最新的版本为 Gaussian 16。

从头计算方法

从头（Ab-Initio）计算是狭义的第一性原理计算。在求解薛定鄂方程的过程中，只采用了几个物理常数，包括光速、电子和核的质量、普朗克常量。在求解薛定鄂方程的过程中，采用一系列的数学近似，不同的近似也就导致了不同的方法。最经典的是 Hartree-Fock 方法，缩写为 HF。从头计算方法能够在很广泛的领域内提供比较精确的信息，但是需要更大的计算量。

1. 功能和方法

Gaussian 从量子力学的基本定律出发，预测化合物的能量、分子结构、振动频率和分子性质以及其在各种化学环境中的反应。计算可以模拟在气相和溶液中的体系，并模拟基态和激发态。Gaussian 是研究取代效应、反应机理、势能面和激发态能量的有力工具。Gaussian 16 的模型既可以应用于稳定的体系与化合物，也可以应用于实验中很难或不可能观察到的体系或化合物（如生存周期很短的中间体和过渡态结构）。使用 Gaussian 16 不仅可以快速可靠地最小化分子结构，还可以预测过渡态的结构，并验证预测的静止点是否上是最小值或过渡结构。Gaussian 可以根据内禀反应坐标（IRC）来计算反应路径，并确定哪些反应物和产物通过给定的过渡结构连接。如果使用者对势能面有完整的了解，就可以准确预测反应过程的能垒，还可以预测各种化学性质。具体来说，Gaussian 可以研究的问题包括以下内容。

（1）分子能量和结构研究。

（2）过渡态的能量和结构研究。

（3）化学键以及反应的能量。

---

① 约翰·波普尔，1998 年诺贝尔化学奖得主。

② 波普尔引入高斯型基组来简化计算过程，缩短了计算时间。

（4）分子轨道。

（5）偶极矩和多极矩。

（6）原子电荷和电势。

（7）振动频率。

（8）红外和拉曼光谱。

（9）核磁。

（10）极化率和超极化率。

（11）热力学性质。

（12）反应途径。

Gaussian 16 提供了多种用于模拟化合物和化学过程的方法，具体如下。

（1）分子力学：Amber、UFF、Dreiding。

（2）半经验方法：AM1、PM6、PM7、DFTB 等。

（3）Hartree-Fock。

（4）密度泛函理论（DFT），支持大量已发布的功能，可以使用长程和经验色散校正。

（5）完全活性空间自洽场方法（CASSCF）：RAS 支持和圆锥交叉优化。

（6）Møller-Plesset 微扰理论：MP2、MP3、MP4(SDQ)、MP4(SDTQ)、MP5。

（7）耦合簇：CCD、CCSD、CCSD(T)。

（8）Brueckner doubles：BD、BD(T)。

（9）Outer Valence 格林函数（OVGF）：电离势和电子亲和力。

（10）高精度能量模型：G1-G4、CBS 系列和 W1 系列以及它们的变型。

（11）激发态方法：TD-DFT、EOM-CCSD 和 SAC-CI。

使用 GaussView[①]的可视化功能可以查看以下各种 Gaussian 结果。

（1）分子注释和属性特异性着色，如原子电荷、键序、NMR 化学位移。

（2）图表，包括核磁共振、振动和振动光谱。

（3）表面或轮廓，如分子轨道、电子密度、自旋密度，静电势等属性可以可视化为着色的密度表面。

（4）动画，如正常模式、IRC 路径、几何优化。

程序设计时考虑到使用者的需要，所有的标准输入采用自由格式和助记代号，程序自动提供输入数据的合理默认选项，计算结果的输出中含有许多解释性的说明。程序另外提供许多选项指令让有经验的用户更改默认的选项，并提供用户个人程序连接 Gaussian 的接口。

2. Gaussian 的特点

Gaussian 的优点包括以下几点。

（1）可生成精确、可靠、完整的模型，而不需要进行简化。

（2）Gaussian 具有的各种方法使其适用于广泛的化学条件和化合物，以及各种规模的问题。

① GaussView 是 Gaussian 软件默认的可视化工具，可以用来编辑输入文件和打开输出文件。

（3）可以研究反应机理和过渡态，计算分子性质。

（4）支持 Windows、Linux 与 macOS 等主流操作系统，以及其他的 UNIX 系统。

（5）可以在单 CPU、多处理器和多核、集群/网络和 GPU 计算环境中提供一流的性能。

（6）计算的设置简单直接，即使是复杂的技术，也是完全自动化的，灵活、易于使用的选项使得用户可以完全控制计算细节。

（7）计算结果由 GaussView 以自然直观的图形形式呈现。

（8）除了图形界面外与命令行界面外，最新版本 Gaussian 16 还提供了 FORTRAN、C、Perl 与 Python 接口，并且支持 AVX、AVX2 指令集，计算速度大幅提高。

Gaussian 的缺点是振动计算的效率较低，输出信息繁杂，在 Windows 平台资源受到限制。

3. 计算特点

（1）并行策略分为节点间的 OpenMP 并行和节点间的 linda 并行。

（2）对计算能力的需求很大，结果越精确，需要的计算资源越大。

（3）对内存的要求较高（如 CIS、CCSD 等计算）。

（4）在计算过程中要写出大量临时文件，对 I/O 的要求高。

（5）网络要求低延迟通信。

在高性能设备上使用 Gaussian 具有以下特点。

1）共享内存并行

（1）内存需求。 可以通过 freqmem 命令预估在基态频率计算中每个核心所需的最优内存。所需内存的大小随着所用 CPU 核心数的增加而线性增加。对于更大的频率计算、大的 CCSD 以及 EOM-CCSD 能量计算，还需要留出足够的内存用于大文件的硬盘缓冲。给 Gaussian 作业设定内存大小时不宜超过系统总内存的 50%~70%，以便为操作系统留出足够的内存作为硬盘缓冲使用。

（2）线程切换与开销。 线程切换（线程从一个 CPU 切换到另一个 CPU）时存在效率损失，从而使得缓冲失效以及造成其他线程开销。用大量的 CPU 核心进行计算时，推荐的作业模式将线程绑定到特定的 CPU 上。

2）集群并行/跨节点并行

（1）Hatree-Fock 与 DFT 的能量、梯度、频率计算以及 MP2 的能量、梯度计算支持集群跨节点并行。

（2）MP2 频率、CCSD、EOM-CCSD 能量及优化仅支持 SMP 并行，而不支持集群跨节点并行。

（3）DFT 不对称频率、CCSD 频率的数值解支持集群内跨节点并行计算。

（4）共享内存与集群并行可以组合使用。

（5）可以让集群内每个节点的全部 CPU 进行共享内存并行。

3）使用 GPU

（1）Linux 版本的 Gaussian 16 支持 NVIDIA K40 与 K80 GPU 显卡计算。

（2）使用 GPU 时需要有特定的 CPU 对 GPU 进行控制，这个 CPU 应该在物理上靠近被它控制的 GPU。

（3）GPU 计算对于规模小的作业没有优势，对大的分子进行 DFT 能量、梯度以及频率（基态与激发态）计算时才显示出优势。

（4）Gaussian 16 不支持多个 GPU 跨节点并行计算。

4）CCSD、CCSD(T) 和 EOM-CCSD 计算

可以使用内存来避免 I/O 以提高效率。

需要注意的是，Gaussian 为商业软件，可以用于学习，但发表论文等需要获得版权。

9.2.3 Fluent

ANSYS Fluent 是业界领先的流体仿真软件，以先进的物理建模能力和业界领先的精度而闻名，是国际上比较流行的商用如计算流体力学（Computational Fluid Dynamics，CFD）软件包，在美国的市场占有率为 60%，凡是和流体、热传递和化学反应等有关的工业均可使用。它具有丰富的物理模型、先进的数值方法和强大的前后处理功能，在航空航天、汽车设计、石油天然气和涡轮机设计等方面都有着广泛的应用。在开始对 ANSYS Fluent 进行介绍之前，先来了解计算流体力学。

计算流体力学

CFD 是近代流体力学、数值数学和计算机科学结合的产物，是一门具有强大生命力的交叉科学。它是将流体力学的控制方程中的积分项、微分项近似地表示为离散的代数形式，使其成为代数方程组，然后通过计算机求解这些离散的代数方程组，获得离散的时间/空间点上的数值解。

CFD 求解力学问题主要分为八个步骤：

（1）建立控制方程。

（2）确定边界条件和初始条件。

（3）划分计算网格。

（4）建立离散方程。

（5）离散初始条件和边界条件。

（6）给定求解控制参数。

（7）求解离散方程。

（8）显示计算结果。

ANSYS Fluent 求解 CFD 问题使用的是有限体积法，当前市面上大多数的流体力学仿真软件采用的都是这个方法。有限体积法在计算流体力学领域具有很大的优势，它相对于有限元法具有更好的守恒性。它的基本思路是将计算区域划分成网格，并使每一个网格点周围有一个互不重复的控制体，将待解微分方程对每一个控制体积分，从而得到一组离散方程。最后用数值方法求解代数方程组以获得流场域的解。

CFD 软件是用于求解 CFD 问题的工具，因此 CFD 软件的结构也和求解 CFD 问题的步骤相适应。CFD 软件的一般结构由前处理器、求解器、后处理器三部分组成。它们对应的作用如表 9-1所示。

表 9-1　CFD 各个步骤的作用

组成部分	作用
前处理器	（1）几何模型 （2）划分网格
求解器	（1）确定 CFD 方法的控制方程 （2）选择离散方法进行离散 （3）选用数值计算方法 （4）输入相关参数
后处理器	速度场、温度场、压力场及其他参数的计算机可视化及动画处理

1. ANSYS Fluent 简介

Fluent 原本是由 Fluent 公司开发的一款流体力学数值计算软件，2006 年 Fluent 公司被 ANSYS 收购，从此 Fluent 变成 ANSYS 众多产品中的一员，在接下来的介绍中，将 ANSYS Fluent 简称为 Fluent。Fluent 作为经典的 CFD 软件，具有完善的前处理器、求解器和后处理器，它多年来一直坚持最初的目标——为工程师提供一个交互式的软件，并向他们提供强大的技术支持，使工程师无须进行耗时耗力的代码开发，就可以应用先进的计算机方法去分析求解实际的设计问题。Fluent 对整个 CFD 计算过程做了很好的封装，其中包括很多实现得很好的求解器、前处理操作和后处理操作，开放给用户的接口十分简洁，可以在 Windows 系统中使用，也可以在 Linux 系统中使用。目前，网上有很多 Fluent 的案例入门讲解，结合计算流体力学详细介绍了 Fluent 的计算原理和使用。作为一本高性能计算入门教材，我们不会花太多时间去展示计算流体力学领域下 Fluent 的使用案例，而将大部分的精力放在 Fluent 在高性能计算领域的使用上，对 Fluent 计算 CFD 感兴趣的读者可以自行参考学习。

2. ANSYS Fluent 在超算上的应用

在前面提到，计算流体力学的步骤中包括求解离散方程，这个过程需要极大的算力，普通的计算机难以解决如此大规模的计算问题。然而在求解 CFD 的过程中，需要划分多个网格，这样的工作很适合在超算上做并行计算，因此 Fluent 在超算上运行变成了一个自然而然的事情。对此，Fluent 开发团队也针对这个问题做出了特定的优化。

3. Fluent 的批处理运行

可以通过在超级计算机上批量提交 Fluent 作业来实现大规模并行计算。和正常的 Fluent 程序相同，需要一个 Case 文件来指明处理器的设置信息、求解器，并且需要按照标准在工作流中指明的一些设定。同时还需要一个 Journal 文件，其中包含希望在批处理运行期间使用 Fluent 执行的所有必要命令。

在获得必要的 ANSYS Fluent 文件后，可以通过对任务的提交实现在超算上对 Fluent 任务进行执行。在不同的高性能计算平台上往往有不同的任务提交方式，当前一些企业提供的云计算平台给出了很好的 UI 界面来进行操作，而不需要用户输入命令。这里针对简单的 Linux 系统给出 Fluent 的并行执行指令范例，如下面代码所示，fluent.jou 是定义的 Journal 文件；-g 表示无 GUI 运行 Fluent；3ddp 指明运行版本，表示三维双精度，除此之外还有 2d（二维单精度）、2ddp（二维双精度）、3d（三维单精度）；-t n 表示使用 n 个进程求解 Fluent 算例，代码中使用四个进程；-mpi=intel 表示使用 Intel MPI；-cnf=hostfile 表示从 hostfile 文件中读入节点信息，每行对应一个进程。

```
1    fluent -g 3ddp -t4 -mpi=intel -cnf=hostfile -i fluent.jou
```

事实上，ANSYS 针对 HPC 开发了软件套件，使用户可以更简单便捷地使用如今的多核计算机在更少的时间内执行更多的模拟。与以往使用高性能计算相比，这些模拟可以更大、更复杂、更精确。

4. Fluent 的 GPU 并行计算

在未来一段时间内，GPU 架构仍然是主流的超级计算机架构，Fluent 也开发了多 GPU 求解器，对求解离散方程的过程进行 GPU 并行化，大大减少求解时间和功耗。

要在 GPU 上运行 Ansys Fluent 模拟的并行版本，可以在 Linux 系统上使用以下代码：

```
1    fluent -g <version> -t<nprocs> -gpgpu=<ngpgpus>
2           -i <journal_file_name> >& <output_file_name>
```

其中，-gpgpu 指定并行模式下可用的每台（个）机器/（节点）的 GPU 数量，这里需要注意，每台机器的进程数必须在所有机器上相同，而且设置的 ngpgpus 必须满足每台机器的进程数是 ngpgpus 的整数倍。也就是说，对于在 M 台机器（每台机器使用 ngpgpus 个 GPU）上运行的 nprocs 求解器进程，必须有 $(\text{nprocs})\text{mod}(M) = 0$ 和 (nprocs/M) mod $(\text{ngpgpus}) = 0$。

除此之外，NVIDIA 和 ANSYS 还合作开发了一个高性能、高可靠和强可扩展的 GPU 加速的 AMG 库，将此库称为 AmgX。Fluent 使用 AmgX 作为其默认的线性求解器，并会在检测到支持 CUDA 的 GPU 时利用它。AmgX 甚至可以使用 MPI 来连接服务器集群，以求解需要数十个 GPU 的大规模问题。

高性能计算领域往往针对不同的学科有不同的软件，在本节简要介绍了在计算流体力学领域中一个非常主流的求解工具——ANSYS Fluent，这是一款非常优秀的商业软件，但是令人遗憾的是它是一款闭源软件。在 9.2.4 节，将介绍一款用于 CFD 领域的非常优秀的开源软件——OpenFOAM。

9.2.4 OpenFOAM

OpenFOAM（Open-Source Field Operation and Manipulation）是一个用于 CFD 的免费、开源的软件，其本质上是一个由 C++ 编写的面向对象的 CFD 类库，用于构建应用程序。OpenFOAM 只能在 Linux 上使用，这也是用户认为 OpenFOAM 使用较难的一个原因。

用 OpenFOAM 构建的应用程序主要分为两类，分别是求解器（Solver）和实用程序（Utility）。其中，求解器主要用于解决连续介质力学中的特定问题，而实用程序旨在执行涉及数据操作的任务。用户可以根据一些先验的基础方法、物理知识和编程技术来创建新的求解器和实用程序。OpenFOAM 预先实现了大量的应用，但用户也可以自由创建自己的应用程序或修改现有的程序。简单来说，OpenFOAM 是一个针对不同的流体流动编写不同的 C++ 程序集的软件，每一种流体流动都可以用一系列的偏微分方程表示，求解这些运动的偏微分方程的代码就是一个 OpenFOAM 的求解器，而实用程序部分就用于对输入和输出求解器的数据进行处理，以满足程序需求。

图 9-10 中给出了一个基于 OpenFOAM 的应用的总体结构，在一个基于 OpenFOAM 的程序中，不仅需要定义求解器，还需要提供预处理和后处理环境，这和在之前所介绍的 CFD 的计算流程相对应。前处理环境和后处理环境这两个部分实际上就是之前提到的 OpenFOAM 的实用程序，它们负责保证整个环境中一致的数据处理。

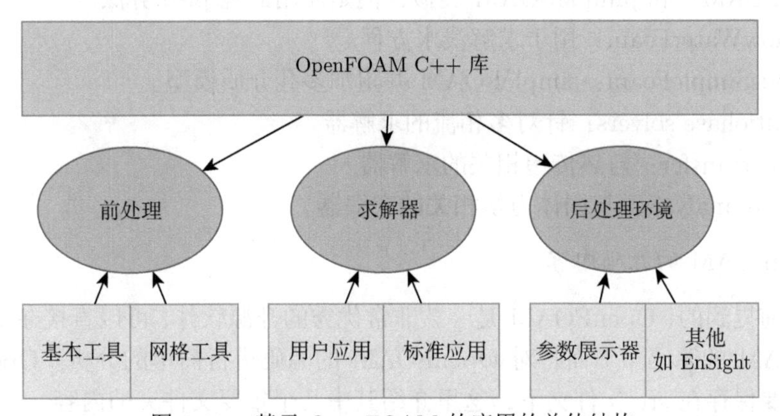

图 9-10　基于 OpenFOAM 的应用的总体结构

接下来将具体介绍 OpenFOAM 的求解器、源码内容、程序的文件结构、使用 OpenFOAM 的简单方法，并介绍 OpenFOAM 的并行计算。

1. OpenFOAM 使用的数值方法

OpenFOAM 使用的离散方法是有限体积法。有限体积法（Finite Volume Method）又称为有限容积法、控制体积法。它的基本思路如下。

（1）将计算区域划分为一系列不重复的控制体积，每一个控制体积都有一个节点作为代表，将待求的守恒型微分方程在任一控制体积及一定时间间隔内对空间与时间进行积分。

（2）对待求函数及其导数对时间及空间的变化型线或插值方式做出假设。

（3）对步骤（1）中各项按选定的型线进行积分并整理成一组关于节点上未知量的离散方程。

2. OpenFOAM 的求解器

OpenFOAM 的求解器可以分成很多类，为了更加清晰地说明它们，用列表的形式给出它们的基本介绍。

（1）basic solvers：基本求解器。

① potentialFOAM：用于求解速度势。

② laplacianFOAM：针对扩散现象求解拉普拉斯方程。

③ scalarTransportFOAM：求解被动输运过程。

（2）combustion solvers：和内燃机相关的求解器。

（3）compressible solvers：可压缩流动求解器。

（4）incompressible solvers：不可压缩流动求解器。

① icoFOAM：针对层流的瞬时流动。

② simpleFOAM：针对稳定的流动，包含湍流功能。

③ pimpleFOAM：针对不稳定的流动，包含湍流功能。

④ pimpleDyMFoam：pimpleFOAM 并附加动网格的功能。

⑤ SRFPimpleFOAM：pimpleFOAM 并附加旋转坐标器。

⑥ pisoFOAM：和 pimpleFOAM 类似，但是使用的是 piso 算法。

⑦ shallowWaterFoam：用于求解浅水方程。

⑧ porousSimpleFoam：simpleFOAM 并附加多孔介质模型。

（5）multiohase solvers：针对多相流的求解器。

（6）heat transfer：与热传递相关的求解器。

（7）stress analysis：与固体力学相关的求解器。

3. OpenFOAM 的源码内容

正如之前提到的，OpenFOAM 是一款非常优秀的开源软件，可以直接在 GitHub 上找到 OpenFOAM 的源码。下面将对 OpenFOAM 的源码进行简单的分析。OpenFOAM 的核心源码主要保存在 src 文件夹下，这里介绍其中几个重要文件夹的内容。

（1）ODE：和常微分方程求解器相关的库函数。

（2）dynamicFvMesh：和动网格相关的库函数。

（3）postProcessing：和后处理相关的库函数。

（4）transportModels：针对不同流速和密度的流体的模型。

（5）sixDoFRigidBodyMotion：和六自由度运动方程相关的求解器。

（6）TurbulenceModels：和湍流模型相关的库函数。

（7）FiniteVolume：和有限体积法离散方程相关的库函数。

4. OpenFOAM 程序的文件结构

图 9-11中给出了一个基于 OpenFOAM 的应用所需要的最小的文件集合和它们的组织结构。它们主要分为以下三个部分。

1）常量目录

在常量目录下，它包含子目录 polyMesh 的完整描述并指定有关应用的物理属性的文件。

2）系统目录

系统目录用于设置与解决方案过程本身相关的参数。它至少包含以下 3 个文件：controlDict，设置了运行控制参数，包括开始/结束时间、时间步长和数据输出参数；fvSchemes，可以在运行时选择解决方案中使用的离散化方案；fvSolution，为运行设置了方程解算器、公差和其他算法控制。

3）时间目录

时间目录包含特定字段的各个数据文件。数据可以是用户必须指定的用于定义问题的初始值和边界条件或者由 OpenFOAM 写入文件的结果。由于通常在 t=0 时开始模拟，初始条件存储在名为 0 或 0.000000e+00 的目录中，具体取决于指定的名称格式。

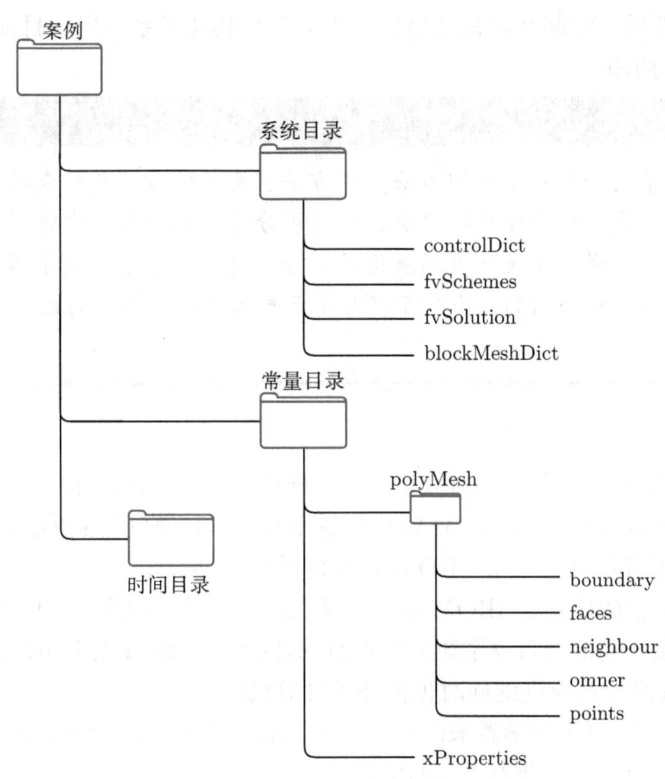

图 9-11　基于 OpenFOAM 的基本文件结构

5. OpenFOAM 的并行计算

在很多时候，算例将会非常的大，如网格数量非常多，当网格数量达到百万级甚至百万级以上的时候，单核 CPU 计算将会非常费时费力，计算时间将会达到一个月甚至更久，因此并行计算就变得非常重要。在 OpenFOAM 中使用区域划分的方式来划分数据以实现并行计算。在后处理阶段，聚合各个节点上的数据得到结果。在消息通信部分，OpenFOAM 是基于 MPI 实现的，默认使用 OpenMPI。OpenFOAM 本身实现了 decomposePar 接口来进行自动的数据划分，用户可以通过在配置文件中设置参数来指导 OpenFOAM 采取不同的区域划分方式。在 OpenFOAM 中给了四种区域划分方式，分别是 Simple 划分、Scotch 划分、Hierarchical 划分和 Manual 划分。如果使用 Manual 划分方式，则需要在 dataFile 文件中指明各个数据块所需要使用的计算节点，手动划分相对其他三种划分方式操作起来会更加烦琐，但是如果是有经验的程序员来做这个工作，往往能够更好地利用数据的局部性原理来实现更高的性能。

9.2.5 GROMACS

目前科研人员的研究方法可以大致分为三种：实验、理论研究、模拟仿真。前两种方法是自古以来科研人员一直使用的传统方法，随着计算机技术的发展，利用计算机软件进行实验模拟成为效率更高、成本更低、安全系数更高的研究方法。GROMACS（Groningen Machine）是一套开源免费的分子动力学模拟程序包，主要用来模拟研究蛋白质、脂质、核酸等生物分子的性质。它起初由荷兰格罗宁根大学生物化学系开发，目前由来自世界各地的大学和研究机构维护。

分子动力学

分子动力学是一套分子模拟方法，该方法主要是依靠计算机来模拟分子、原子体系的运动的，是一种多体模拟方法。通过对分子、原子在一定时间内运动状态的模拟，以动态观点考察系统随时间演化的行为。通常，分子、原子的轨迹是通过数值求解牛顿运动方程得到的，势能可以由分子间相互作用势能函数、分子力学力场、全始计算给出。

1. 软件特性

GROMACS 几乎支持所有当前流行的分子模拟软件的算法，并且支持并行化，具有一定的优势。随着版本的更新，GROMACS 将越来越多的计算迁移到 GPU 上，效率也有了大大的提升。下面简要列出一些 GROMACS 的软件特性。

（1）基于算法上的优化，GROMACS 效率很高，计算功能强大。例如，在计算矩阵的逆时，算法的内循环会根据自身系统的特点自动选择由 C 语言或 FORTRAN 来编译，而且 GROMACS 提高计算速度的同时也保证了计算精度。

（2）GROMACS 对于初学者来说易于上手，用户界面友好，功能丰富，用户可以通过浏览官方文档和用户手册来获得更多的信息。

（3）GROMACS 使用命令行接口运行，使用文件输入输出，运行的过程是分步的，可以检查模拟的正确性和可行性，以减少时间上的浪费。

（4）GROMACS 提供预计到达时间（Estimated Time of Arrival，ETA）反馈，在运行过程中不断报告用户程序的运算速度和进程。

（5）GROMACS 提供了大量关于轨迹分析的辅助工具，以及轨迹的可视程序。

（6）GROMACS 支持多种力场，能并行运行，或使用 MPI 做集群计算。与仅使用 CPU 的系统相比，GROMACS 在使用 NVIDIA GPU 加速的系统上的运行速度最高可提升 3 倍，从而使用户运行分子动力学模拟的时间从几天缩短到几小时。

（7）GROMACS 通过 mdrun 来获得更好的性能：GROMACS 构建系统和 gmx mdrun 工具可以智能检测机器硬件并根据硬件特性高效利用它们，所以它具有多种可用的并行化方案，因此可以在给定的硬件上进行模拟，并选择不同的运行配置[①]

① 详细介绍请查阅用户手册“Getting good performance from mdrun”，（参见：https://manual.gromacs.org/documentation/current/user-guide/mdrun-performance.html）。

① 基于 SIMD 的核内并行（SSE、AVX 等）。在 GROMACS 中，SIMD 指令用于并行化对性能影响最大的代码部分。SIMD 内部代码由编译器编译，用户需要为目标 CPU 的 SIMD 功能配置和编译 GROMACS。默认情况下，编译系统将检测到主机支持的最高加速程度。

② 通过 OpenMP 实现进程（处理器）级并行。GROMACS mdrun 对于所有代码都支持 OpenMP 多线程。默认情况下，OpenMP 是打开的，可以在配置时使用 CMake 变量（GMX_OPENMP）打开或关闭，在运行时使用-ntomp 选项（或 OMP_NUM_THREADS 环境变量）打开或关闭。OpenMP 的使用非常高效，且可扩展性良好。

③ 通过 GPU offloading 和 thread- MPI 实现节点级并行。

④ 通过 MPI 实现多节点的并行化。

2. GROMACS 使用流程：水盒子中的蛋白质分子动力学模拟流程

（1）模拟的输入文件——分子坐标：通过实验数据或其他工具得到体系中每一个分子的初始坐标文件，之后将这些分子按照一定的规则或随机放在一起得到整个体系的初始结构，这样便获得了整个模拟的输入文件。

（2）确定力场：力场文件由选定的力场决定，包括电荷、键合参数、非键参数等势能函数的输入参数。

（3）确定盒子尺寸：根据合理性评估确定体系大小。

（4）能量最小化：避免两个原子建立不稳定关系，常用方法为最速下降法和共轭梯度法。

（5）平衡模拟：设置适当的模拟参数。

（6）运行模拟、分析数据。

9.2.6 NAMD

NAMD 是一种用于大型生物分子系统高性能模拟的并行分子动力学代码，兼容多种输入输出文件格式（如 AMBER、CHARMM 和 X-PLOR），使用流行的分子图形程序 VMD 进行模拟设置和轨迹分析，VMD 提供交互式动力学功能，用户可以直接通过键盘或鼠标实时施加外部作用力。

软件特性如下。

在软件安装方面，NAMD 提供了免费的源代码，用户可以自己构建，或者下载它为 Linux、mac OS 和 Windows 提供的预编译二进制文件进行安装。该软件可移植性强，可以移植到几乎任何具有以太网或 MPI 的平台。

除此之外，该软件最重要的特色是其可扩展性——专门针对大规模高性能并行计算。NAMD 诞生之时，生物大分子的动力学模拟领域已有包括 CHARMM 和 Amber 在内的数个成熟软件，但多数尚未在逐渐流行的大规模并行硬件系统上取得良好的性能。该软件在设计上与大部分同类软件的最大区别在于它基于 Charm++ 的并行模型。基于 Charm++ 的并行模型，NAMD 在典型模拟中可扩展到数百个核，在最大的模拟中可扩展到超过 500000 个核。据 NVIDIA 官方数据，与只使用 CPU 的系统相比，最新版本 NAMD 2.11 在 NVIDIA GPU 上的运行速度通常可提升 7 倍，从而可以使用户进行子动力学模拟的时间从几天缩短到几小时。它比 NAMD 2.10 的速度最多提升 2 倍，这大大节省了硬件成本，也减少了时间成本。

Charm++

Charm++ 是一种面向对象、跨平台的 C++ 库，为并行编程提供高层抽象，Charm++ 是伊利诺伊大学并行编程实验室开发的并行编程框架，为 NAMD 及多个其他领域的科学计算软件提供了坚定的基石。在 Charm++ 并行模型中，程序被划分成中等粒度的重复任务，由称为 chare 的对象执行，chare 对象之间通过消息相互作用。chare 对象到物理处理单元的映射和其间消息的传递由 Charm++ 运行系统负责完成。该模型通过消息驱动的异步并发模式实现通信与计算的重叠，另外，通过对 chare 对象的调度实现动态负载均衡。在此基础之上，NAMD 采用了空间/力混合划分模式来划分并行任务，相对于其他主要采用空间划分实现并行的同类软件，其对任务的划分粒度更细。该模型在其后为 Blue Matter 和 Desmond 所采用。在这种并行模型支持下的强可扩展性成为 NAMD 最重要的特色。

9.2.7 MATLAB

MATLAB 是由美国 MathWorks 公司出品的商业数学软件。MATLAB 是 Matrix 和 Laboratory 两个词的组合，意为矩阵实验室，“万物皆可矩阵”是 MATLAB 的哲学。最初，时任新墨西哥大学计算机科学系主任的 Cleve Moler 为了给他的学生找到一种无须使用 FORTRAN 就可以执行线性代数和数值计算的方法，便发明了 MATLAB 这一编程语言。后来，Cleve Molar 、Steve Bangart 以及 Jack Little 意识到了 MATLAB 的商业潜力，于是他们一起创建了 MathWorks 公司，该公司在 1984 年发布了 MATLAB 的第一个版本。随着软件的更新发展，目前 MATLAB 已经可以兼容 Windows、macOS 和 Linux 操作系统。但它是一款授权软件，仅仅提供了 30 天的免费试用期。

MATLAB 和 Mathematica、Maple 并称为三大数学软件。在数学类科技应用软件中，它在数值计算方面首屈一指。MATLAB 的基本数据单位是矩阵，它的指令表达式与数学、工程中常用的形式十分相似，故用 MATLAB 来解决问题要比 C、FORTRAN 等语言简洁得多，并且 MATLAB 也吸收了像 Maple 等软件的优点，这使 MATLAB 成为一个强大的数学软件。它在新的版本中也加入了对 C、FORTRAN、C++、JAVA 的支持，其以著名的线性代数软件包 LINPACK 和特征值计算软件包 EISPACK 中的子程序为基础，发展成一种开放型程序设计语言。

1. 功能介绍

MATLAB 是一款非常强大的软件，主要面对科学计算、可视化以及交互式程序设计的高科技计算环境。它将数值分析、矩阵计算、科学数据可视化以及非线性动态系统的建模和仿真等诸多强大功能集成在一个易于使用的视窗环境中，为科学研究、工程设计以及必须进行有效数值计算的众多科学领域提供了一种全面的解决方案，并在很大程度上摆脱了传统非交互式程序设计语言（如 C、FORTRAN）的编辑模式。它的功能大致分为以下几点。

（1）执行线性代数、矩阵的数值计算。作为一个数学产品，它包含一个数学函数库，用户可以利用该库进行线性代数和矩阵计算，同时这也为数据分析提供了方便。

（2）数据分析和可视化。用户可以加载不同的来源数据，如文件、数据库或网站，并进行数据分析。除此之外，MATLAB 也提供了创建数据模型和数据模拟的相关功能。MATLAB 的可视化应用程序为用户提供了广泛的图形选择，用户可以利用其对数据分析进行可视化。

（3）为更大的数据集绘制图形。MATLAB 也具有并行计算的能力，这使得用户可以处理更大的数据集。代码是使用即时编译器（JIT）编译的，库调用也是经过优化的，执行数学运算的任务分布在计算机的核之间。与 Java 相比，MATLAB 中的算法开发速度更快，更健壮。关于并行计算方面的内容，在下面还会详细介绍。

（4）用户使用 MATLAB 可以设计实现不同的算法。

（5）为用户创建界面，即图形用户界面（GUI）；创建其他应用程序，即应用程序编程接口（API）。MATLAB 提供了对交互式应用程序的访问，通过向用户提供这些操作的可视化，使其能够交互式地执行计算操作。用户可以设计自己的定制应用程序，也可以使用其他 MATLAB 用户设计的应用程序。

（6）MATLAB 还有一个特色性的设计，就是它有一套程序扩展系统和一组称为工具箱（Toolboxes）的特殊应用子程序。工具箱是 MATLAB 函数的子程序库，每一个工具箱都是为某一类学科专业和应用而定制的，主要包括信号处理、控制系统、神经网络、系统仿真等方面的应用。

2. 利用 MATLAB 实现并行计算

强大的并行计算工具箱

借助并行计算工具箱，我们只需新增四行代码，然后编写一些简单任务管理脚本。以往耗时数月的仿真现在几天之内就能运行完毕。通过 MathWorks 并行计算工具，我们可以利用大型集群的计算能力，同时又不必经历漫长的学习过程。

——Diglio Simoni，RTI

并行计算是解决参数扫描、优化以及蒙特卡洛模拟等问题的理想方法。并行计算工具箱可以让用户利用多核处理器、GPU、集群和云来解决计算和数据密集型问题。并行计算工具箱中的高级结构，如并行 for 循环和特殊数组类型，让用户无须 CUDA 或 MPI 编程就可以并行 MATLAB 应用程序。MATLAB 中的许多函数和 App 以及它的附加功能——工具箱都支持并行运行，只需要选择软件中的“使用并行”这一选项即可。

此外，要使应用程序提速，还可以利用 NVIDIA GPU（图 9-12）。MATLAB 中有数百个函数支持直接在 GPU 上运行，所用语法与在 CPU 上的并无不同。以 Deep Learning Toolbox 为例，一些工具箱的部分功能也可以扩展到 GPU 上并行运行。

MATLAB 上的程序和模型都支持交互式运行或批处理运行。使用 Simulink 和并行计算工具箱，通过 parsim 函数即可并行执行同一个 Simulink 模型的多个仿真，Simulink 仿真管理器支持用户可视化并行仿真的进度，用户可以轻松查看结果和进行诊断。

MATLAB Parallel Server 支持用户将 MATLAB 程序或者 Simulink 仿真扩展到集群中的多台计算机或云端（图 9-13），使用并行计算工具箱为应用程序和模型创建桌面原型，然后使用 MATLAB Parallel Server 即可在额外的 CPU 和 GPU 资源上执行同样的程序和仿真，无须重写算法或更改模型。

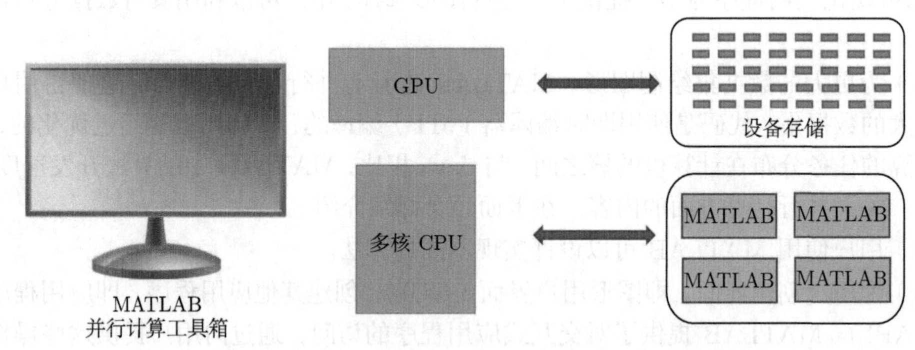

图 9-12　使用 CPU 和 GPU 进行桌面并行计算

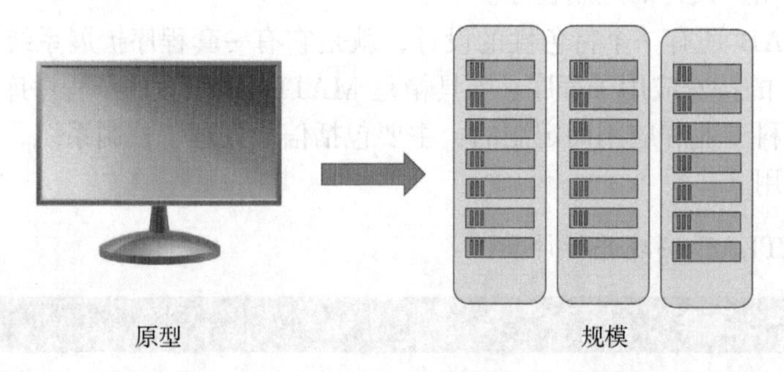

图 9-13　将 MATLAB 和 Simulink 扩展到集群中的多台计算机或云端

9.2.8 MOOSE

MOOSE（多物理场面向对象仿真环境）由美国爱达荷（Idaho）国家实验室主导开发，是一个开源的并行有限元框架。MOOSE 旨在为多物理场模拟仿真中的偏微分方程、边界条件、材料属性等模块提供规范易用的接口，无须用户考虑如何实现内部的并行、自适应性、非线性以及有限元解法等问题，从而减少用户开发新应用所需的费用和时间。MOOSE 具有以下基本特性。

（1）多维度物理模拟：从一维到三维，且用户代码与维度无关。

（2）基于有限元技术：同时支持连续与非连续的伽辽金（Galerkin）法。

（3）非结构化网格：具有三角形、四边形、六边形和金字塔形等形状。

（4）自动并行化：支持多进程与多线程，且无须用户编写并行代码。

（5）健全的物理模块：热传导、地球化学、流体、固体力学等。

（6）灵活的图形用户界面：包含一个名为 PEACOCK 的 GUI。

此外，MOOSE 还具有全耦合、全隐式以及适应性网格划分等特性。作为成熟的开源产品，MOOSE 具有良好的文档和教程，有助于用户学习和使用。如图 9-14 所示，MOOSE

架构由下到上依次为求解器接口、libMesh（有限元库）、物理应用（热传导、流体等）模块。通常，开发者想要基于 MOOSE 实现一个自定义应用，一方面需要具有相关领域的背景知识，另一方面需要了解 MOOSE 的各个模块。这里不对各个模块进行细致的叙述，读者可以根据需要去查阅官方文档，这里仅对 MOOSE 的部分编程理念进行简单介绍。

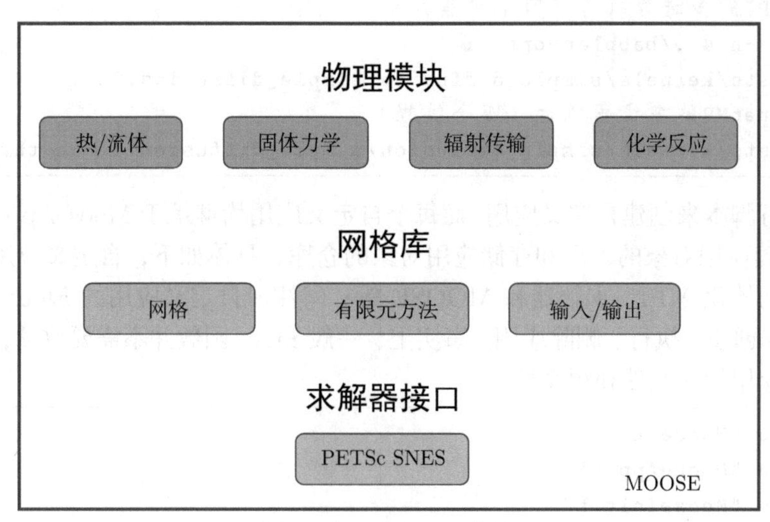

图 9-14　MOOSE 架构

MOOSE 基于 C++ 面向对象的特性在每个功能模块中都提供一系列基类，用户通过使用与继承这些类来创建自定义应用，因此 MOOSE 模拟的每一个部分是可重用、可组合的，从而允许不同的研究组织可以分享代码并且创建一个不断增长的软件系统。MOOSE 中，以自动微分为例，一个类的基本结构如下：

```
1  #pragma once
2
3  #include "ADKernelGrad.h"
4
5  class ADDiffusion : public ADKernelGrad
6  {
7  public:
8      // 用于创建输入对象的静态函数
9      static InputParameters validParams();
10     // 将输入对象作为参数的构造函数
11     ADDiffusion(const InputParameters &parameters);
12
13 protected:
14     // 由用户实现的一个或多个虚函数
15     virtual ADRealVectorValue precomputeQpResidual() override;
16 };
```

并行求解有限元模拟的一般方法是对网格进行分区，每个网格运行单独的进程来组装和求解方程组。通常，求解过程的持续时间随着 CPU 数量的增加而减少。MOOSE 支持多进程与多线程两种类型的并行，具体如下，实现并行仅需要简单地配置命令即可：

```
cd ~/projects/babbler

# 基于MPI的多进程执行（四个进程）
mpiexec -n 4 ./babbler-opt -i
test/tests/kernels/simple_diffusion/simple_diffusion.i
# 基于OpenMP的多线程执行（四个线程）
test/tests/kernels/simple_diffusion/simple_diffusion.i --n-threads=4
```

用户执行脚本来创建自定义应用，而每个自定义应用均继承于 MooseApp 基类。MooseApp 包括构建应用对象的工厂和存储应用对象的仓库，具体如下，自定义应用主函数的主要过程：①初始化 MPI、求解器和 MOOSE 等；②注册自定义应用的 MooseApp 及其他依赖应用；③创建、执行、删除应用。事实上，一般 main 函数并不需要改动，用户只需要实现自定义应用的头文件和源文件。

```
#include "Moose.h"
#include "MooseApp.h"
#include "MooseInit.h"
#include "AppFactory.h"
#include "TigerTestApp.h"

// 创建一个性能日志
PerfLog Moose::perf_log("Tiger");

int main(int argc, char *argv[])
{
    // 初始化MPI、 求解器以及MOOSE
    MooseInit init(argc, argv);
    // 注册自定义应用的MooseApp以及其他依赖应用
    TigerTestApp::registerApps();
    // 创建一个应用
    std::shared_ptr<MooseApp> app = AppFactory::createAppShared(
        "TigerTestApp", argc, argv
    );
    // 执行该应用
    app->run();
    return 0;
}
```

此外，MooseApp 对象可以耦合在一起来进行更大的模拟，即 MOOSE 能够同时运行多个应用，并且在各种应用之间传输数据。如图 9-15 所示，每个应用的求解是独立的，主应用用来做主要的求解工作，子应用可以解决与主应用完全不同的物理问题，也可以包含多个应用，即进行多层次求解。

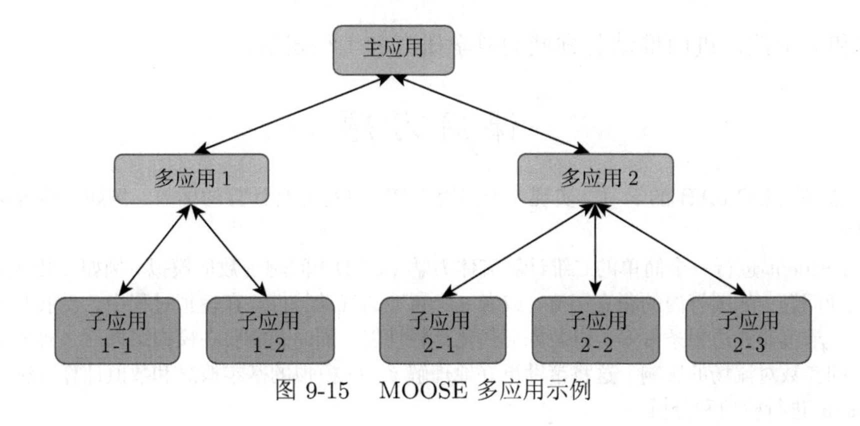

图 9-15　MOOSE 多应用示例

9.3　本章小结

当在超级计算机上进行高性能计算时，需要使用一些基础软件库和应用开发框架。这些工具为用户提供了一些必要的算法和数据结构实现，以及运行应用程序所需的必要环境和框架。

在本章中，介绍了一些常见的基础软件库，包括 ScaLAPACK、Trilinos、TAO、HPC-Toolkit、ADIOS、Kokkos 和 VTK-m。ScaLAPACK 是一个基于 BLAS 和 MPI 的并行线性代数库，提供了高效的矩阵和向量计算。Trilinos 是一个面向多物理场进行建模和求解的库，它包含了很多常用的科学计算算法和数据结构。TAO 是一个求解大规模非线性优化问题的工具包，它可以在并行环境下使用。HPCToolkit 是一个性能分析工具，可以用于应用程序性能的调优。ADIOS 是一个并行 I/O 库，用于管理超级计算机上的大规模数据集。Kokkos 是一个并行程序开发框架，可以提供通用的并行执行模式。VTK-m 是一个可视化工具包，用于大规模科学数据可视化设计。

此外，还介绍了一些常见的应用开发框架，包括 VASP、Gaussian、Fluent、OpenFOAM、GROMACS、NAMD、MATLAB 和 MOOSE。VASP 是一个用于计算材料物理性质的软件，适用于密度泛函理论计算。Gaussian 是一个常用的计算化学软件，可用于计算分子结构和反应的性质。Fluent 是一个流体动力学模拟软件，用于模拟流体的运动和热传递。OpenFOAM 是一个开源的流体动力学软件，它提供了多种求解器和预处理器。GROMACS 是一个分子动力学模拟软件，可以用于模拟蛋白质、脂质和核酸等分子的运动。NAMD 是一个基于分子动力学的模拟软件，适用于大规模系统的模拟。MATLAB 是一个数学计算软件，广泛用于科学计算和数据分析。MOOSE 是一个用于多物理场模拟的软件框架，可以支持大规模的并行计算。

综上所述，超级计算机的基础软件库和应用开发框架是开展高性能计算所必需的重要组成部分，熟悉和掌握这些工具可以极大地提高超级计算机的利用效率，使得高性能计算成为更加普及和实用的技术手段。基础软件库可以提供丰富的数学工具和算法库，包括线性代数、优化、数据分析等，为超级计算机上的科学计算和工程应用提供支持。应用开发框架则可以为特定领域的应用提供专门的开发和优化环境。通过熟悉和掌握这些工具，用户可以更加方便地进行高性能计算，同时也可以更好地发挥超级计算机的计算能力，提高计算效率和准确性，进而推动各领域的科学研究和工程发展。

课 后 习 题

1. 请根据对 MATLAB 的学习，实现一个利用 GPU 进行并行计算的函数，例如，通过蒙特卡罗方法计算 π 值。

2. 使用 Fluent 进行一个简单的二维计算流体力学（CFD）问题的数值模拟。例如，可以选择一个简单的管道流动问题，如圆管内的稳态层流，或者一个翼型的气动特性。在模拟过程中，要求考虑如何合理地设置网格、求解器和边界条件等，以及如何优化计算性能。同时，需要在模拟结束后，通过分析计算结果，了解不同参数对流场的影响。这将帮助更好地理解 CFD 模拟的基本概念和数值计算方法，并了解如何使用 Fluent 进行模拟和分析。

3. 使用 Trilinos 中的线性代数库进行矩阵运算。使用 C++ 编写一个程序，生成一个随机矩阵 A，大小为 $N \times N$，其中 N 由用户指定。然后，使用 Trilinos 中的稠密矩阵向量库（Tpetra）对矩阵 A 进行 LU 分解，并解决一个简单的线性方程组 $Ax = b$，其中 b 为一个随机向量。程序应该输出解 x，并计算 $Ax - b$ 的误差。同时，需要对程序的性能进行测试，并与使用传统的高斯消元方法求解相同线性方程组的时间进行比较。这将帮助了解 Trilinos 中线性代数库的基本使用方法，并了解如何利用 Trilinos 提供的高性能计算能力来解决实际问题。

4. 在 Gaussian 中，如何使用基组进行模拟？请简要说明模拟步骤和注意事项。

5. 如何使用 VASP 计算铜表面的晶格常数和表面能？请说明计算过程和输入文件的设置。

6. VTK-m 是什么？它有哪些主要特点和应用场景？VTK-m 中的数据并行和任务并行是什么？如何将 VTK-m 与其他 HPC 库集成以获得更好的性能？

参考文献

BRICKER A, LITZKOW M, LIVNY M, 1992. Condor technical summary[R]. Department of Computer Sciences, University of Wisconsin-Madison.

HENDERSON R L, 2005. Job scheduling under the portable batch system[C]. In job schedulingstrategies for parallel processing: IPPS'95 workshop Santa Barbara.

KRAUTER K, BUYYA R, MAHESWARAN M, 2002. A taxonomy and survey of grid resource management systems for distributed computing[J]. Software: practice and experience, 32 (2): 135–164.

NEWHOUSE T, PASQUALE J, 2006. Alps: an application-level proportional-share scheduler[C]. 2006 15th IEEE international conference on high performance distributed computing. Paris.

YOO A B, JETTE M A, GRONDONA M, 2003. Slurm: simple Linux utility for resource management[C]. In job scheduling strategies for parallel processing: 9th international workshop, JSSPP.Seattle.

ZHOU S N, ZHENG X H, WANG J W, et al., 1993.Utopia: a load sharing facility for large, heterogeneous distributed computer systems[J]. Software: practice and experience, 23 (12) :1305–1336.